"十四五"职业教育国家规划教材

"十三五"职业教育国家规划教材
教育部现代学徒制试点院校系列教材
高职高专大数据技术及应用"十三五"规划教材

Python
程序设计项目化教程

向春枝　张滨燕　丁爱萍◎主　编
李　涛　郭红艳◎副主编

PYTHON
CHENGXU SHEJI
XIANGMUHUA
JIAOCHENG

中国铁道出版社有限公司
CHINA RAILWAY PUBLISHING HOUSE CO., LTD.

内 容 简 介

本书以 Windows 为平台，融入项目化程序设计思想，结合学生"画像"系统的设计与实现过程，展现了 Python 语言的基础知识和基本内容，主要内容包括 Python 的安装和开发环境搭建，Python 的基础语法、结构化语句、字符串基本操作、序列类型数据的使用、函数的定义和使用、数据的文件存储、面向对象的程序设计等。每部分项目实现，都把相关知识和技能融入系统开发过程中，按照学生"画像"系统的输入 / 输出模块、流程控制模块、字符串处理模块、数据存储模块、函数封装模块、文件存储模块和系统集成模块重构了整个课程体系内容。

本书适合作为高职高专院校大数据技术与应用、计算机网络技术等计算机相关专业程序设计基础课程教材，也可作为其他专业学习 Python 编程的入门教材。

图书在版编目（CIP）数据

Python程序设计项目化教程/向春枝，张滨燕，丁爱萍主编. —北京：中国铁道出版社有限公司，2019.9（2025.1重印）
教育部现代学徒制试点院校系列教材　高职高专大数据技术及应用"十三五"规划教材
ISBN 978-7-113-26179-5

Ⅰ.①P… Ⅱ.①向… ②张… ③丁… Ⅲ.①软件工具-程序设计-高等职业教育-教材　Ⅳ　①TP311.561

中国版本图书馆CIP数据核字(2019)第187591号

书　　名：Python 程序设计项目化教程
作　　者：向春枝　张滨燕　丁爱萍

策　　划：韩从付　　　　　　　　　　　　编辑部电话：(010) 51873090
责任编辑：周海燕　徐盼欣
封面设计：MXK DESIGN STUDIO Q:1765628429
责任校对：张玉华
责任印制：赵星辰

出版发行：中国铁道出版社有限公司（100054，北京市西城区右安门西街 8 号）
网　　址：https://www.tdpress.com/51eds
印　　刷：三河市航远印刷有限公司
版　　次：2019 年 9 月第 1 版　2025 年 1 月第 15 次印刷
开　　本：787 mm×1 092 mm　1/16　印张：20.25　字数：309 千
书　　号：ISBN 978-7-113-26179-5
定　　价：58.00 元

序

FOREWORD

随着信息技术的不断发展，人类在计算的"算力""算法""数据"等方面的能力水平达到前所未有的高度。由此引发的数据科学与大数据技术及人工智能技术浪潮将极大地推动和加速人类社会各个方面的深刻变革。世界各国清楚地认识到数据科学与智能的重要性和前瞻性，相继制定有关的发展政策、战略，希望能够占领高新技术的前沿高地，把握最新的核心技术和竞争力。

在大数据及人工智能发展浪潮中，我国敏锐地把握住时代的机遇以求得到突破性的发展。十八届五中全会首次提出"国家大数据战略"，发布了《促进大数据发展行动纲要》；2017 年，《大数据产业发展规划（2016—2020 年）》实施。党的十九大提出"推动互联网、大数据、人工智能和实体经济深度融合"，习近平总书记在政治局集体学习中深刻分析了我国大数据发展的现状和趋势，对我国实施国家大数据战略提出了更高的要求。2016 年教育部批准设立数据科学与大数据技术本科专业和大数据技术与应用专科专业，引导高校加快大数据人才培养，以适应国家大数据战略对人才的需求。我国大数据人才培养进入快速发展时期，据统计，到 2018 年 3 月，我国已有近 300 所高校获批建设"数据科学与大数据技术"专业，2019 年 9 月，设立这一专业的高校将增至 500 所。仅河南省设立"数据科学与大数据技术"专业的本科高校达到 36 所，设立"大数据技术与应用"专业的高职高专院校达到 38 所。然而，当前我国高校的大数据教学尚处于摸索阶段，尤其缺乏成熟的、系统性和规范性的大数据教学体系和教材。2017 年 2 月，教育部在复旦大学召开"高等工程教育发展战略研讨会"达成"复旦共识",随后从"天大行动"到"北京指南",掀起新工科建设的热潮,各高校积极开展新理念、新结构、新模式、新质量和新体系的新工科建设模式的探索。2018年10月,教育部发布了《关于加快建设发展新工科实施卓越工程师教育培养计划2.0的意见》,提出大力发展"四个新"(新工科、新医科、新农科、新文科),推动各地各高校加快构建大数据、智能制造、机器人等10个新兴领域的专业课程体系。为了落实国家战略、加快大数据新工科专业建设、加速人才培养、提供人才支撑,都需要更多地关注数据科学与大数据技术及人工智能相关专业教材的建设和出版工作。为此河南省高等学校计算机教育研究会组织河南省高校与中国铁道出版社有限公司、中科院计算技术研究所和相关企业联合成立了编委会,将分别面向本科和高职高专编写教材。

本编委会将秉承虚心求教、博采众长的学习态度,积极组织一线教师、科研人员和企业工程师一起面向新工科开展大数据领域教材的编写工作,以期为蓬勃发展的数据科学与大数据专业建设贡献我们的绵薄之力。毋庸讳言,由于编委会自身水平有限,编著过程中难免出现诸多疏漏与不妥之处,还望读者不吝赐教!

编委会

2019 年 6 月

前　言

PREFACE

Python 作为一种面向对象的、解释性的高级语言，具有简单、易学、开发效率高、调试运行方便等特点，深受广大编程人员的喜爱，被誉为最好的人工智能语言之一，已经广泛应用于 Web 开发、网络编程、数据分析与可视化、人工智能、大数据处理、科学计算、图形图像处理、游戏设计与策划等各个领域。

随着人工智能、大数据时代的来临，Python 成为人们学习编程的首选语言，各高职院校的计算机相关专业特别是大数据技术与应用、计算机网络技术等专业也逐渐把 Python 作为程序设计课程的首选语言。

本书是在河南省高校计算机教育研究会高等职业教育大数据专委会的指导下，作为国家级现代学徒制试点系列教材，从双元培养人才的需求出发，与新华三技术有限公司合作，吸收企业项目化开发经验，高校教师与企业工程师共同参与完成的项目化开发实战教材。

本书采用项目化的方式组织教学，按照行动体系重构教学内容，采用师傅带徒弟的方式开展学习，把 Python 的知识点和技能点融入项目开发的全过程，在徒弟小李同学完成项目的过程中循序渐进地完成理论知识的学习，教、学、做同步推进，帮助读者理解并掌握 Python 的基础知识和基本语法，实现了学用结合、学以致用的最终目标。

本书结合学生"画像"系统的设计与实现过程，主要介绍了 Python 的基础知识，全书共分为 3 部分。第一部分为项目概述，主要介绍了贯穿本书的项目学生"画像"系统的需求分析、Python 的安装和项目开发环境的搭建。第二部分为学生"画像"系统的具体设计和实现，分 7 个模块。模块一为学生"画像"系统的输入/输出模块，主要介绍 Python 的基本语法、变量、基本数据类型和常用的运算符，完成系统中单个学生数据的变量命名、数据类型选择，并实现学生数据的输入/输出功能。模块二为学生"画像"系统的流程控制模块，主要介绍 Python 的判断、循环语句和异常处理，包括 if 语句、while 语句、for 语句以及相关子句，try...except 语句，完成用户交互判断和主程序流程设计。模块三为学生"画像"系统的字符串处理模块，介绍字符串的定义和存储、常用字符串函数的使用，实现输入数据的过滤检查功能。模块四为学生"画像"系统的数据存储模块，介绍 Python 序列类型如列表、元组、字典的使用，实现学生信息数据的结构化表示和存储，并选择字典作为系统开发的主要数据存储模式。模块五为学生"画像"系统的函数封装模块，主要介绍函数的定义和使用、常用内置函数和标准库函数，对系统的各个功能模块进行函数定义封装，并利用函数重构系统，实现学生"画像"系统的 2.0 版。模块六为学生"画像"系统的文件存储模块，主要介绍文件的基本操作、Python 文件的读/写操作、数据序列化存储等，实现系统数据的文件存储功能。模块七为学生"画像"系统集成模块，介绍面向对象编程的基本思想、类的定义、对象的创建，用面向对象设计重构学生"画像"系统。第三部分为项目综合实现，分析比较面向过程和面向对象程序设计的不同和优缺点，综合了各模块的功能，完成学生"画像"系统的全部功能。

本书由向春枝、张滨燕、丁爱萍任主编，由李涛、郭红艳任副主编，参编人员有于鹏、陈永波、丁肖摇、李全武、吕振雷、张大鹏、王宇、杨丽、吴思宇。编者分别来自郑州信息科技职业学院、河南职业技术学院、黄河水利职业学院及新华三技术有限公司。

本书适合作为高职高专院校大数据技术与应用、计算机网络技术等计算机相关专业程序设计基础课程教材，也可作为其他专业学习 Python 编程的入门教材。本书提供配套的实训教材和教学大纲、教案、PPT、案例源程序等电子资源，读者可登录 http://www.tdpress.com/51eds/ 下载或联系作者索要。

本书所有程序在 Python 3.7 版本下调试通过。由于编者水平有限，加之编写时间仓促，书中疏漏之处在所难免，恳请广大读者批评指正。本书作者的电子邮箱为 xtz_book@sina.com，欢迎读者来信交流。

编　者

2022 年 12 月

目　　录

CONTENTS

第一部分 项 目 概 述

模块导读

随着信息化时代到来，学校存在各种各样的系统，如门禁系统、图书馆借阅系统、教务管理系统等。通过收集学生的学号、姓名、专业、成绩、消费等数据，构建校园大数据学生"画像"系统，可以分析出学生的日常行为，并对个人发展提供理论性的依据。Python 是一门跨平台开源的解释型高级动态编程语言，同时支持伪编译，即将 Python 源程序转换为字节码来优化程序和提高运行速度。

模块目标

知识目标	技能目标	职业素养
➤ 项目基本背景 ➤ Python 语言基础知识 ➤ 项目功能模块化 ➤ 项目环境配置	➤ 项目需求分析基础知识 ➤ Python 程序语言基础入门	➤ 自主学习能力 ➤ 团队协作能力

课前学习工作页

选择题

（1）下列表达式中（　　）在 Python 中是非法的。

A. x = y = z = 1

B. x = (y = z + 1)

C. x, y = y, x

D. x += y

（2）对下面程序的运行结果解释正确的是（　　）。

```
print (1.2 - 1.0 == 0.2)
False
```

A. Python 的实现有错误

B. 浮点数无法精确表示

C. 布尔运算不能用于浮点数比较

D. Python 将非 0 数视为 False

模块任务

◇任务一：项目需求分析

◇任务二：项目环境搭建

任务一：项目需求分析

任务描述

小李同学进入大学，第一次接触项目，第一次听说计算机编程语言，感觉特别新鲜。同时，小李同学不熟悉项目背景、面对复杂的符号时感觉有些困惑。本任务通过项目需求分析，简要介绍项目背景及编程语言相关基础知识。

任务实施

小李同学：什么是校园大数据学生"画像"系统?

师傅：信息化时代，学生在校园里产生了大量的数据，如学生成绩、学号、地址、通话记录等。通过这些数据的分析，我们可以勾画出学生的日常行为以及性格分析，对学生的未来以及培养方案进行个性化的定制。我们的校园大数据"画像"系统，就是通过学生的基本数据来呈现学生的基本"画像"。接下来我为大家展示一下学生基本数据有哪些。（见表 1-1-1）

◎ 表 1-1-1　学生基本数据

sno	name	pinyin	sex	tel	scores
201809121	李勇	liyong	Y	13513551256	{'math':64, 'english':68, 'python':67}
201809122	刘晨	liuchen	Y	15036548562	{'math':59, 'english':77, 'python':67}
201809123	王敏	wangmin	N	13658459652	{'math':85, 'english':88, 'python':91}
201809124	张力	zhang li	Y	18024869652	{'math':76.5, 'english':68, 'python':80}
201809125	李一	liyi	Y	18125478645	{'math':81, 'english':83.5, 'python':87}
201809126	张琴琴	zhangqinqin	N	13512585489	{'math':80, 'english':59, 'python':86}
201809127	王芳	wangfan	N	13645896254	{'math':55, 'english':67, 'python':52}

续表

sno	name	pinyin	sex	tel	scores
201809128	黄琳琳	huanglinin	N	18024856985	{'math':64, 'english':74, 'python':83}
201709129	周浩	zhouhao	Y	18054745852	{'math':88, 'english':90, 'python':91}
201709130	孔圣	kongsheng	Y	17036365252	{'math':0, 'english':55, 'python':59}

现在我们通过系统，收集到了学生的学号、姓名、拼音、性别、手机号以及三门课的成绩。下面将通过这些基本数据构建学生校园"画像"系统，以及 Python 计算机语言的学习。

小李同学：Python 是什么语言？

师傅：Python 是一种计算机程序设计语言。你可能已经听说过很多种流行的编程语言，比如非常难学的 C 语言、非常流行的 Java 语言、适合初学者的 BASIC 语言、适合网页编程的 JavaScript 语言等。那么 Python 是一种什么语言？

首先，我们普及一下编程语言的基础知识。用任何编程语言来开发程序，都是为了让计算机工作，比如下载一个 MP3、编写一个文档等，而计算机工作的 CPU 只认识机器指令，所以，尽管不同的编程语言差异极大，但最后都得"翻译"成 CPU 可以执行的机器指令。而不同的编程语言，做同一个工作，编写的代码量差距也很大。

比如，完成同一个任务，C 语言要写 1 000 行代码，Java 只需要写 100 行代码，而 Python 可能只要 20 行代码。所以，Python 是一种相当高级的语言。

你也许会问，代码少还不好？代码少的代价是运行速度慢，C 程序运行 1 s，Java 程序可能需要 2 s，而 Python 程序可能需要 10 s。

那是不是越低级的程序越难学，越高级的程序越简单？表面上来说，是的，但是，在非常高的抽象计算中，高级的 Python 程序设计也是非常难学的，所以，高级程序语言不等于简单。

但是，对于初学者和完成普通任务而言，Python 语言是非常简单易用的。用 Python 可以做什么？可以做日常任务，比如自动备份 MP3；可以做网站，很多著名的网站就是用 Python 编写的；可以做网络游戏的后台，很多在线游戏的后台都是用 Python 开发的。总之，Python 能做很多事情。

当然，也有 Python 不能做的事情，比如编写操作系统，这个只能用 C 语言；编写手机应用，只能用 Swift/Objective-C（针对 iPhone）和 Java（针对 Android）；编写 3D 游戏，最好用 C 或 C++。

可以通过查询 TIOBE 排行榜来了解最新的编程语言流行程度。TIOBE 排行榜是根据互联网上有经验的程序员、课程和第三方厂商的数量，并使用搜索引擎（如 Google、Bing、Yahoo!）以及 Wikipedia、Amazon、YouTube 统计出排名数据，用于反映某个编程语言的热门程度。

如图 1-1-1 所示，2019 年 7 月，Java 以 15.058% 占比位列榜首，这也凸显了 Java 的受欢迎程度及其在编程界的重要地位。Python 作为新生代语言，正处于朝气蓬勃的时期，市场潜力很大。

Jul 2019	Jul 2018	Change	Programming Language	Ratings	Change
1	1		Java	15.058%	-1.08%
2	2		C	14.211%	-0.45%
3	4	⌃	Python	9.260%	+2.90%
4	3	⌄	C++	6.705%	-0.91%
5	6	⌃	C#	4.365%	+0.57%
6	5	⌄	Visual Basic .NET	4.208%	-0.04%
7	8	⌃	JavaScript	2.304%	-0.53%
8	7	⌄	PHP	2.167%	-0.67%
9	9		SQL	1.977%	-0.36%
10	10		Objective-C	1.686%	+0.23%
11	12	⌃	Ruby	1.636%	+0.43%
12	13	⌃	Assembly language	1.390%	+0.24%
13	11	⌄	Swift	1.121%	-0.29%
14	15	⌃	MATLAB	1.078%	-0.05%
15	81	⌃⌃	Groovy	1.070%	+0.96%
16	18	⌃	Go	1.016%	+0.05%
17	19	⌃	Visual Basic	1.009%	+0.12%
18	16	⌄	Delphi/Object Pascal	0.950%	-0.16%
19	17	⌄	Perl	0.918%	-0.18%
20	14	⌄⌄	R	0.837%	-0.31%

图 1-1-1　TIOBE 编程语言排行榜（2019 年 7 月）

小李同学：那么学习 Python 后可以有哪些方面的发展呢？

师傅：作为一种新型语言，Python 正被市场慢慢接受。Python 可应用于以下领域。

（1）Web 开发。Python 的 Web 开发框架是最大的一个优势。如果用 Python 搭建一个网站只需要几行代码，非常简洁（见图 1-1-2）。

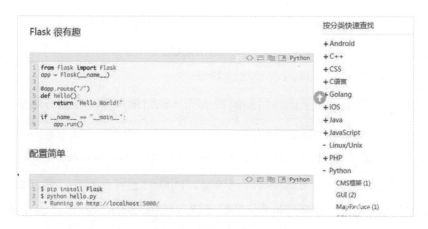

图 1-1-2 Python 轻量级 Web 框架

（2）网络爬虫。现在学习 Python 的人员中很大一部分是在学习爬虫，这也是 Python 的一大优势，具有跨平台、速度快、易开发的特点。

（3）服务器运维。最开始学习 Python 的人，就是运维和测试的在职人员，因为 Python 对于他们的工作起到很大的作用，使用 Python 脚本进行批量化的文件部署和运行调整成为 Linux 服务器上很不错的选择。

（4）数据分析。Python 所拥有的完整的生态环境十分有利于进行数据分析处理，比如，大数据分析所需要的分布式计算、数据可视化、数据库操作等，都可以通过 Python 中成熟的模块完成。

（5）人工智能。人工智能是当下热门的行业之一，在未来，必然需要一大批专业人才进行辅助工作，是最具有发展潜力的方向之一。

小李同学：现在是不是可以开始用 Python 编写"画像"系统了？

师傅：欲速则不达。即使语言学会了，但是不知道系统的功能也不行，就像没有圆规，就画不了标准的圆形一样。在一个项目里，我们要明白自己所需要的基本功能，然后根据需求分工合理安排。接下来，我们将根据功能分别学习 Python 知识。

首先，我们要在学习项目之前进行相关背景的介绍，包括 Python 语言基础知识、发展状况、就业前景以及校园大数据学生"画像"系统需求分析与模块划分。

项目的需求分析需要解决的是用户所面临的现实问题，实现的是将软件用户对于软件的一系列意图、想法转变为软件开发人员所需要的有关软件的技术规格，并由此实现用户和开发人员之间的有效沟通。详细的项目分析包括用户需求、背景介绍、资源需求等众多环节。在此部分简要介绍校园大数据学生"画像"系统。

用户需求：系统全面采集学生数据，在系统使用上提供丰富的交互式可视化界面，辅助教学部门对学生的行为进行分析和预测。

系统需求：基于 Windows 环境搭建教学。

数据需求：数据采集接口为后勤消费系统、成绩录入系统等教务服务平台，数据格式统一以学号作为主键。

用户输入：基于 Web 页面的浏览器 / 服务器（Browser/Server，B/S）交互系统。

软件需求分析时，对问题理解得越透彻，问题就越容易解决。通过建立模型理解问题是对问题做的一种符号抽象。数据要建立数据流图，数据库要建立逻辑结构。一个完整的需求分析包括众多方面，本书只进行简要说明。

接下来我们按照功能需求对 Python 的知识点进行拆解。

模块一 学生"画像"系统的输入 / 输出模块。我们需要从键盘中获取想要的数据，与程序设计者进行交互。此时需要输入 / 输出系统。本模块介绍 Python 的基本输入与基本输出，以及其他基本语法知识。

模块二 学生"画像"系统的流程控制模块。一个项目或者程序设计需要有流程控制结构，在计算机程序语言中，经典的控制结构是选择与循环。在实际开发中，为了实现特定的业务逻辑和算法，不可避免地要用到大量的选择结构和循环结构，并且经常需要将选择结构和循环结构嵌套使用。

模块三 学生"画像"系统的字符串处理模块。字符串是由数字、字母、下画线组成的一串字符，编程语言中表示文本数据类型。在程序设计中，字符串（string）为符号或数值的一个连续序列，如符号串（一串字符）或二进制数字串（一串二进制数字），在文本类数据中占有主要比例。本模块主要介绍字符串内置函数相关操作，对数据采集后的字符串数据进行分割、提取或大小写变换等操作。

模块四 学生"画像"系统的数据存储模块。我们在获取到相关数据的时候，要进行数据的存储。Python 中常用的数据存储结构有列表、元组和字典。本模块介绍列表、元组和字典等数据结构的用法。

模块五 学生"画像"系统的函数封装模块。项目开发到一定程度的时候，会发现有些操作是完全相同或者非常相似的，仅仅是要处理的数据不同而已，因此我们将学习函数的使用。可以将那些经常使用的功能封装成一种函数，并在需要执行该代码的时候进行调用，以实现代码的简化。

模块六 学生"画像"系统的文件存储模块。为了长期保存数据，以便重复利用、修改和共享，必须将数据以文件的形式存储到外部存储介质。在此模块中介绍如何将数据以文件的形式存储到外部存储空间。

模块七 学生"画像"系统集成模块。介绍面向对象编程的基本思想、类的定义、对象的创建，用面向对象设计重构学生"画像"系统。

我们对整个项目进行封装，就构成了校园大数据"画像"系统。

任务二：项目环境搭建

任务描述

在计算机中运行程序需要软件的承载，就像游戏需要客户端一样。要在计算机中运行 Python 语言，就需要安装底层环境。本任务中，我们将学习在不同系统下安装 Python 的运行环境。

任务实施

1. Windows 下安装 Python

小李同学：开学后我买了一台安装 Windows 系统的计算机。我要如何在这台计算机上运行 Python 程序？

师傅：现在市场上的大多数计算机都装的是 Windows 系统，其性能稳定，受到了众多企业的青睐。在众多企业的开发环境中，Windows 系统也是主要的选择。下面首先介绍如何在 Windows 系统中下载及安装 Python。

（1）打开 Web 浏览器，访问 https://www.python.org/downloads/windows/，打开下载页面，如图 1-1-3 所示。

图 1-1-3 Python 下载页面

（2）在下载列表中选择 Windows 平台安装包，包格式为 Python-X.Y.Z.msi，其中 X.Y.Z 为版本号。

要在 Windows 系统中使用安装程序 Python-X.Y.Z.msi，必须和 MSI Installer 搭配使用，其下载页面如图 1-1-4 所示。只要将安装文件保存到本地计算机，然后运行即可。

Files

Version	Operating System	Description	MD5 Sum	File Size	GPG
Gzipped source tarball	Source release		045fb3440219a1f6923fefdabde63342	17496336	SIG
XZ compressed source tarball	Source release		a80ae3cc478460b922242f43a1b4094d	12642436	SIG
macOS 64-bit/32-bit installer	Mac OS X	for Mac OS X 10.6 and later	9ac8c85150147f679f213addd1e7d96e	25193631	SIG
macOS 64-bit installer	Mac OS X	for OS X 10.9 and later	223b71346316c3ec7a8dc8bff5476d84	23768240	SIG
Windows debug information files	Windows		4c61ef61d4c51d615cbe751480be01f8	25079974	SIG
Windows debug information files for 64-bit binaries	Windows		680bf74bad3700e6b756a84a56720949	25858214	SIG
Windows help file	Windows		297315472777f28368b052be734ba2ee	6252777	SIG
Windows x86-64 MSI installer	Windows	for AMD64/EM64T/x64	0ffa44a86522f9a37b916b361eebc552	20246528	SIG
Windows x86 MSI installer	Windows		023e49c9fba54914ebc05c4662a93ffe	19304448	SIG

图 1-1-4　MSI 下载页面

（3）下载后，双击安装包，进入 Python 安装向导。安装过程非常简单，只需要使用默认的设置，一直单击"下一步"按钮直到安装完成即可。

通过配置系统，让其能够在终端会话中运行 Python，可简化文本编辑器的配置工作。打开一个命令窗口，在其中执行命令 python。如果出现了 Python 提示符（>>>），就说明 Windows 找到了刚安装的 Python 版本。

```
C:\> python
Python 3.5.0 (v3.5.0:374f501f4567, Sep 13 2015, 22:15:05) [MSC
v.1900 32 bit (Intel)] on win32 Type "help", "copyright", "credits"
or "license" for more information.
>>>
```

2. Linux 下安装 Python

师傅：除了 Windows 系统的计算机，企业里还有 Linux 系统。一般的 Linux 系统上都有默认的 Python 版本，CentOS 6.5 默认的 Python 版本为 2.6.6，现在主流版本为 Python 3（通过 python -v 命令可以查看版本信息），本书代码统一采用 Python 3 进行编写。接下来进行 Linux 下 Python 3 的安装。

（1）打开 Web 浏览器，访问 https://www.python.org/downloads/source/，打开 Python 下载页面，如图 1-1-5 所示。

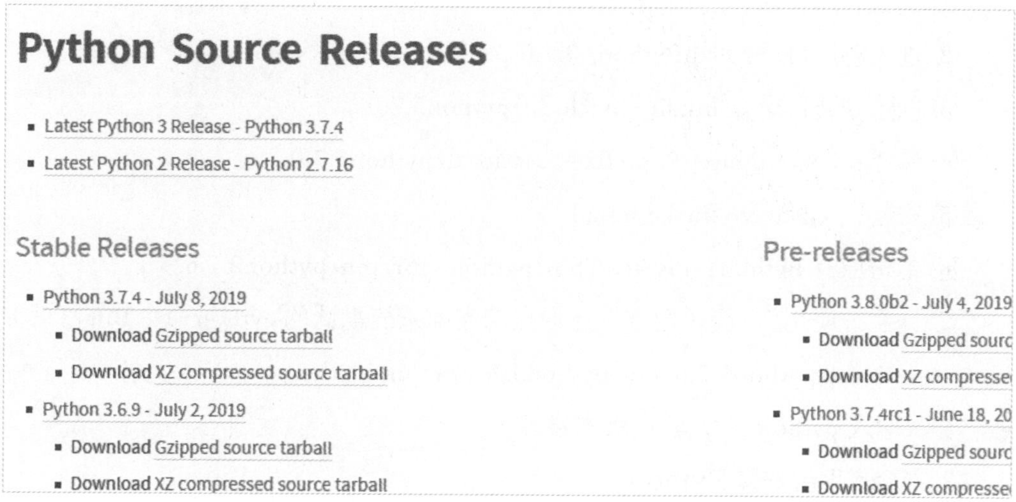

图 1-1-5　Python 下载页面

（2）选择 Linux 安装包，下载 Python。

在系统中运行应用程序 Terminal（如果使用的是 Ubuntu，可按 Ctrl + Alt + T 组合键），打开一个终端窗口。为确定是否安装了 Python，可执行命令 python（其中的 p 是小写的）。输出将类似下面这样，它显示了安装的 Python 版本；其后的 >>> 是一个提示符，提示用户输入 Python 命令。

```
$ python
Python 2.7.6 (default, Mar 22 2014, 22:59:38)
[GCC 4.8.2] on linux2 Type "help", "copyright", "credits" or
"license" for more information.
>>>
```

上述输出表明，当前计算机默认使用的 Python 版本为 Python 2.7.6。看到上述输出后，如果要退出 Python 并返回终端窗口，可按 Ctrl + D 组合键或执行命令 exit( )。要检查系统是否安装了 Python 3，可执行命令 python3：

```
$ python3
Python 3.5.0 (default, Sep 17 2015, 13:05:18)
[GCC 4.8.4] on linux Type "help", "copyright", "credits" or
"license" for more information.
>>>
```

（3）Linux 下 Python 安装文件扩展名为 .tgz。切换到文件所在目录后，执行以下步骤安装 Python。

① 解压：tar −zxvf Python−3.7.0.tgz。

② 进入解压目录：cd Python−3.7.0。

③ 创建安装目录：mkdir /usr/local/python3.7.0。

④ 编译：./configure −−prefix=/usr/local/python3.7.0。

⑤ 安装：make && make install。

⑥ 备份原有 Python：mv /usr/bin/python /usr/bin/python2.7.6。

⑦ 让系统使用新版本（建立软连接指向当前系统默认的 python 命令 Bin 目录）：ln −s /usr/local/python3.7.0/bin/python3.7 /usr/bin/python。

再次输入 python −v，验证版本号。

3. Mac 平台安装 Python

师傅：在某些大数据企业会采用 Mac 计算机。如果 Mac 系统只安装了 Python 2，或者已安装较旧的 Python 3 版本，可使用 Homebrew 包安装最新的 Python 3 版本。

（1）安装 Homebrew。Homebrew 依赖于 Apple 包 Xcode，因此需打开一个终端窗口并执行如下命令：

```
$ xcode-select --install
```

（2）在不断出现的确认对话框中单击 OK 按钮。接下来安装 Homebrew：

```
$ ruby -e "$(curl -fsSL https://raw.githubusercontent.com/
Homebrew/install/master/install)"
```

在 curl −fsSL 和 URL 之间，务必包含一个空格。

注意：这个命令中的 −e 让 Ruby（Homebrew 就是使用这种编程语言编写的）执行下载的代码。除非来源是自己信任的，否则不要运行这样的命令。

（3）为确认是否正确安装了 Homebrew，可执行如下命令：

```
$ brew doctor
Your system is ready to brew.
```

上述输出表明可以使用 Homebrew 安装 Python 包了。为安装最新的 Python 3 版本，可执行如下命令：

```
$ brew install python3
```

（4）下面检查使用这个命令安装的是哪个版本：

```
$ python3 --version
Python 3.7.0 $
$
```

现在，可以使用命令 python3 启动 Python 3 终端会话，还可使用命令 python3 配置文本编辑器，使其使用 Python 3 而不是 Python 2 运行 Python 程序。

小李同学：师傅，现在我可以学习 Python 了么？

师傅：我们可以使用 Python 语言自带的编辑器进行学习。但是，我们将学习使用另外一种编程平台 PyCharm。PyCharm 是一款功能强大的 Python 编辑器，具有跨平台性，鉴于目前最新版 PyCharm 使用教程较少，为了节约时间，下面介绍 PyCharm 在 Windows 下的安装步骤。

（1）进入 PyCharm 的下载网站：

http://www.jetbrains.com/pycharm/download/#section=windows

打开 PyCharm 下载页面，如图 1-1-6 所示。

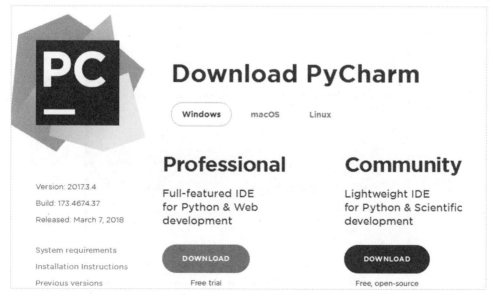

图 1-1-6　Pycharm 下载页面

Professional 表示专业版，Community 表示社区版。推荐安装社区版，因为其是免费使用的。

（2）当下载以后，单击安装，如图 1-1-7 所示，单击 Next 按钮。

图 1-1-7　安装 PyCharm

（3）可在打开的界面中修改安装路径，如图 1-1-8 所示，设置完成后单击 Next 按钮。

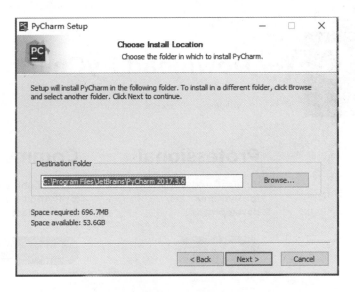

图 1-1-8　选择 PyCharm 安装目录

（4）可以根据自己的计算机选择32位还是64位，如图1-1-9所示，单击Next按钮。

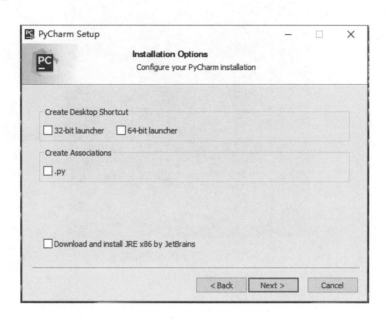

图1-1-9　选择64位安装

（5）在打开的界面中保持默认设置，如图1-1-10所示，单击Install按钮。

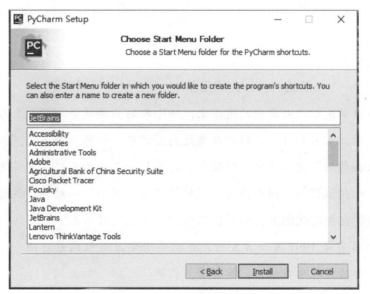

图1-1-10　保持默认设置

（6）等待安装完成，如图1-1-11所示。

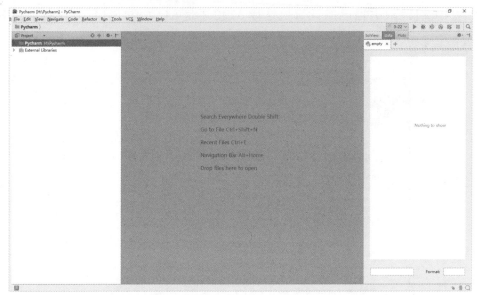

图 1-1-11　安装 Pycharm 完成

打开软件，就可以新建项目了。

 小结

　　本部分介绍了 Python，并介绍了如何安装 Python；安装了一个文本编辑器，以简化 Python 代码的编写工作；介绍了如何在终端会话中运行 Python 代码片段。

【增信力行】

团结合作，人间正道——Python 开源运动

　　在实现中华民族伟大复兴的道路上，一个人的力量是渺小的，众人拾柴的火焰是足以燎原的。古有相传已久的"四海之内皆兄弟"训诫，今日，"互相关心，互相保护，互相帮助"更成为时代的风气。计算机行业作为新兴高新技术行业，需要众多从业者们精诚团结、同心协力，秉持"友爱、互助"的精神，促进我国计算机行业的振兴，把握时代潮流，加强团结合作，共创美好未来。

　　Python 语言是 1991 年公开发行，是初学者学习编程的最好语言，是一种不受局限、跨平台的开源编程语言，具有诸多优势。

1. 简单、易学

　　Python 语言功能强大、易写易读，能在 Windows、Mac 和 Linux 等平台上运行。和传统的 C/C++、Java、C# 等语言相比，Python 对代码格式的要求没有那么严格，

这种宽松使得用户在编写代码时比较舒服，不用在细枝末节上花费太多精力。举两个典型的例子：同 Java 相比，Python 不要求在每个语句的最后写上分号，当然写上也没错；同 C，C++ 等语言相比，定义变量时不需要指明变量类型，甚至可以给同一个变量赋值不同类型的数据，这大大降低了编程入门的难度。就像在生活中学习，做任何事情都需要从简单的事情做起，聚少成多，积小致巨。经过每一小步的发展，Python 最终成为当下最流行的语言之一。目前 Python 被广泛应用于科学计算、自然语言处理、图形图像处理、游戏开发、系统管理、Web 应用、Web 安全等。许多大型网站就是用 Python 开发的，如 YouTube、Instagram。很多大公司的应用都大量使用了 Python。Python 受关注程度逐年上升。2022 年 8 月 TIOBE 编程语言排行榜（见下表）中，Python 位居首位。

◎ 2022 年 8 月 TIOBE 编程语言排行榜

Rank	Programming Labguage	Ratings	Change
1	Python	15.43%	+3.36%
2	C	14.59%	+2.03%
3	Java	12.40%	+1.96%
4	C++	5.59%	+2.81%
5	C#	4.99%	+0.45%
6	Visual Basic	2.33%	+0.33%
7	Java Script	2.17%	-0.61%
8	Assembly language	1.70%	+0.14%
9	SQL	1.39%	+0.23%
10	PHP	1.27%	-0.80%

为了让工程师降低学习成本，Python 有一个强大的标准库，Python 语言的核心只包含数字、字符串、列表、字典、文件等常见类型和函数，而由 Python 标准库提供了系统管理、网络通信、文本处理、数据库接口、图形系统、XML 处理等额外功能。简单、易学的特点展示出 Python 和蔼可亲的一面，让人们能够在最短的时间内参与到 Python 程序的开发中。

2. 免费、开源

免费、开源（Open Source）是指该软件产品的源代码是免费的、面向大众的，任何人都可以在此基础上进行二次开发，不受原发明者的限制。在软件开发领域，想要更好的发展，让大众熟知，团结合作的最佳途径就是开源。在 Python 里，人们使用由 Microsoft 研发并开源的 Visual Studio Code 作为 IDE 环境；由 Python

Software Foundation 开源的 Python 解释器；由众多开源开发者贡献的各种开发包，包括 Matplotlib、Numpy、Scipy、Tensorflow 等。下表展示了五个惊艳的 Python 开源项目。

◎ 五个惊艳的 Python 开源项目

Django	Django 是一款用 Python 语言编写的免费且开源的 Python Web 应用开发框架，它遵循模型 - 视图 - 控制器（MVC）的架构模式，可以通过几行简单的代码让网站拥有一个强大的后台，轻松管理网站内容
Tornado	Tornado 源意为龙卷风，这里是一款可扩展的、非阻塞的 Web 服务器，高度灵活，专门设计为开发人员和第三方工具厂商提供一个开放环境
Twisted	Twisted 附带了一个可以 Web 服务器上运行的 WSGI，它能够为其他 Python Web 应用程序允许开发人员使用的服务器定制 HTTP 服务
Numpy	Numpy（Numerical Python）提供了 Python 对多维数组对象的支持：ndarray，具有矢量运算能力，快速、节省空间。Numpy 支持高级的、大量的维度数组与矩阵运算，此外也针对数组运算提供大量的数学函数库
Scrapy	Scrapy 是 Python 开发的一个快速、高层次的屏幕抓取和 Web 抓取框架，用于抓取 Web 站点并从页面中提取结构化的数据

软件开源运动的发展，极大地提高了整个人类的工作效率，促进了全社会文明的进步。例如：我国华为公司自主研发的鸿蒙操作系统（Harmony OS），是一款全新的面向全场景的分布式操作系统，创造一个超级虚拟终端互联的世界，将人、设备、场景有机地联系在一起。华为公司秉着"人人为我，我为人人"的开源精神，让全世界的工程师共同开发，打造出万物互联的世界。现代社会是一个充满竞争的社会，同样也是呼吁合作的社会，处理好竞争与合作的关系才可以在社会上立足。竞争是合作的目的，合作是竞争的根底。软件工作者应具备宽广的胸怀，乐于奉献，团结和服务于世界人民的大多数。正是我们的合作意识使自己变的如此高大，我们只有依靠集体的力量，登上成功的顶峰，使自己拥有竞争实力，并获得成功。

3. 扩展、迁移

一个编程语言是否能够被大众接受，是否具有便携扩展、迁移的特点很重要。假设，所有工作只能局限在一台机器上，就是对整个团队效率的浪费。但是，如果一个项目能够像共享文档一样，团队人员可以共同协作，就能够实现点石成金的效果。Python 程序设计语言就具有便携扩展、可迁移的特征。Python 的封装较深，屏蔽了很多底层细节，比如 Python 会自动管理内存（需要时自动分配，不需要时自动释放）。工程师在操作中使用方便，不用顾虑细枝末节。

Python 的可扩展性也体现在它的模块化。Python 具有脚本语言中很丰富且强大的库或模块，这些库或模块覆盖了文件操作、图形界面编程、网络编程、数据库访问等绝大部分应用场景。这种"模块化、团队式"的操作方式能够快速地搭建项目，有利于团队作战。同样，生活中也要模块化，做事情不是一蹴而就，需要任务分解，每天进步一点点。不积跬步，无以行千里，不积小流，无以成江海。

同学们，大数据"画像"系统在最初设计的时候，就秉持简单、易上手、模块化的思想。内容合在一起是一个完整的项目，单独也是一个完整的章节。当下我们不仅需要个人才华与个性的充分展示与体现，同时也需要发挥团队合作与个性张扬的各自优势，并真正调和它们之间关系。我们既可以充分地发挥自我的能力，又可以成为一个牢不可破的团队，在国外技术封锁的当下，离不开每一个人的辛勤劳作，只要众心如城，必能突破封锁。万人一心，犹不可当，况十万乎！

第二部分
学生"画像"系统的具体设计和实现

◎模 块 一◎

学生"画像"系统的输入/输出模块

模块导读

　　作为一种面向对象的高级程序设计语言，Python 具有严格的语法规范。为了使学生在掌握基本语法的基础上，能够编写简单的 Python 程序，实现学生"画像"系统的输入/输出模块，本模块对 Python 的变量、数据类型和基本语法进行详细讲解。

模块目标

知识目标	技能目标	职业素养
➤ 理解并掌握 Python 的基本语法	➤ 通过课堂讲解，加深对 Python 语法的认识	➤ 规范化书写 Python 代码，对接企业，培养现代学徒
➤ 理解并掌握 Python 的变量	➤ 通过实例练习，提高规范编程的能力	➤ 通过探究、协作和反思，培养学生精益求精的工匠精神
➤ 理解并掌握 Python 的数据类型	➤ 编程解决生活中的问题，激发创造性	
➤ 理解 Python 的常用运算符		

课前学习工作页

1.选择题

(1)Python 中的单行注释采用（　　　）符号。

A. ' '　　　　　　　　B. " "　　　　　　　　C. #　　　　　　　　D. " " " " " "

(2) 下列变量在 Python 中合法的是（　　　）。

A. stu_name　　　B. stu@name　　　C. 1stuname　　　D. import

(3) 在 Python 变量赋值过程中，需要采用的符号是（　　　）。

A. >　　　　　　　　B. <　　　　　　　　C. =　　　　　　　　D. !=

2.填空题

（1）浮点型的两种表示形式分别是_____。

（2）Python 中使用_____命令查看所有关键字。

（3）复数类型由两部分组成，它们分别是_____。

（4）布尔类型的两个值分别是_____。

模块任务

◇任务一：Python 的基本语法

◇任务二：Python 的变量

◇任务三：Python 的数据类型

◇任务四：Python 的常用运算符

任务一：Python 的基本语法

任务描述

我们已经知道学生"画像"系统是采用 Python 语言进行编写的，并且对 Python 也有了一些基本的了解。为了进一步帮助小李同学编写学生"画像"系统，本任务将对学生"画像"系统需要了解和掌握的 Python 语法规则进行讲解。

任务实施

1. Python 输入

小李同学：师傅，我们学习的是学生"画像"系统，那么如何将学生信息录入到该系统中呢?

师傅：Python 提供了 input( ) 函数，可以将用户从外界输入的数据以字符串的形式读入计算机内部。因此，可以借助 input( ) 函数将学生的基本信息录入到学生"画像"系统中。示例代码如例 1-1 所示。

例 1-1 基本信息录入示例。

```
name = input('请输入学生的姓名:')
pinyin = input('请输入学生姓名的拼音:')
sno = input('请输入学生的学号:')
sex = input('请输入学生的性别:')
tel = input('请输入学生的电话:')
email = input('请输入学生的邮箱:')
scores = input('请输入学生的成绩:')
```

当输入 name = input( ) 并按 Enter 键后，Python 交互式命令行就在等待输入了。这时，可以输入任意字符，然后按 Enter 键后完成输入。输入完成后，不会有任何提示，Python 交互式命令行又回到待输入状态。但是刚刚输入的内容已经存放到 name 变量中了。

程序运行结果如下：

```
请输入学生的姓名:李勇
请输入学生姓名的拼音:liyong
请输入学生的学号:201809121
请输入学生的性别:男
请输入学生的电话:13513551256
请输入学生的邮箱:13513551256@186.com
请输入学生的成绩:64.0
```

2. Python 输出

小李同学：师傅，input( ) 函数实现了输入效果，那么，是否可以将输入的内容输出在界面上呢？

师傅：Python 提供了一个 print( ) 函数，可以实现内容的输出。在 print( ) 函数中引号括起来的字符是原样输出的。print( ) 函数的示例代码如例 1-2 所示。

例 1-2 print( ) 函数示例。

```
name = input('请输入学生的姓名:')
pinyin = input('请输入学生姓名的拼音:')
sno = input('请输入学生的学号:')
sex = input('请输入学生的性别:')
tel = input('请输入学生的电话:')
```

```
email = input('请输入学生的邮箱:')
scores = input('请输入学生的成绩:')
print('学生姓名是: ', name)
print('学生姓名拼音是: ', pinyin)
print('学生学号是: ', sno)
print('学生性别是: ', sex)
print('学生电话是: ', tel)
print('学生邮箱是: ', email)
print('学生成绩是: ', scores)
```

当输入姓名、姓名拼音、学号等内容后，输入的内容已经存放到 name、pinyin、sno 变量中。按 Enter 键后，会执行 print 语句，完成输出操作。

程序运行结果如下：

```
请输入学生的姓名：李勇
请输入学生姓名的拼音:liyong
请输入学生的学号:201809121
请输入学生的性别：男
请输入学生的电话:13513551256
请输入学生的邮箱:13513551256@186.com
请输入学生的成绩:64.0
学生姓名是:  李勇
学生姓名拼音是:  liyong
学生学号是:  201809121
学生性别是:  男
学生电话是:  13513551256
学生邮箱是:  13513551256@186.com
学生成绩是:  64.0
```

小李同学：师傅，在上述示例中，print( ) 函数每次只能输出一条语句。如果我想同时输出姓名、学号和成绩，应该怎么办呢？

师傅：因为格式化输出可以采用占位符的方法解决一个字符串中包含多个变量的问题，所以，针对上述情况，你可以采用格式化输出来实现所需要的效果。

小李同学：师傅，格式化输出需要用到占位符，那占位符是什么？

师傅：占位符，顾名思义就是插在输出语句中用于占位的符号，后面只要我们补全变量就可以了。我们可以把它理解成预订饭店。当我们告诉饭店的时候，饭店系统里会有我们的预订位置。虽然我们现在没有去，但只要在规定的时间内我们到了，那么那个位置就是我们的。占位符由两部分组成：第一部分是 %；第二部分是格式字符（和数据类型有关），格式说明是由 % 字符开始的。Python 常用的占位符如表 2-1-1 所示。

◎ 表 2-1-1 Python 常用的占位符

占 位 符	描 述
% d	输出有符号整型（十进制）
%u	输出无符号整型（十进制）
%o	输出无符号整型（八进制）
%x	输出无符号整型（十六进制）
%X	输出无符号整型（十六进制大写字符）
%e	输出浮点数字（科学计数法）
%E	输出浮点数字（科学计数法，用 E 代替 e）
%f	输出浮点数
%.2f	输出浮点数，保留 2 位小数
%5.2f	输出浮点数，浮点数有 5 位，小数点后保留 2 位
% s	输出字符串
%c	输出字符及其 ASCII 码
%%	百分号标记

Python 占位符示例代码如例 1-3 所示。

例 1-3　Python 占位符示例。

```
print( 'my name is %s' % ('xiaoming'))
print('my age is %d'% (26))
print('His height is %f m' % (1.890))
print('His height is %.2f' % (1.890))
print( 'name:% s  age:%d height:%5.2f' % ('xiaoming',26,1.890))
```

程序运行结果如下：

```
my name is xiaoming
my age is 26
His height is 1.890000 m
His height is 1.89
name: xiaoming  age: 26 height: 1.89
```

在表 1-1-1 中，我们列出了一些 Python 中常用的占位符。为了使大家更加了解占位符，下面举例进行说明。%d 表示的是占位一个整数类型的变量，在程序运行过程中，我们会传入一个整型数值，在例 1-3 中，传入的参数是 26，这是一个整数。%s 表示的是占位一个字符串类型的变量，在例 1-3 中，传入的参数是 'xiaoming'，它是一个字符串。

结合我们本次所学的知识，在学生"画像"系统中，我们可以实现学生的姓名、学号和成绩等信息的一次性输出。示例代码如例 1-4 所示。

例 1-4　一次性输出示例。

```
name = input('请输入学生的姓名：')
sno = input('请输入学生的学号：')
scores = float(input('请输入学生的成绩：'))
msg = '学生姓名是%s,学号是%s,成绩是%f' % (name,sno,scores)
print(msg)
```

程序运行结果如下：

```
请输入学生的姓名：李勇
请输入学生的学号：201809121
请输入学生的成绩：64.0
学生姓名是李勇，学号是201809121，成绩是64.000000
```

3．Python 注释

小李同学：师傅，如果有一天我写了很多代码，使用了多个 input 和 print，但是别人并不知道我写的是什么意思，应该怎么办呢?

师傅：这需要我们提供注释。由于每个人的编程思维和理解能力不同，所以，为了提高程序的可读性、节约时间、提高编程效率，程序员需要按照一定的要求书写注释。所以，可以通过为程序添加注释的方式使大家了解你所编写的代码。

① 单行注释：使用 # 号，# 右边的文字都会被当作说明文字并且不会被执行。示例代码如例 1-5 所示。

例 1-5　单行注释示例。

```
name = input('请输入学生的姓名：')
                        #input()是输入函数,提示用户输入学生姓名
pinyin = input('请输入学生姓名的拼音：')
                  #input()是输入函数,提示用户输入学生姓名的拼音
sno = input('请输入学生的学号：')
                        #input()是输入函数,提示用户输入学生学号
sex = input('请输入学生的性别：')
                        #input()是输入函数,提示用户输入学生性别
tel = input('请输入学生的电话：')
                        #input()是输入函数,提示用户输入学生电话
email = input('请输入学生的邮箱：')
                        #input()是输入函数,提示用户输入学生邮箱
scores = input('请输入学生的成绩：')
```

```
                                        #input()是输入函数，提示用户输入学生成绩
print('学生姓名是: ', name)  #print()是输出函数，将学生姓名输出到界面
print('学生姓名拼音是: ', pinyin)
                            #print()是输出函数，将学生姓名的拼音输出到界面
print('学生学号是: ', sno)   #print()是输出函数，将学生姓名输出到界面
print('学生性别是: ', sex)   #print()是输出函数，将学生性别输出到界面
print('学生电话是: ', tel)   #print()是输出函数，将学生电话输出到界面
print('学生邮箱是: ', email) #print()是输出函数，将学生邮箱输出到界面
print('学生成绩是: ', scores) #print()是输出函数，将学生成绩输出到界面
```

程序运行结果如下：

```
请输入学生的姓名：李勇
请输入学生姓名的拼音：liyong
请输入学生的学号：201809121
请输入学生的性别：男
请输入学生的电话：13513551256
请输入学生的邮箱：13513551256@186.com
请输入学生的成绩：64.0
学生姓名是:   李勇
学生姓名拼音是:   liyong
学生学号是:   201809121
学生性别是:   男
学生电话是:   13513551256
学生邮箱是:   13513551256@186.com
学生成绩是:   64.0
```

通过观察添加注释后程序的运行结果，我们看到每行代码 # 后面的内容都没有显示出来。这是因为它们被注释了，所以并没有被执行。

② 多行注释：使用三对单引号（''' 代码 '''）或三对双引号（""" 代码 """）。同单行注释一样，被注释掉的内容不会被执行。示例代码如例 1-6 所示。

例 1-6　多行注释示例。

```
name = input('请输入学生的姓名:')
                        #input()是输入函数，提示用户输入学生姓名
# 第一次多行注释开始
"""
pinyin = input('请输入学生姓名的拼音:')
                        #input()是输入函数，提示用户输入学生姓名的拼音
sno = input('请输入学生的学号:')
                        #input()是输入函数，提示用户输入学生学号
sex = input('请输入学生的性别:')
```

```
                              #input()是输入函数，提示用户输入学生性别
"""
# 第一次多行注释结束
tel = input('请输入学生的电话:')
                                      #input()是输入函数，提示用户输入学生电话
email = input('请输入学生的邮箱:')
                                      #input()是输入函数，提示用户输入学生邮箱
scores = input('请输入学生的成绩:')
                                      #input()是输入函数，提示用户输入学生成绩
print('学生姓名是: ', name)    #print()是输出函数，将学生姓名输出到界面
# 第二次多行注释开始
"""
print('学生姓名拼音是: ', pinyin)
                          #print()是输出函数，将学生姓名的拼音输出到界面
print('学生学号是: ', sno)    #print()是输出函数，将学生姓名输出到界面
print('学生性别是: ', sex)    #print()是输出函数，将学生性别输出到界面
"""
# 第二次多行注释结束
print('学生电话是: ', tel)    #print()是输出函数，将学生电话输出到界面
print('学生邮箱是: ', email)  #print()是输出函数，将学生邮箱输出到界面
print('学生成绩是: ', scores) #print()是输出函数，将学生成绩输出到界面
```

运行结果如下：

```
请输入学生的姓名：李勇
请输入学生的电话:13513551256
请输入学生的邮箱:13513551256@186.com
请输入学生的成绩:64.0
学生姓名是:  李勇
学生电话是:  13513551256
学生邮箱是:  13513551256@186.com
学生成绩是:  64.0
```

通过观察上述运行结果，我们看到被三引号包含的内容全部都没有执行，这是因为它们被注释了。同时，我们也发现，多行注释可以包含单行注释。

4. Python 行与缩进

小李同学：师傅，为什么说 Python 需要采用强制缩进的方式来保证代码的可读性？

师傅：Python 需要采用强制缩进的方式来保证代码的可读性。因为 Python 没有像其他语言一样采用 {} 或者 begin…end 分隔代码块，所以需要采用代码缩进来区分代码之间的层次。Python 默认使用 4 个空格进行悬挂式缩进，并且要求同一

个代码块必须缩进相同的空格数。

根据所学知识,小李同学设计了学生"画像"系统主界面,示例代码如例 1-7
所示。

例 1-7 学生"画像"系统主界面代码示例。

```
print('''|--- 欢迎进入校园大数据学生"画像"系统 ---|''')
    print('''|---1. 添加学生"画像"数据 ---|''')
    print('''|---2. 删除学生"画像"数据 ---|''')
    print('''|---3. 修改学生"画像"数据 ---|''')
    print('''|---4. 搜索学生"画像"数据 ---|''')
    print('''|---5. 退出校园大数据学生"画像"系统 ---|''')
    print('''|---6. 显示全部学生"画像"数据信息 ---|''')
```

程序的运行结果如下:

```
C:\Users\computer\PycharmProjects\untitled\venv\Scripts\python.exe
C:/Users/computer/PycharmProjects/untitled/example.py
    File "C:/Users/yangli/PycharmProjects/untitled/example.py", line 2
        print('''|---1. 添加学生"画像"数据 ---|''')
        ^
IndentationError: unexpected indent
Process finished with exit code 1
```

程序运行结果出现 IndentationError: unexpected indent 错误。造成该错误的原
因是小李同学用错了 Python 的缩进。很明显,该主界面并不具有层次结构,而小
李同学贸然使用缩进。修改后的程序如例 1-8 所示。

例 1-8 修改后的学生"画像"系统主界面代码示例。

```
print('''|--- 欢迎进入校园大数据学生"画像"系统 ---|''')
print('''|---1. 添加学生"画像"数据 ---|''')
print('''|---2. 删除学生"画像"数据 ---|''')
print('''|---3. 修改学生"画像"数据 ---|''')
print('''|---4. 搜索学生"画像"数据 ---|''')
print('''|---5. 退出校园大数据学生"画像"系统 ---|''')
print('''|---6. 显示全部学生"画像"数据信息 ---|''')
```

程序运行结果如下:

```
|--- 欢迎进入校园大数据学生"画像"系统 ---|
|---1. 添加学生"画像"数据 ---|
|---2. 删除学生"画像"数据 ---|
|---3. 修改学生"画像"数据 ---|
```

```
|---4. 搜索学生"画像"数据---|
|---5. 退出校园大数据学生"画像"系统---|
|---6. 显示全部学生"画像"数据信息---|
```

任务二：Python 的变量

任务描述

在学生"画像"系统中，需要大量的学生信息来构建"画像"。每条学生信息都包括学生的学号、姓名、性别、电话、邮箱等基本单元，这些基本单元如何在计算机内部进行描述呢？让我们带着求知欲，一起走进 Python 的变量。

任务实施

1. Python 变量

小李同学：师傅，Python 变量是什么？

师傅：在 Python 中，变量主要由变量名、变量值、变量赋值 3 部分组成。简单来说就是，每个变量在使用前必须赋值，变量赋值之后该变量才会被创建。因此，变量可以表示为如下格式：

```
变量名 = 值
```

变量定义之后，后续可以直接使用变量名进行相应操作。所以，变量名只有在第一次出现的时候才是定义变量，之后的再次出现是变量的使用。示例代码如例 1-9 所示。

例 1-9　变量示例。

```
sno = "小李"              #sno 第一次出现，所以，此处是定义变量，sno 是变量名
print("学生姓名是: ", sno)    #sno 第二次出现，所以，此处是变量的使用
```

程序运行结果如下：

```
学生姓名是: 小李
```

小李同学：师傅，您讲了 Python 中的变量，那 Python 中不需要常量吗？常量在 Python 中是如何体现的呢？

师傅：虽然说常量是一个不能改变的量，但是在 Python 中，常量的定义和变量的定义是一样的，只是变量名全部采用大写而已。示例代码如例 1-10 所示。

例 1-10 常量示例。

```
PI = 3.1415926                #圆周率 π 的表示
print("圆周率 π 为: ", PI)
```

程序运行结果如下：

```
圆周率 π 为: 3.1415926
```

通过例 1-9 和例 1-10，我们可以看到，常量和变量除了变量名全部需要大写之外，并没有其他差别。但是，常量的变量名全部用大写只是编程领域的一种习惯性用法，所以说 Python 并没有任何机制保证定义的常量 PI 不会被改变。如果编程人员一定要改变常量 PI 的值，也没有任何办法可以阻止，因此，常量 PI 在本质上仍然是变量。

2. Python 变量名

小李同学：师傅，什么是变量名？

师傅：现实世界中，任何一个实体都有名字，以便我们进行相应操作。同样，现实实体在 Python 中也应该有其相对应的名字，我们将其"名字"称为变量名。变量名的示例代码如例 1-11 所示。

例 1-11 变量的示例。

```
sno                #这是一个变量名，在系统中表示学号
name               #这是一个变量名，在系统中表示姓名
pinyin             #这是一个变量名，在系统中表示学生姓名的拼音
sex                #这是一个变量名，在系统中表示性别
tel                #这是一个变量名，在系统中表示电话号码
email              #这是一个变量名，在系统中表示邮箱地址
scores             #这是一个变量名，在系统中表示成绩
```

如上所示，sno、name、sex、scores 等都是变量名，它们分别对应系统中学号、姓名、性别、成绩等实体的名字。同样，如果需要计算学生的平均成绩，也可以定义一个新的变量名，比如 ave。具体定义什么变量名，需要编程人员自行决定，但要尽量做到见名知意。

3. Python 值

小李同学：师傅，sno、name、sex、scores 等都是变量名，它们分别存放了学生的学号、姓名、性别、成绩等信息。但是变量名只是一个空壳子，比如：我需要知道我的成绩，那我需要的不是"scores"变量名，而是 scores 变量所代表的内容。

因此，请师傅告诉我，Python 中变量的值是什么？

师傅： 如你所说，我们对变量的引用进行操作，其实是对变量所代表的具体内容进行操作。所以，在 Python 中，我们可以将 Python 中变量所代表的内容称为"值"。那么对变量的操作就转变为对变量值的操作。示例代码如例 1-12 所示。

例 1-12　变量值示例。

```
'201808121'                    # 这是一个值，字符串类型
李勇                            # 这是一个值，中文字符串
liyong                         # 这是一个值，字符串类型
True                           # 这是一个值，布尔类型
'13513551256'                  # 这是一个值，字符串类型
13513551256@186.com            # 这是一个值，字符串类型
64.0                           # 这是一个值，浮点类型
64                             # 这是一个值，整型类型
```

4．Python 变量赋值

小李同学： 师傅，我们学习了变量和值，那么是不是应该将两者关联起来。在 Python 中将变量和值关联起来的操作是变量的赋值操作吗？

师傅： 在 Python 中，将变量名和值关联起来的操作称为变量赋值。比如：scores 是一个变量名，64.0 是一个值，那么变量名和值连接起来的过程就称为变量的赋值过程。该过程可以表述为 scores=64.0。其中，"="是赋值符号，"="左边是变量，右边是值。示例代码如例 1-13 所示。

例 1-13　变量赋值示例。

```
sno = '201808121'             # 将 '201808121' 赋给 sno
name = '李勇'                  # 将 '李勇' 赋给 name
pinyin = 'liyong'             # 将 'liyong' 赋给 pinyin
sex = 'Ture'                  # 将 True 赋给 sex
tel = '13513551256'           # 将 '13513551256' 赋给 tel
email = '13513551256@186.com'   # 将 '13513551256@186.com' 赋给 email
scores = 64.0                 # 将 64.0 赋给 scores
print('学生姓名是: ', name)   #print() 是输出函数，将学生姓名输出到界面
print('学生姓名拼音是: ', pinyin)
                              #print() 是输出函数，将学生姓名的拼音输出到界面
print('学生学号是: ', sno)    #print() 是输出函数，将学生姓名输出到界面
print('学生性别是: ', sex)    #print() 是输出函数，将学生性别输出到界面
print('学生电话是: ', tel)    #print() 是输出函数，将学生电话输出到界面
```

```
print('学生邮箱是: ', email)  #print()是输出函数，将学生邮箱输出到界面
print('学生成绩是: ', scores)  #print()是输出函数，将学生成绩输出到界面
```

程序运行结果如下：

```
学生姓名是: 李勇
学生姓名拼音是: liyong
学生学号是: 201809121
学生性别是: True
学生电话是: 13513551256
学生邮箱是: 13513551256@186.com
学生成绩是: 64.0
```

如上所示，变量在使用前并不需要定义，但是必须声明以及初始化该变量。同时，变量在赋值的那一刻完成了变量类型和值的初始化。

5. Python 变量命名

小李同学：师傅，在现实生活中，家长会依据各种各样的规则给孩子起名字。那么，Python 中的变量在命名的时候是不是也遵循一定的命名规则呢？

师傅：对 Python 中变量进行命名，需要"三遵循三注意"。

三遵循：①遵循变量名只能是字母、数字或下画线的任意组合的规则；②遵循变量名的第一个字符不能是数字的规则；③遵循 Python 中关键字不能声明为变量名的规则。

三注意：①注意 Python 中的变量名区分大小写，例如：Scores 和 scores 是不同的变量。②注意类名采用大写字母开头的方式，例如：Stu1Scores。③模块名采用小写字母加下画线的方式，例如：stu1_scores。示例代码如例 1-14 所示。

例 1-14　变量命名示例。

```
scores                # 变量名由字母组成，变量名合法
scoresNum             # 变量名由大小写字母组成，变量名合法
scoresNum12           # 变量名由字母和数字组成，变量名合法
scores_Num12          # 变量名由字母、数字和下画线组成，变量名合法
scores@Num            # 变量名包含 @ 符号，变量名不合法
123scores             # 变量名的第一个字符是数字，变量名不合法
```

对于不合法的变量名，系统会如何处理呢？不合法的变量名运行结果如下：

```
C:\Users\computer\PycharmProjects\untitled\venv\Scripts\python.exe
C:/Users/computer/PycharmProjects/untitled/1-5.py
    File "C:/Users/computer/PycharmProjects/untitled/1-5.py", line 2
    123scores              # 变量名的第一个字符是数字，变量名不合法
```

```
                ^
SyntaxError: invalid syntax
Process finished with exit code 1
```

我们可以看到，当变量命名不合法时，系统会提供相应的报错提示。所以，我们一定要掌握变量命名的注意事项，对 Python 变量进行正确命名。

6. Python 关键字

小李同学：在 Python 变量命名中，我们提到 Python 中的变量名不能是关键字。那么，Python 中的关键字是什么？ Python 中有哪些关键字呢？

师傅：关键字是 Python 语言自己已经使用了的字，为了避免冲突，要求开发者不能使用关键字进行变量命名。为了避免大家错用，现将 Python 中的关键字进行归纳，如表 2-1-2 所示。

◎ 表 2-1-2　Python 内置关键字

序号	关键字	序号	关键字	序号	关键字	序号	关键字
1	False	10	def	19	if	28	raise
2	None	11	del	20	import	29	return
3	True	12	elif	21	in	30	try
4	and	13	else	22	is	31	while
5	as	14	except	23	lambda	32	with
6	assert	15	finally	24	nonlocal	33	yield
7	break	16	for	25	not		
8	class	17	from	26	or		
9	continue	18	global	27	pass		

小李同学：Python 中的关键字有什么特定含义吗？

师傅：Python 中的每个关键字在 Python 中都有其特殊的含义，接下来我们通过表 2-1-3 进行解释。

◎ 表 2-1-3　Python 内置关键字的含义

关键字	含　义
and	逻辑关系用语，表示与
as	使用标准库中的模块，例如 import cPickle as p
assert	断言，声明其布尔值必须为真的判定，如果发生异常就说明表达式为假。可以理解 assert 断言语句为 raise...if...not，用来测试表达式，如果其返回值为假，就会触发异常
break	结束本次循环
class	定义一个类对象

关键字	含　义
continue	终止本次循环，开启下一次循环。
def	定义一个函数或方法
del	删除变量
elif	和 if 配合使用，if 语句中的一个分支使用 elif 表示
else	用在条件语句中，表示当条件不成立时的分支
except	和 try 一起使用，用来捕获异常
False	数据类型 bool（布尔）类型的实例对象（值），假
finally	用于处理异常情况，用来声明一个肯定会被执行到的语句块
for	一种循环结构的引导词
from	用 import 或者 from...import 来导入相应的模块
global	全局变量
if	条件语句的引导词
import	导入相应的库
in	迭代器，表示元素是否在容器内
is	比较两个变量的内存地址
lambda	匿名函数
None	空对象，空值是 Python 中特殊的值
nonlocal	用在函数或其他作用域中使用外层（非全局）变量
not	布尔值，表示非
pass	空语句，保证格式完整，保证语义完整
raise	引发异常，触发异常后，后面的代码就不会再执行
return	从成员方法中返回数据
True	数据类型 bool（布尔）类型的实例对象（值），真
or	逻辑关系用语，表示或
try	尝试一个可能抛出异常的程序块
while	用在循环语句中
with	用于处理异常
yield	意思是生产，返回了一个生成器对象，每个生成器只能使用一次

小李同学：通过上述知识点，我知道上述关键词都有其特定的用法。比如 if、elif、for、while、break、continue、and、or、is、not、in、break、continue 等 是 Python 的循环及判断中常用的关键字。from、import、as、def、pass、lambda、return、class 是 Python 的函数及模块主要包括的关键字。try、except、finally、raise 是 Python 中异常处理的关键字。但是，我并不能准确地掌握 Python 中每个关

键字信息。我应该怎么办呢?

师傅:其实 Python 中的关键字并不需要大家完全记住。我们可以借助 help 命令进入帮助系统。示例代码如例 1-15 所示。

例 1-15　帮助系统示例。

```
help('keywords')
```

程序运行结果如下:

```
False          class          from           or
None           continue       global         pass
True           def            if             raise
and            del            import         return
as             elif           in             try
assert         else           is             while
async          except         lambda         with
await          finally        nonlocal       yield
break          for            not
```

7. Python 变量的命名规则

小李同学:师傅,除了上述的 Python 变量命名规则外,我是不是想怎么命名就怎么命名?

师傅:原则上,只要是不违背 Python 变量的命名规则,在编译环境下都是可以运行通过的。但是,为了增加代码的识别和可读性,我们也应该遵循一定的命名规则,这些规则并不是强制性的,而是编程界的一种惯例。

① 在定义变量时,为了保证代码格式,等号(=)左右两侧应该各保留一个空格。

② 如果变量名由两个或者多个单词组成时,每个单词都应该使用小写字母;单词与单词之间应该使用下画线 (_) 连接。

当变量名由两个或多个单词组成时,还可以采用小驼峰式命名法和大驼峰式命名法。其中,小驼峰式命名法是指第一个单词以小写字母开始,后续单词的首字母大写。大驼峰式命名法是指每个单词的首字母都以大写字母表示。示例代码如例 1-16 所示。

例 1-16　变量命名规则示例。

```
stu1_name          # 下画线表示法
stu1_sex           # 下画线表示法
stu1Name           # 小驼峰式命名法
```

```
stu1Sex                     # 小驼峰式命名法
Stu1Name                    # 大驼峰式命名法
Stu1Sex                     # 大驼峰式命名法
```

8. Python 变量存储

小李同学：师傅，我们讲到 Python 的关键字是 Python 内部已经占用的特殊字符，那我们的变量在内存中是如何存储的呢？

师傅：Python 支持多种数据类型。在计算机内部，可以把任何数据都看成一个"对象"，而变量就是在程序中用来指向这些数据对象的，对变量赋值可以把数据和变量给关联起来。例如，我们定义 x=5，它在内存中的存储过程是：①系统找到一块内存，将 5 存储进去；② x 指向该内存。

 小贴士

① Python 对大小写敏感，例如 d=true 将会报错。

② Python 中，初始化的存储在内存的对象是不能更改的，我们只能更改它的指向。

任务三：Python 的数据类型

任务描述

在学生"画像"系统中，针对不同的变量，给变量赋的值是不同的。比如，姓名（name）赋的值是被双引号（" "）括起来的，成绩（scores）赋的值是 64.0，而不是 64。对此，小李同学一直在困惑，并迫切希望得到师傅的帮助。

任务实施

小李同学：师傅，在数学中，64 和 64.0 表示同样大小的值，为什么在"画像"系统中，成绩（scores）赋的值是 64.0，而不是 64 呢？

师傅：这涉及 Python 变量的数据类型。不同的数据类型存放的数据范围和需要开辟的内存空间是不一样的。比如，某公司现在需要配送一批货物，我们是需要根据货物来决定需要采用卡车运输还是小汽车运输。如果我们运输一台计算机，我们可以采用小汽车运输，因为采用卡车运输有点大材小用；反之，如果我们运输一张床，那么我们只能采用卡车运输，因为小汽车的空间不能存放一张床。所以，我们需要为每个变量选择一个合适的变量类型，这样既能适当地存储该变量的值，又不会浪费内存空间。

小李同学：师傅，Python 中常用的数据类型有哪些?

师傅: Python 内置丰富的数据类型，其中常用的变量数据类型如图 2-1-1 所示。

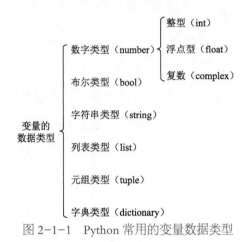

图 2-1-1　Python 常用的变量数据类型

1. 数字类型

Python 中的数字类型包含整型、浮点型和复数类型。

1）整型

在 Python 中，只有一种整数类型，不再对整型和长整型进行区分。Python 的整数类型与其他语言表示的整数类型不相同，Python 整型能表示的数值仅与机器支持的内存大小有关。Python 中整型的表示方法和数学上一样，可以采用二进制、八进制、十进制、十六进制等。

在生活中，我们常用十进制。十进制以 10 为基数，用 0 ~ 9 表示，满足"逢十进一"的进位规则和"借一当十"的借位规则。

在计算机中，大多数情况下采用二进制，因为计算机将任何事物都表示成 0 和 1 组成的代码串。二进制以 2 为基数，用 0b 前缀和 0、1 表示，满足"逢二进一"的进位规则和"借一当二"的借位规则。例如，十进制的 10 采用二进制表示为 00001010。

八进制以 8 为基数，用 0o 前缀和 1 ~ 7 表示，满足"逢八进一"的进位规则和"借一当八"的借位规则。例如，十进制的 10 采用八进制表示为 12。计算方法是将 10 转换为二进制数 00001010，再将二进制数三位组合，00 001 010 为 0 1 2。

十六进制以 16 为基数，用 0x 前缀和 0 ~ 9、a ~ f 表示，满足"逢十六进一"的进位规则和"借一当十六"的借位规则。例如，十进制的 10 采用十六进制表示为 a。计算方法是将 10 转换为二进制数 00001010 ，再将二进制数四位组合，0000 1010 为 a。示例代码如例 1-17 所示。

例 1-17 整型数据示例。

```
123                          # 十进制整数
-123                         # 十进制整数
0o7                          # 八进制整数
0x173                        # 十六进制整数
0x1111011                    # 十六进制整数
0xee11                       # 十六进制整数
0xab12cdef                   # 十六进制整数
0b101                        # 二进制整数
```

2）浮点型

浮点型数据也就是小数，造成大家读法不一样的原因是数字的表示形式不同。Python 中的浮点类型有两种表示形式：①十进制；②科学记数法表示。十进制数形式由数码 0~9 和小数点组成，且必须有小数点，因此，在十进制表示形式下，我们称为小数，如 0.123、12.85、26.98 等；科学记数法形式由十进制数加阶码标志 e 或 E 以及阶码（只能为整数，可以带符号）组成，在科学记数法表示形式下，我们称为浮点数。例如，把 10 用 e 替代，2.34×10^9 就是 2.34e9，或者 23.4e8；0.0000023 可以写成 2.3e-6；等等。浮点数可以采用十进制表示也可以采用科学记数法表示，但是对于很大或很小的浮点数，就必须用科学记数法表示。在使用科学记数法时，e 或 E 之前必须有数字，且 e 或 E 后面的指数必须为整数。示例代码如例 1-18 所示。

例 1-18 浮点型数据示例。

```
0.13                         # 十进制记数法
-0.13                        # 十进制记数法
3.7E-2                       # 科学记数法
2.1E5                        # 科学记数法
```

小贴士

① 整数和浮点数在计算机内部存储的方式是不同的。整数运算永远是精确的，而浮点数运算则可能会有四舍五入的误差。

② 在 Python 中，每个浮点数占 8 字节，它能表示的数值范围是 -1.8^{308} ～ 1.8^{308}。

3）复数类型

复数是一个实数和虚数的组合，一个复数是一对有序浮点型 (x,y)，表示为 $x+y\mathrm{j}$，其中，x 是实数部分，y 是虚数部分。复数在科学计算中得到广泛应用，但是在使用过程中，我们需要注意：①虚数不能单独存在，它总是和一个值为 0.0 的实数部分构成一个复数；②复数由实数部分和虚数部分构成；③实数部分和虚数部分都是浮点型；④虚数部分后面必须有 j 或 J。示例代码如例 1−19 所示。

 例 1−19　复数类型数据示例。

```
64.23+1j
-1.23-3.5j
64.23+1j+-1.23-3.5j
```

2. 布尔类型

布尔类型是一种特殊的整型，它只有 True（真）和 False（假）两个值。布尔类型用于逻辑运算。布尔类型能够进行与运算（and）、或运算（or）和非运算（not）。

（1）与运算：只有两个布尔值都为 True 时，计算结果才为 True，具体如表 2−1−4 所示。

◎ 表 2−1−4　与运算

条　　件	结　　果
True and True	True
True and False	False
False and True	False
False and False	False

与运算的示例代码如例 1−20 所示。

 例 1−20　与运算示例。

```
print(True and True)          # 计算 True 与 True 进行与运算的结果
print(True and False)         # 计算 True 与 False 进行与运算的结果
print(False and True)         # 计算 False 与 True 进行与运算的结果
print(False and False)        # 计算 False 与 False 进行与运算的结果
```

程序运行结果如下：

```
True
False
```

```
False
False
```

（2）或运算：只要有一个布尔值为 True，计算结果就是 True，具体如表 2-1-5 所示。

◎ 表 2-1-5　或运算

条　　件	结　　果
True or True	True
True or False	True
False or True	True
False or False	False

或运算的示例代码如例 1-21 所示。

例 1-21　或运算示例。

```
print(True or True)       # 计算 True 与 True 进行或运算的结果
print(True or False)      # 计算 True 与 False 进行或运算的结果
print(False or True)      # 计算 False 与 True 进行或运算的结果
print(False or False)     # 计算 False 与 False 进行或运算的结果
```

程序运行结果如下：

```
True
True
True
False
```

（3）非运算：把 True 变为 False，或者把 False 变为 True，具体如表 2-1-6 所示。

◎ 表 2-1-6　非运算

条　　件	结　　果
not True	False
not False	True

非运算的示例代码如例 1-22 所示。

例 1-22　非运算示例。

```
print(not(True))
print(not(False))
print(not(True and True))
print(not(True and False))
```

```
print(not(False and True))
print(not(False and False))
print(not(True or True))
print(not(True or False))
print(not(False or True))
print(not(False or False))
```

程序运行结果如下：

```
False
True
False
True
True
True
False
False
False
True
```

在学生"画像"系统中，我们假定李勇同学的 Python 成绩为 67，刘晨同学的 Python 成绩为 67，王敏同学的 Python 成绩为 91。如果采用数学运算，我们很容易知道王敏同学的 Python 成绩最高。但是，如果在计算机中，我们需要编程来实现三个数比较大小，即判定 91>67>=67 是否成立，并将成绩最高的学生姓名输出。判定 91>67>=67 是否成立，在计算机中需要两个条件，第一个条件是判定 91>67 是否成立，第二个条件是判定 67>=67 是否成立。这两个条件可以转换为布尔运算，即与运算。同样地，我们也可以计算该条件下的或运算和否运算。

布尔类型的综合示例如例 1-23 所示。

例 1-23　布尔类型的综合示例。

```
print(91>67)
print(91>=67)
print((91>67) and (91>=67))
print((91>67) or (91>=67))
print(not(91>67) )
print(not(91>=67))
print((not(91>67)) and (not(91>=67)))
print((not(91>67)) or (not(91>=67)))
```

程序运行结果如下：

```
True
```

```
True
True
True
False
False
False
False
```

虽然布尔值在进行数值运算时，True 会被当作整型 1，False 会被当作整型 0，但是以下对象的布尔值默认为 False（即整数 0），具体如表 2-1-7 所示。

◎ 表 2-1-7　布尔值为 False 的对象

序　号	对　　象
1	None
2	False（布尔型）
3	0（整型 0）
4	0L（长整型 0）
5	0.0（浮点型 0）
6	0.0+0.0j（复数 0）
7	" "（空字符串）
8	[ ]（空列表）
9	( )（空元组）
10	{ }（空字典）

3. 字符串类型

字符串是 Python 中最常用的数据类型。字符串是以单引号、双引号和三引号（三个连续的单引号或者双引号）括起来的任意文本。比如，学生"画像"系统中的姓名（name）的值，既可以用'李勇'，也可以用"李勇"，还可以用"""李勇"""来表示。请注意，' ' 或 " " 本身只是一种表示方式，不是字符串的一部分，因此，字符串 'ab' 只有 a、b 这两个字符。如果'本身也是一个字符，那就可以用双引号（"内容"）或者三引号（"""内容"""）括起来。如果字符串中同时包含了单引号（'内容'）、双引号（"内容"）和三引号（"""内容"""），那么就需要用转义字符 \ 来标识。比如，'I\'m \"daniel\"!'表示的字符串内容是 I'm "daniel"!。示例代码如例 1-24 所示。

例 1-24　字符串示例。

```
stu1name = '李勇'
stu2name = ''刘晨''
stu3name = '' '' ''王敏'' '' ''
```

```
strings = 'let\'s go! '
```

> 🔊 小贴士
>
> ① 转义字符\可以转义很多字符。比如，\t 表示制表符，\t 表示换行。字符\本身也要转义，所以 \\ 表示的字符就是 \。
>
> ② 如果字符串中有很多字符都需要转义，就需要加很多 \，为了简化，Python 允许用 r'' 表示，'' 内部的字符串默认不转义。
>
> ③ 如果字符串内部有很多换行，用 \n 写在一行里不便于阅读。为了简化，Python 允许用 '''...''' 的格式表示多行内容。

4. 列表类型

列表是 Python 中使用最频繁的数据类型之一，它可以放置任意数量、任意类型的数据，这些数据称为元素。列表中的元素使用中括号 [ ] 包含，元素的个数和值可以随意修改。创建列表的方式相对简单，用逗号分隔不同的元素，并用中括号将所有元素括起来即可。列表类型的格式如下：

```
stu1_list = [元素 1, 元素 2, 元素 3]
```

由于列表中的元素可以是任意类型的数据，所以，列表中的元素可以是整型，也可以是字符串类型，还可以是列表类型。嵌套列表的格式如下：

```
stu1_list = [元素 1, '元素 2', [元素 31, 元素 32]]
```

通过上面的讲解，我们发现列表类型可以很好地存储学生"画像"系统中的学生基本信息。学生的基本信息包括学生的学号、姓名、性别、电话、邮箱、成绩等，这些信息的类型都不一样，比如，学号应该是字符串类型，性别应该是布尔类型，成绩应该是浮点类型。针对 100 个学生，仅仅是存储学生姓名就需要定义 100 个变量，如果学生数量更多，将会花费更大的代价。所以，综上所述，列表类型更适合存储学生"画像"系统中学生的基本信息。示例代码如例 1-25 所示。

📝 **例 1-25　列表示例。**

```
   stu1_list = ['201809121', '李勇', 'liyong', 'Y', '13513551256',
'13513551256@186.com',64.0]
   stu2_list = ['201809122', '刘晨', 'liuchen', 'Y', '15036548562',
'liuchen@qmail.com',59.0]
   stu3_list = ['201809123', '王敏', 'wangmin', 'N', '13658459652',
'w17184713@qq.com',85.0]
```

```
    stu4_list = ['201809124', '张力', 'zhang li', 'Y', '18125478645',
'14785236@qq.com',76.5]
    stu5_list = ['201809125', ' 李 一 ', 'liyi', 'Y', '13658459652',
'w17184713@qq.com',81.0]
    stu6_list = ['201809126', '张琴琴', 'zhangqinqin', 'N', '13512585489',
'zhangqinqin@163.com',80.0]
    print(stu1_list)
    print(stu2_list)
    print(stu3_list)
    print(stu4_list)
    print(stu5_list)
    print(stu6_list)
```

程序运行结果如下：

```
    ['201809121', '李勇', 'liyong', 'Y', '13513551256', '13513551256@
186.com', 64.0]
    ['201809122', '刘晨', 'liuchen', 'Y', '15036548562', 'liuchen@qmail.
com', 59.0]
    ['201809123', '王敏', 'wangmin', 'N', '13658459652', 'w17184713@
qq.com', 85.0]
    ['201809124', '张力', 'zhang li', 'Y', '18125478645', '14785236@
qq.com', 76.5]
    ['201809125', '李一', 'liyi', 'Y', '13658459652', 'w17184713@qq.com',
81.0]
    ['201809126', '张琴琴', 'zhangqinqin', 'N', '13512585489', 'zhang
qinqin@163.com', 80.0]
```

5. 元组类型

Python 的元组与列表类似，所以，元组也称不可修改的列表。但是需要注意的是，元组的元素不能修改，元组的元素使用小括号 ( ) 包含。元组类型的格式如下：

```
    stu1_tuple = (元素 1, 元素 2, 元素 3)
```

由于元组中的元素可以是任意类型的数据，所以，元组中的元素可以是整型，也可以是字符串类型，还可以是元组类型。元组嵌套元组的格式如下：

```
    stu1_list = (元素 1, '元素 2', (元素 31, 元素 32) )
```

学生"画像"系统中学生的基本信息采用元组表示如例 1-26 所示。

例 1-26　元组示例。

```
    stu1_tuple = ('201809121', '李勇', 'liyong', 'Y', '13513551256',
'13513551256@186.com',64.0)
```

```
    stu2_ tuple = ('201809122', '刘晨', 'liuchen', 'Y', '15036548562',
'liuchen@qmail.com',59.0)
    stu3_ tuple = ('201809123', '王敏', 'wangmin', 'N', '13658459652',
'w17184713@qq.com',85.0)
    stu4_ tuple = ('201809124', '张力', 'zhang li', 'Y', '18125478645',
'14785236@qq.com',76.5)
    stu5_ tuple = ('201809125', '李一', 'liyi', 'Y', '13658459652',
'w17184713@qq.com',81.0)
    stu6_ tuple = ('201809126', '张琴琴', 'zhangqinqin', 'N', '13512585489',
'zhangqinqin@163.com',80.0)
    print(stu1_tuple)
    print(stu2_tuple)
    print(stu3_tuple)
    print(stu4_tuple)
    print(stu5_ tuple)
    print(stu6_ tuple)
```

程序运行结果如下：

```
    ('201809121', '李勇', 'liyong', 'Y', '13513551256', '13513551256@
186.com', 64.0)
    ('201809122', '刘晨', 'liuchen', 'Y', '15036548562', 'liuchen@qmail.
com', 59.0)
    ('201809123', '王敏', 'wangmin', 'N', '13658459652', 'w17184713@
qq.com', 85.0)
    ('201809124', '张力', 'zhang li', 'Y', '18125478645', '14785236@
qq.com', 76.5)
    ('201809125', '李一', 'liyi', 'Y', '13658459652', 'w17184713@qq.com',
81.0)
    ('201809126', '张琴琴', 'zhangqinqin', 'N', '13512585489', 'zhang
qinqin@163.com', 80.0)
```

6. 字典类型

字典是 Python 中的映射数据类型，由键 / 值对组成。字典可存储任意类型的元素，元素使用花括号 {} 包含。字典的每个键值 key=>value 对用冒号（：）分隔，每个键值对之间用逗号（，）分隔。字典类型的格式如下：

```
stu1_dict = {键1:值1, 键2:值2, 键3:值3}
```

由于字典中的元素可以是任意类型的数据，所以，字典中的元素可以是整型，也可以是字符串类型，还可以是字典类型。字典嵌套字典的格式如下：

```
stu1_dict = {键1:值1, 键2:值2, {键31:值31, 键32:值32}}
```

使用字典类型存储数据最大的优点是查找速度快。例如，在学生"画像"系统中，要实现根据学生姓名来查找成绩，采用列表形式时需要两个列表，其中一个列表的作用是存放学生姓名，还需要一个列表存放学生的成绩。如果采用字典形式，则只需要一个字典类型。示例代码如例 1-27 所示。

例 1-27　字典示例。

```
# 列表形式
names_list = ['李勇', '刘晨', '王敏']
scores_list = [64.0,59,0,85.0]
# 字典形式
d = {'李勇': 64.0,'刘晨':59.0,'王敏':85.0 }
```

在 list 中，给定一个名字，要查找对应的成绩，先要在 names_list 中找到该名字对应的位置，再从 scores 取出对应的成绩，list 越长，耗时越长。在字典中，只需要一个"名字"－"成绩"的对照表，就可以直接根据名字查找成绩，无论这个表有多大，查找速度都不会变慢。

通过上面所学知识，考虑到每一位学生都需要选修多门课程，每位学生应该有多门课程的成绩，我们可以采用字典方式来存储学生的信息。示例代码如例 1-28 所示。

例 1-28　采用字典方式存储学生的信息。

```
    stu1_dict = {'sno':'201809121', 'name': '李勇', 'pinyin':'liyong',
'sex': 'Y',   'tel': '13513551256',
    'email': '13513551256@186.com', 'scores':{'math':64.0,'english':
68.0,'python':67.0}}
    stu2_dict = {'sno':'201809122', 'name': '刘晨',   'pinyin': 'liuchen',
'sex': 'Y',   'tel':'15036548562',
    'email': 'liuchen@qmail.com', 'scores':{'math':59.0,'english':
77.0,'python':67.0}}
    stu3_dict = {'sno':'201809123', 'name':'王敏',       'pinyin': 'wangmin',
'sex': 'N',   'tel': '13658459652',
    'email': 'w17184713@qq.com', 'scores':{'math':85.0,'english':88.0,
'python':91.0}}
    stu4_dict = {'sno':'201809124', 'name': '张力', 'pinyin': 'zhang li',
'sex': 'Y',   'tel': '18125478645',
    'email': '14785236@qq.com', 'scores':{'math':76.5,'english':68.0,
'python':80.0}}
    stu5_dict = {'sno':'201809125', 'name':'李一',       'pinyin': 'liyi',
'sex': 'Y',   'tel':'13658459652',
```

```
    'email': 'w17184713@qq.com', 'scores':{'math':81.5,'english':83.5,
'python':87.0}}
    stu6_dict = {'sno':'201809126', 'name':'张琴琴', 'pinyin': 'zhang qinqin',
'sex': 'N',   'tel': '13512585489',
    'email': 'zhangqinqin@163.com', 'scores':{'math':80,'english':
59.0,'python':86.0}}
    print(stu1_dict)
    print(stu2_dict)
    print(stu3_dict)
    print(stu4_dict)
    print(stu5_dict)
    print(stu6_dict)
```

程序运行结果如下:

```
    {'sno': '201809121', 'name': '李勇', 'pinyin': 'liyong', 'sex':
'Y', 'tel': '13513551256', 'email':
    '13513551256@186.com', 'scores': {'math': 64.0, 'english': 68.0,
'python': 67.0}}
    {'sno': '201809122', 'name': '刘晨', 'pinyin': 'liuchen', 'sex':
'Y', 'tel': '15036548562', 'email':
    'liuchen@qmail.com', 'scores': {'math': 59.0, 'english': 77.0,
'python': 67.0}}
    {'sno': '201809123', 'name': '王敏', 'pinyin': 'wangmin', 'sex':
'N', 'tel': '13658459652', 'email':
    'w17184713@qq.com', 'scores': {'math': 85.0, 'english': 88.0,
'python': 91.0}}
    {'sno': '201809124', 'name': '张力', 'pinyin': 'zhang li', 'sex':
'Y', 'tel': '18125478645', 'email':
    '14785236@qq.com', 'scores': {'math': 76.5, 'english': 68.0,
'python': 80.0}}
    {'sno': '201809125', 'name': '李 一', 'pinyin': 'liyi', 'sex':
'Y', 'tel': '13658459652', 'email':
    'w17184713@qq.com', 'scores': {'math': 81.5, 'english': 83.5,
'python': 87.0}}
    {'sno': '201809126', 'name': '张 琴 琴', 'pinyin': 'zhangqinqin',
'sex': 'N', 'tel': '13512585489', 'email':
    'zhangqinqin@163.com',   'scores':{'math': 80, 'english': 59.0,
'python': 86.0}}
```

> **小贴士**
>
> ① 如果用字典中没有的键去访问一个数据，会输出错误。
>
> ② 修改字典时，只需要对字典的键和值进行操作。例如，向字典添加新内容只需增加新的键/值对，执行删除操作时，也只需删除已有键/值对。
>
> ③ 字典中的键是唯一的。如果同一个键被赋值两次，则后一个会被记住。
>
> ④ 字典中的键是不可变的，所以可以用数字、字符串或元组充当，但是不能用列表。
>
> ⑤ 字典具有 cmp( )、len( )、str( ) 等内置函数。

小李同学：师傅，我知道变量在赋值的那一刻完成了变量类型和值的初始化。但当我拿到一个变量时，如何知道这个变量是什么类型呢？

师傅：针对这个问题，我们可以采用 Python 中的一个内置函数：type( ) 函数。type( ) 函数是一个既实用又简单的查看数据类型的方法，调用它就能够得到一个返回值，从而得到要查询对象的类型信息。type( ) 函数的语法如下：

```
type(查询对象)
```

type( ) 函数接收一个对象作为参考，之后返回对象的相应类型。示例代码如例 1-29 所示。

例 1-29 type( ) 函数示例。

```
int1 = 0b101                              # 二进制整型
int2 = 0o7                                # 八进制整型
int3 = 123                                # 十进制整型
int4 = 0x173                              # 十进制整型
int5 = 0x1111011                          # 十六进制整型
float1 = 0.13                             # 十进制浮点型
float2 = 3.7E-2                           # 科学记数法浮点型
complex1 = 64.23+1j+-1.23-3.5j            # 复数类型
bool1 = (91>67)                           # 布尔类型
list1 = ['201809121', '李勇', 'liyong', 'Y']   # 列表类型
tuple1 = ('201809121', '李勇', 'liyong', 'Y')  # 元组类型
dictionary1 = {'李勇': 64.0,'刘晨':59.0,'王敏':85.0 }
                                          # 字典类型

print(type(0b101))
print(type(int2))
```

```
print(type(int3))
print(type(int4))
print(type(int5))
print(type(float1))
print(type(float2))
print(type(complex1))
print(type(bool1))
print(type(list1))
print(type(tuple1))
print(type(dictionary1))
```

程序运行结果如下：

```
<class 'int'>
<class 'int'>
<class 'int'>
<class 'int'>
<class 'int'>
<class 'float'>
<class 'float'>
<class 'complex'>
<class 'bool'>
<class 'list'>
<class 'tuple'>
<class 'dict'>
```

小李同学：在上述 type( ) 函数示例中，我们采用 type( ) 函数来输出变量类型。并且为了让大家能够更清楚明白，我们的变量名是以该变量类型的英文表示，例如，int 型变量的变量名是 int1、int2 等。那么有没有一种方法，可以用来判断某个值或者某个变量是否为指定的数据类型呢？

师傅：Python 提供了 isinstance( ) 函数来判断某个值或者变量是否为指定的数据类型。它需要两个参数：一个是实例对象（object）；另一个是直接或间接类名、基本类型或者由它们组成的元组（classinfo）。它通过判断参数一的类型（object）与参数二的类型（classinfo）是否相同做出决定，如果相同则返回 True，否则返回 False。isinstance( ) 函数的语法如下：

```
isinstance(object, classinfo)
```

isinstance( ) 函数的示例代码如例 1-30 所示。

例 1-30　isinstance( ) 函数示例。

```
int1 = 0b101                          # 二进制整型
int2 = 0o7                            # 八进制整型
int3 = 123                            # 十进制整型
int4 = 0x173                          # 十进制整型
int5 = 0x1111011                      # 十六进制整型
float1 = 0.13                         # 十进制浮点型
float2 = 3.7E-2                       # 科学记数法浮点型
complex1 = 64.23+1j+-1.23-3.5j        # 复数类型
bool1 = (91>67)                       # 布尔类型
list1 = ['201809121', '李勇', 'liyong', 'Y']    # 列表类型
tuple1 = ('201809121', '李勇', 'liyong', 'Y')   # 元组类型
dictionary1 = {'李勇': 64.0,'刘晨':59.0,'王敏':85.0 }
                                      # 字典类型

print(isinstance(int1,int))           # 验证二进制整型
print(isinstance(int2,float))         # 验证八进制整型
print(isinstance(int3,int))           # 验证十进制整型
print(isinstance(int4,complex))       # 验证十进制整型
print(isinstance(int5,int))           # 验证十六进制整型
print(isinstance(float1,float))       # 验证十进制浮点型
print(isinstance(float2,float))       # 验证科学记数法浮点型
print(isinstance(complex1,complex))   # 验证复数类型
print(isinstance(bool1,bool))         # 验证布尔类型
print(isinstance(list1,list))         # 验证列表类型
print(isinstance(tuple1,tuple))       # 验证元组类型
print(isinstance(dictionary1,dict))   # 验证字典类型
```

程序运行结果如下：

```
True
False
True
True
False
True
True
True
True
True
True
True
```

小贴士

① type( ) 返回值是 type 类型。例如，type(type(1)) 的类型是 type 类型。

② type( ) 不会认为子类是一种父类类型，不考虑继承关系。

③ isinstance( ) 会认为子类是一种父类类型，考虑继承关系。

④ 如果要判断两个类型是否相同，推荐使用 isinstance( )。

小李同学：师傅，如果两个变量的数值类型不一致，程序会出现什么结果呢？如果在编程过程中不小心出现这种情况，我应该怎么做呢？

师傅：针对两个变量的数值类型不一致的情况，编译系统会出现相应的错误提示。你可以根据程序的需要，将一个变量类型强制转换为另一个变量类型，该过程称为强制类型转换。为了方便大家使用，Python 将常用类型之间的转换封装成了函数，当我们需要对数据的类型转换时，只需要将数据类型作为函数名即可。常见的变量类型转换函数如表 2-1-8 所示。

◎ 表 2-1-8　常见的变量类型转换函数

函数格式	描　　述
int(x [,base])	将 x 转换为一个整数，但是会丢失精度
float(x)	将 x 转换为一个浮点型，不足的位数用 0 补齐
complex(real ,imag)	创建一个复数，第二个参数只能为数字
str(x)	将 x 转换为一个字符串类型
tuple(x)	将 x 转换为元组
list(x)	将 x 转换为列表

小李同学：师傅，如何采用这些函数进行变量类型的转换呢？

师傅：当我们需要对数据类型进行转换时，只需要将数据类型作为函数名即可。示例代码如例 1-31 所示。

例 1-31　数据类型转换示例。

```python
# 根据学生 " 画像 " 系统定义变量
sno = '201809121'
score = 64
name_list = [' 李勇 ',' 刘晨 ',' 王敏 ']
scores_tuple = (64.0,59.0,85.0)
# 利用 type() 函数查看变量类型
print("sno 的数据类型为: ",type(sno))
print("score 的数据类型为: ",type(score))
```

```
print("name_list 的数据类型为: ",type(name_list))
print("scores_tuple 的数据类型为: ",type(scores_tuple))
# 利用转换函数实现变量类型转换
snoInt = int(sno)                          # 将字符串类型转换为整型
scoreFloat = float(score)                  # 将整型转换为浮点型
scoreStr = str(score)                      # 将整型转换为字符串类型
nameTuple_list = tuple(name_list)          # 将列表类型转换为元组类型
scoresList_tuple = list(scores_tuple)      # 将元组类型转换为列表类型
# 利用 type() 函数查看转换后的变量类型
print("snoInt 的数据类型为: ",type(snoInt))
print("scoreFloat 的数据类型为: ",type(scoreFloat))
print("scoreStr 的数据类型为: ",type(scoreStr))
print("nameTuple_list 的数据类型为: ",type(nameTuple_list))
print("scoresList_tuple 的数据类型为: ",type(scoresList_tuple))
```

程序运行结果如下：

```
sno 的数据类型为:  <class 'str'>
score 的数据类型为:  <class 'int'>
name_list 的数据类型为:  <class 'list'>
scores_tuple 的数据类型为:  <class 'tuple'>
snoInt 的数据类型为:  <class 'int'>
scoreFloat 的数据类型为:  <class 'float'>
scoreStr 的数据类型为:  <class 'str'>
nameTuple_list 的数据类型为:  <class 'tuple'>
scoresList_tuple 的数据类型为:  <class 'list'>
```

任务四：Python 的常用运算符

任务描述

通过上述任务的讲述，小李同学已经掌握了 Python 变量和 Python 数据类型的相关知识。例如，我们通过赋值运算得到 liyongscores=64.0，liuchenscores=59.0，但是，小李同学发现自己所定义的变量在学生"画像"系统运行过程中并没有任何改变，所以，小李同学想要对系统中的数据进行变换。

任务实施

小李同学：师傅，如果我想对系统中的数据进行变换，我应该怎么做呢？

师傅：在 Python 中对数据的变换称为运算，表示运算的符号称为运算符，参加运算的数据称为操作数。通过变量的赋值，可以得到操作数，所以，如果想对数据进行变换，还需要相应的操作符。

小李同学：师傅，Python 中常用运算符有哪些？

师傅：Python 的常用运算符有算术运算符、比较（关系）运算符、赋值运算符、位运算符、逻辑（关系）运算符、成员运算符等，具体如图 2-1-2 所示。

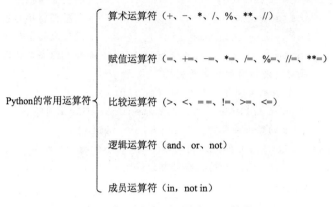

图 2-1-2　Python 的常用运算符

1. Python 算术运算符

小李同学：算术运算符是什么？它们有哪些作用？

师傅：算术运算符是运算符的一种，一般用来处理四则运算。例如，我们在小学的时候，学过加减乘除等。现将常用的算术运算符进行归纳总结，大家要根据实际情况，做到学以致用，具体如表 2-1-9 所示。

◎ 表 2-1-9　算术运算符

运　算　符	描　　述
+	加：两个对象相加
−	减：得到一个负数或者一个数减去另一个数
*	乘：两个数相乘或是返回一个被重复若干次的字符串
/	除：一个数除以另一个数
%	取余：返回除法的余数
**	幂：a**b 返回 a 的 b 次幂
//	取整除：返回商的整数部分

为了大家更好地了解 Python 的算术运算符，我们通过实例来演示 Python 的算术运算符，示例代码如例 1-32 所示。

例 1-32　算术运算符示例。

```
a = 10
b = 4
```

```
# 加法操作
c = a+b
print("a+b 的值为: ", c)
# 减法操作
c = a-b
print("a-b 的值为: ", c)
# 乘法操作
c = a*b
print("a*b 的值为: ", c)
# 除法操作
c = a/b
print("a/b 的值为: ", c)
# 取余操作
c = a%b
print("a%b 的值为: ", c)
# 取整除操作
c = a//b
print("a//b 的值为: ", c)
# 取整除操作
c = a**b
print("a**b 的值为: ", c)
```

程序运行结果如下：

```
a+b 的值为:  14
a-b 的值为:  6
a*b 的值为:  40
a/b 的值为:  2.5
a%b 的值为:  2
a//b 的值为:  2
a**b 的值为:  10000
```

在 Python 中，* 运算符还可以用于字符串，计算结果就是字符串重复指定次数的结果。示例代码如例 1-33 所示。

例 1-33 * 运算符用于字符串示例。

```
print("+"*1)
print("+"*2)
print("+"*3)
print("+"*4)
print("+"*5)
print("+"*6)
print("+"*7)
```

```
print("+"*8)
print("+"*9)
print("+"*10)
```

程序运行结果如下：

```
+
++
+++
++++
+++++
++++++
+++++++
++++++++
+++++++++
++++++++++
```

小李同学：师傅，算术运算符和数学中的算术运算符优先级一致吗？

师傅：在运算符的优先级上，它们是保持一致的。都是：①先乘除后加减；②同级运算符从左至右计算；③（ ）的优先级最高，因此可以使用（ ）调整计算的优先级。示例代码如例 1-34 所示。

例 1-34 运算符优先级示例。

```
a = 1
b = 2
c = 3
d = a+b*c
print("计算结果为: ", d)
d = a+(b*c)
print("计算结果为: ", d)
d = (a+b)*c
print("计算结果为: ", d)
```

程序运行结果如下：

```
计算结果为:  7
计算结果为:  7
计算结果为:  9
```

2. Python 赋值运算符

小李同学：师傅，= 具有赋值的功能和作用，= 左边是变量，右边是值，我们可以把它理解为将右边的值赋给左边的变量吗？那么它是不是也具有运算符的作用呢？

师傅： = 具有赋值的作用，因此，我们也称其为赋值运算符。赋值运算符比较特殊，它的作用是把等号右边的值赋给左边，具体如表 2-1-10 所示。

◎ 表 2-1-10 赋值运算符

运算符	描 述
=	简单的赋值运算符，将右侧操作数的值分配给左侧操作数
+=	加法赋值运算符，将右侧操作数相加到左侧操作数，并将结果分配给左侧操作数
-=	减法赋值运算符，从左侧操作数中减去右侧操作数，并将结果分配给左侧操作数
*=	乘法赋值运算符，将左侧操作数乘以右侧操作数，并将结果分配给左侧操作数
/=	除法赋值运算符，将左侧操作数除以右侧操作数，并将结果分配给左侧操作数
//=	取整除赋值运算符，并将结果分配给左侧操作数
**=	幂赋值运算符，执行幂运算，并将结果分配给左侧操作数
%=	取模赋值运算符，将左侧操作数除以右侧操作数的模数，并将结果分配给左侧操作数

赋值运算符的示例代码如例 1-35 所示。

例 1-35 赋值运算符示例。

```
a = 1
b = 2
c = a*b
print("计算结果为: ", c)
a += b
print("计算结果为: ", a)
a *= b
print("计算结果为: ", a)
a -= b
print("计算结果为: ", a)
a /= b
print("计算结果为: ", a)
a //= b
print("计算结果为: ", a)
a **= b
print("计算结果为: ", a)
a %= b
print("计算结果为: ", a)
```

程序运行结果如下：

```
计算结果为:  2
计算结果为:  3
计算结果为:  6
计算结果为:  4
```

```
计算结果为:  2.0
计算结果为:  1.0
计算结果为:  1.0
计算结果为:  1.0
```

小贴士

/ 是求商，// 是求整除商。

3. Python 比较运算符

小李同学：师傅，既然有等于（=），那么是否也会有大于（>）或者小于（<）组成的运算符？

师傅：既然你有了新的思路，那么我们一块进行下面的学习。

比较运算符用于比较两个数，其返回的结果只能是 True 或 False。表 2-1-11 列举了 Python 中的赋值运算符。

◎ 表 2-1-11　赋值运算符

运算符	描　述
==	等于：比较两个对象 a、b 是否相等，如果 a=b 则返回 True
!=	不等于：比较两个对象 a、b 是否不相等，如果 a!=b 则返回 True
>	大于：返回 a 是否大于 b，如果 a>b 则返回 True
<	小于：返回 a 是否小于 b，如果 a<b 则返回 True
>=	大于或等于：返回 a 是否大于或等于 b，如果 a>=b 则返回 True
<=	小于或等于：返回 a 是否小于或等于 b，如果 a<=b 则返回 True

为了便于大家更好地理解比较运算符，我们通过示例代码演示 Python 的比较运算符。示例代码如例 1-36 所示。

例 1-36　比较运算符示例。

```
a = 20
b = 10
# 比较 a 和 b 的值是否相等
print("a 和 b 的值是否相等 :", a==b)
# 比较 a 和 b 的值是否不相等
print("a 和 b 的值是否不相等 :", a != b)
# 比较 a 是否大于 b
print("a 是否大于 b :", a > b)
# 比较 a 是否小于 b
print("a 是否小于 b :", a < b)
```

```
# 比较 a 是否大于或等于 b
print("a是否大于或等于b :", a >= b)
# 比较 a 是否小于或等于 b
print("a是否小于或等于b :", a <= b)
```

程序运行结果如下：

```
a和b的值是否相等：False
a和b的值是否不相等：True
a是否大于b：True
a是否小于b：False
a是否大于或等于b：True
a是否小于或等于b：False
```

4. Python 3 逻辑运算符

小李同学：师傅，既然有布尔类型，那么是否有布尔运算符呢?

师傅：在 Python 中，我们将布尔值参与的运算称为逻辑运算符。该运算符只有 3 个。具体如表 2-1-12 所示。

◎ 表 2-1-12 逻辑运算符

运算符	描 述
and	布尔与：如果 x 为 True，则 x and y 返回 y 的值，否则返回 x 的值
or	布尔或：如果 x 为 True，则 x or y 返回 x 的值，否则返回 y 的值
not	布尔非：如果 x 为 True，则返回 False，否则返回 True

逻辑运算符的运算结果取决于参与运算的第一个操作数是 True 还是 False。因此，为了便于大家更好地理解布尔运算符，我们分情况来演示 Python 逻辑运算符的操作。示例代码如例 1-37 和例 1-38 所示。

第一个操作数为 True 的情况如例 1-37 所示。

例 1-37　第一个操作数为 True 的逻辑运算符示例。

```
a = 10
b = 20
# 判断 not a
c = not a
print("not a 的运算结果为: ", c)
# 判断 not b
c = not b
print("not b 的运算结果为: ",c)
# 判断 a and b
c = a and b
```

```
print("a and b的运算结果为: ", c)
# 判断a or b
c = a or b
print("a or b的运算结果为: ", c)
# 判断not (a and b)
c = not (a and b)
print("not (a and b)的运算结果为: ", c)
# 判断not (a or b)
c = not (a or b)
print("not (a or b)的运算结果为: ", c)
```

程序运行结果如下：

```
not a的运算结果为: False
not b的运算结果为: False
a and b的运算结果为: 20
a or b的运算结果为: 10
not (a and b)的运算结果为: False
not (a or b)的运算结果为: False
```

第一个操作数为 False 的情况如例 1-38 所示。

例 1-38　第一个操作数为 False 的逻辑运算符示例。

```
a = 0
b = 20
# 判断not a
c = not a
print("not a的运算结果为: ", c)
# 判断not b
c = not b
print("not b的运算结果为: ",c )
# 判断a and b
c = a and b
print("a and b的运算结果为: ", c)
# 判断a or b
c = a or b
print("a or b的运算结果为: ", c)
# 判断not (a and b)
c = not (a and b)
print("not (a and b)的运算结果为: ", c)
# 判断not (a or b)
c = not (a or b)
print("not (a or b)的运算结果为: ", c)
```

程序运行结果如下：

```
not a 的运算结果为：True
not b 的运算结果为：False
a and b 的运算结果为：0
a or b 的运算结果为：20
not (a and b) 的运算结果为：True
not (a or b) 的运算结果为：False
```

5. Python 成员运算符

小李同学：师傅，上面所说的知识我已经掌握了。但是，除了上面讲到的一些基本运算符，是否还有其他比较重要的运算符呢？

师傅：接下来，我们简要介绍一下成员运算符。

Python 中的成员运算符用于判断指定序列中是否包含（in）或者不包含（not in）某个值，如果判断条件为包含（in），那么指定序列中包含某个值，返回 True，否则返回 False。反之，如果判断条件为不包含（not in），那么指定序列中不包含某个值，返回 True，否则返回 False。由于包含（in）和不包含（not in）是相对立的情况，所以，可以用不包含（not in）来检测包含（in）条件程序运行结果的正确性，反之；也可以用包含（in）来检测不包含（not in）条件下程序运行结果的正确性。表 2-1-13 列举了 Python 成员运算符。

◎ 表 2-1-13　成员运算符

运算符	描　　述
in	如果在指定的序列中找到值返回 True，否则返回 False
not in	如果在指定的序列中没有找到值返回 True，否则返回 False

为了便于大家更好地理解成员运算符。我们通过实例演示 Python 成员运算符的操作，具体如例 1-39 和例 1-40 所示。

判断条件为包含（in）的情况如例 1-39 所示。

例 1-39　判断条件为包含的成员运算符示例。

```
a = 0
b = 20
list_demo = [0,1,2,3,4,5]
# 判断变量 a 是否在给定的列表 list_demo 中
if a in list_demo:
    print(" 变量 a 在给定的列表 list_demo 中 ")
else:
```

```
        print(" 变量 a 不在给定的列表 list_demo 中 ")
# 判断变量 b 是否在给定的列表 list_demo 中
if b in list_demo:
        print(" 变量 b 在给定的列表 list_demo 中 ")
else:
        print(" 变量 b 不在给定的列表 list_demo 中 ")
```

程序运行结果如下：

```
变量 a 在给定的列表 list_demo 中
变量 b 不在给定的列表 list_demo 中
```

判断条件为不包含（not in）的情况如例 1-40 所示。

例 1-40　判断条件为不包含的成员运算示例。

```
# 判断变量 a 是否不在给定的列表 list_demo 中
if a not in list_demo:
        print(" 变量 a 不在给定的列表 list_demo 中 ")
else:
        print(" 变量 a 在给定的列表 list_demo 中 ")
# 判断变量 b 是否不在给定的列表 list_demo 中
if b not in list_demo:
        print(" 变量 b 不在给定的列表 list_demo 中 ")
else:
        print(" 变量 b 在给定的列表 list_demo 中 ")
```

程序运行结果如下：

```
变量 a 在给定的列表 list_demo 中
变量 b 不在给定的列表 list_demo 中
```

小结

本模块介绍了 Python 变量、数据类型和基本语法等。虽然知识点内容相对简单，但是它们是学好 Python 的基础，因此，希望大家多记多动手，以加深印象，为后续的深入学习打下良好的基础。

【明理崇德】

大国崛起，匠心筑梦——Python 编程规范

在奋斗创新共圆中国梦的时代，不仅需要大科技研发专家，更需要千千万万的能工巧匠。作为万千奋斗者中的一员，程序员需要在代码质量、简洁、易读、易维护等方面深入践行工匠精神"敬业、精益、专注、严谨、创新"的内涵发展，保持

良好的代码规范，养成精益求精的工匠精神和职业素养。

1. "注释"的规范

为了让代码结构清晰易懂，Python 需要为代码提供一些额外信息，总结性地表明代码设计的意图。例如，在画像综合实现模块中，通过 student 调用增删改查方法的案例。如下面的两段代码所示。

```
# 代码段一
if choice==1:
    student.add()
elif choice==2:
    student.dele()
elif choice==3:
    student.modify()
elif choice==4:
    student.search()
elif choice==5:
    student.write()
elif choice==6:
    student.show()
else:
    print('输入不合法,请输入合法数字')
except ValueError:
print(' 请输入数字选项 ')
```

```
# 代码段二
"""
@ 功能：根据输入数字，执行学生"画像"
系统增、删、改、查、退出、显示等功能
@ 开发者：张三
@ 日期：2019-1-1
"""
if choice==1:
    student.add()          # 添加学
生"画像"数据
    elif choice==2:
        student.dele()     # 删除学
生"画像"数据
    elif choice==3:
        student.modify()   # 修改学
生"画像"数据
    elif choice==4:
        student.search()   # 搜索学
生"画像"数据
    elif choice==5:
        student.write()    # 退出学
生"画像"系统
    elif choice==6:
        student.show()     # 显示全
部学生"画像"数据信息
    else:
        print(' 输入不合法，请输入合法
数字 ')
    except ValueError:
        print(' 请输入数字选项 ')
```

两段代码功能完全一样，右侧的代码段二的编写格式看上去比左侧的代码段一更加规整，更具有可读性。因为右侧代码更注重细节，在代码上添加了总述注释和方法注释。在文件开头添加功能、作者、时间等总述性注释，为 add、dele、modify、search、write、show 等方法添加注释，描述其功能和用途，帮助团队快速了解本段代码的基本信息，便于代码审查，促进团队合作。因此，每一个程序员都应该保持良好的代码规范，且每一个团队都应该统一代码规范，这不但可以使代码便于阅读，便于维护，更可以提高效率。

2. "缩进"的严谨

为了理清代码的层次结构，Python 使用缩进来区分不同的代码块，所以它对缩进有严格的要求。缩进不符合 Python 编程规范，解析器会报出缩进错误，直接导致程序无法运行。同一代码块缩进量不同，程序执行效果也可能产生差异。例如，在"画像"系统综合实现模块中，通过 add 方法实现学生信息添加。其流程代码书写不是随心所欲，而是严格遵循类（Student）——方法（add）——分支（if...else）层次进行。通过用工匠精神规范书写每一行代码，改变简单的代码堆砌实现业务功能，把无序的混沌控制在一个能够理解的范围内，从而减少认知成本，降低对事物认知的复杂度。代码如下所示：

```python
import pickle as p
class Student:
    notes = {}
def add(self):
name = input('请输入要添加得学生姓名')
if name in student.notes:
    print('该学生已经存在')
else:
    sno = input('请输入学生的学号: ')
    sex = input('请输入学生的性别: ')
    tel = input('请输入学生的手机号: ')
    email = input('请输入学生的邮箱: ')
    lable = {'sno':学号,'sex':性别,'tel':手机号,'email':邮箱}
student.notes[name] = lable
```

3. "命名"的精益

命名是一个基础内容，它具有很大的操作空间，大家只要不违背命名规则，无论名字多么各式各样、千奇百怪，都可以保证程序的运行。但是，随着时间的推移，词不达意的命名会让人们摸不着头脑，增加不必要的阅读和理解开销。虽然编程中的细节往往被人忽略和低估，但是细节却是"精益求精"最完美的诠释。因此，注重编程中的"短小精悍、描述性强、靠近使用"等命名细节，不仅能够做到见名知意，提高代码的可读性和表现力，同时对开发者自身的职业道德、职业能力、职业品质发展来说是百利而无一害的。如下面的代码所示，合法的命名只要遵循由字符、下划线和数字组成，且第一个字符不能为数字即可。但是更好的命名可以达到代码即文档的效果，不需要借助注释和文档，代码本身就能显性地表达开发者的意图。从内容上看，变量名包含的有效信息够多的时候就是一个好的变量名。例如，相对于合法变量名 n，变量名 name 传递的信息更多，变量名 username 传递出来的有效信息更多。但是，有效信息也不是越多越好，不应该为了展示更多的信息把变量名设计的无限长，例如，student_system_login_username='root'。在形式上，使用两个单词来组合变量名时，遵循四种模式：小写字母和下划线、大写字母和下划线、大驼峰法、小驼峰法。

合法	好的	
	内容	形式
666_XSHX ='学生画像' # 数字开头，不合法 XSHX_666='学生画像' # 合法	n = 'root' name='root' username ='root'	user_name ='root' # 小写字母和下划线 USER_NAME ='root' # 大写字母和下划线 UserName ='root' # 大驼峰法 userName ='root' # 小驼峰法

同学们，不管是"画像"系统初始设计的时候，还是"画像"系统后期维护升级的时候，各位经验丰富的老程序员也都曾面对和解决各种开发过程中的异常问题。但如果没有"规范、严谨、精益"的程序员精神，最终团队开发的代码不仅无法交付，其兼容性和鲁棒性更无法保证。因此，"天下大事，必作于细"，遵循代码编写规范，保持对编程事业执着专注，养成对每一个程序精雕细琢、精益求精、一丝不苟的职业精神，一定可以事半功倍。

◎模 块 二◎

学生"画像"系统的流程控制模块

模块导读

本模块主要介绍 Python 的流程控制语句，包括判断语句、循环语句等，以及 Python 的异常处理机制。在 Python 开发中，程序员使用判断语句、循环语句的频率非常高，并且通常需要辨别事件的异常情况。希望读者能结合案例多加以理解和练习，熟练掌握它们的使用。

模块目标

知识目标	技能目标	职业素养
➤ 掌握 if、else 和 elif 语句的基本结构与语法	➤ 能够进行选择结构程序设计	➤ 培养严谨的逻辑思维能力
➤ 掌握 for 循环、while 循环语句的基本结构与用法	➤ 能够进行循环结构程序设计	➤ 培养自主探究能力与解决问题能力
➤ 掌握循环语句中常用的 break、continue、pass 语句	➤ 掌握处理异常的几种方式	➤ 培养团队协作能力及精神
➤ 理解异常的概念和产生原理		

课前学习工作页

1. 选择题

（1）在 Python 中，可以使用（　　）语句跳出当前循环的剩余语句，继续进行下一轮循环。

A. pass
B. continue
C. break
D. 以上均可以

（2）当 try 语句中没有任何错误信息时，一定不会执行（　　）语句。

A. try
B. else
C. finally
D. except

（3）Python 中所有的异常类都是（　　）的子类。

A. Exception
B. ValueError
C. SyntaxError
D. IndexError

2. 程序题

（1）运行以下程序，实现根据年龄打印不同的内容。

```python
age = 3
if age >= 18:
    print('年龄为 ', age)
    print('这是一个成年人 ')
else:
    print('年龄为 ', age)
    print('这是一个未成年人 ')
```

（2）写出以下程序的运行结果。

```python
m, n, x = 2, 1, 4
if not n:
    x -= 1
if m:
    x -= 2
if x:
    x -= 3
print(x)
```

（3）用 Python 程序实现计算 1+2+3+…+1000。

模块任务

◇任务一：使用条件判断

◇任务二：使用循环

◇任务三：处理异常情况

◇任务四：识别学生"画像"系统中的数据

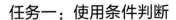

任务一：使用条件判断

任务描述

运用 Python 流程控制语句编写程序，对学生的考试成绩进行等级划分：分数 ≥ 90，等级为 A；80 ≤ 分数 < 90，等级为 B；70 ≤ 分数 < 80，等级为 C；60 ≤ 分数 < 70，等级为 D；分数 < 60，等级为 E。

任务实施

1. Python 流程控制语句

小李同学：什么是流程控制语句？

师傅：一般情况下，程序都是逐条语句顺序执行的。如果想要改变语句的执行顺序，让程序根据不同的情况执行不同的语句，就是通过流程控制语句实现的。我们接下来要学习的判断语句就是一种流程控制语句。

2. Python 判断语句

所谓判断，是指如果条件满足，才能做某件事情；相反，如果条件不满足，就做另外一件事情，或者什么也不做。生活中的判断几乎无所不在，我们每天都在做各种各样的判断。计算机之所以能做很多自动化的任务，因为它可以自己做条件判断。比如，根据用户年龄，判断用户是否是成年人，根据判断结果打印不同的内容。在 Python 中，判断语句又称"分支语句"，用于实现 Python 的选择结构。

1）if 语句

在 Python 提供的多种条件判断语句中，if 语句是最简单的判断语句。if 语句实现单分支结构，使用可以返回一个布尔值的布尔表达式作为分支条件来进行控制。其格式如下：

```
if   布尔表达式：
     分支
# 注意分支代码块的缩进
```

注意：布尔表达式后面要使用冒号（：），分支表示接下来满足条件时要执行的代码块。在 Python 中，通过将块中的代码行缩进构成代码块，相同缩进的语句组成一个语句块。程序会先计算布尔表达式，如果结果为 True，则执行分支中的所有语句，然后执行判断语句后续代码；相反的，如果结果为 False，则分支不执行，直接执行判断语句后续代码。if 语句执行流程图如图 2-2-1 所示。

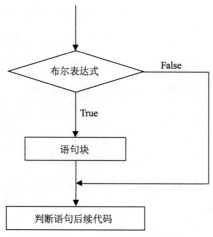

图 2-2-1 if 语句执行流程图

如下实例利用 if 语句实现对年龄的判断：

```
age = 30
print('判断开始')
if age >= 18:
    print('年龄为 ', age)
    print('这是一个成年人')
print('判断结束')
```

上述实例中，age 的值大于 18，布尔表达式的值为 True，执行 if 后面的分支语句。
程序运行结果如下：

```
判断开始
年龄为 30
这是一个成年人
判断结束
```

在以下实例中，改变 age 的值：

```
age = 3
print('判断开始')
if age >= 18:
    print('年龄为 ', age)
    print('这是一个成年人')
print('判断结束')
```

在上述实例中，age 的值小于 18，布尔表达式的值为 False，因此，if 后面的分
支语句不执行。程序运行结果如下：

```
判断开始
判断结束
```

由上述两个实例可以看出，根据 Python 的缩进规则，如果 if 语句判断为 True，就把缩进的两行 print 语句执行了，否则什么都不做。我们可以总结出 if 判断语句的作用：当满足一定条件时，执行指定代码，否则就不执行。

if 后的布尔表达式还可以用简写的判断条件来代替，如：

```
x = 2
if x:
    print('判断为 true')
```

其中，只要 x 是非零数值、非空字符串、非空 list 等，就判断为 True，否则为 False。程序运行结果如下：

```
判断为 true
```

2）if...else 语句

使用 if 语句能够实现单分支选择结构。else 语句可以与 if 语句组合，使用 if...else 语句能够实现双分支，格式如下：

```
if   布尔表达式:
     分支一
else:
     分支二
# 注意分支代码块的缩进
```

上述格式中，程序会先计算布尔表达式，如果结果为 True，则执行分支一中的所有语句；如果为 False，则执行分支二中的所有语句。通过 else 语句，程序可以选择执行。if...else 语句执行流程图如图 2-2-2 所示。

如果想要在 age<18 时输出一些信息，可以使用两个 if 语句：

```
age = 3
print('判断开始')
if age >= 18:
    print('年龄为 ', age)
    print('这是一个成年人')
if age < 18:
    print('年龄为 ', age)
    print('这是一个未成年人')
print('判断结束')
```

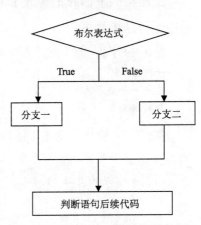

图 2-2-2 if...else 语句执行流程图

if...else 双分支语句提供了更简洁的途径，实例如下所示：

```
age = 3
print('判断开始')
if age >= 18:
    print('年龄为 ', age)
    print('这是一个成年人')
else:
    print('年龄为 ', age)
    print('这是一个未成年人')
print('判断结束')
```

程序运行结果如下：

```
判断开始
年龄为 3
这是一个未成年人
判断结束
```

利用 if...else 双分支语句，实现对数字奇偶的判断，实例如下：

```
a = 3
print('判断开始')
if a % 2 == 0:
    print(a, '是偶数')
else:
    print(a, '是奇数')
print('判断结束')
```

程序运行结果如下：

```
判断开始
3 是奇数
判断结束
```

从上述实例，我们可以总结出 if...else 判断语句的作用：当满足一定条件时，执行指定的代码，否则执行不满足条件时要执行的代码。

3）if...elif 语句

我们已经学习了两种判断语句，其中，if 语句能够实现单分支；if...else 语句能够实现双分支，有且只有一条分支会执行。但是，在需要判断的情况大于两种的情况下，if 和 if...else 语句显然是无法完成判断的。要实现多路分支，可以使用 if...elif 语句，格式如下：

```
if 布尔表达式1:
    分支一
elif 布尔表达式2:
```

```
        分支二
elif   布尔表达式 3:
        分支三
...

elif   布尔表达式 n:
        分支 N
# 注意分支代码块的缩进
```

其中，elif 是 else if 的缩写。为了实现多分支结构，程序中可以有多个 elif。上述格式的运行步骤如下：

（1）程序计算布尔表达式 1 的值，如果结果为 True，则执行分支一。判断结束。

（2）如果为 False，则计算布尔表达式 2 的值，如果为 True，则执行分支二。判断结束。

（3）如果为 False，则继续计算布尔表达式 3 的值，如果为 True，则执行分支三。判断结束。

（4）如果为 False，则计算下一个布尔表达式的值，依此类推，直至结束。

在 if...elif 语句中，程序从上往下判断，根据布尔表达式的结果来决定执行哪个分支。如果某个布尔表达式为 True，把该表达式对应的分支执行后，就忽略剩下的 elif 语句，判断结束。

if...elif 语句的使用实例如下：

```
a = 5
if a > 0:
    print(a, '是一个正数')
elif a == 0:
    print(a, '为 0')
elif a < 0:
    print(a, '是一个负数')
```

程序运行结果如下：

```
5 是一个正数
```

接下来，利用 if...elif 语句实现对年龄更进一步的判断，实例如下所示：

```
age = 8
print('判断开始')
if age >= 18:
    print('年龄为 ', age)
    print('这是一个成年人')
```

```
elif age >= 6:
    print('年龄为 ', age)
    print('这是一个青少年')
elif age >= 3:
    print('年龄为 ', age)
    print('这是一个儿童')
print('判断结束')
```

程序运行结果如下：

```
判断开始
年龄为 8
这是一个青少年
判断结束
```

4）if...elif...else 语句

多分支结构还可以使用 if...elif...else 语句来实现，格式如下：

```
if  布尔表达式1:
    分支一
elif  布尔表达式2:
    分支二
elif  布尔表达式3:
    分支三
...
elif  布尔表达式n-1:
    分支N-1
else:
    分支N
# 注意分支代码块的缩进
```

上述格式中，条件判断从上往下匹配，当某个布尔表达式为 True 时，执行对应的分支语句，后续的 elif 和 else 都不再执行。

以下实例可以实现对年龄更精确的判断：

```
age = 2
print('判断开始')
if age >= 18:
    print('年龄为 ', age)
    print('这是一个成年人')
elif age >= 6:
    print('年龄为 ', age)
    print('这是一个青少年')
elif age >= 3:
    print('年龄为 ', age)
```

```
        print('这是一个儿童')
else:
        print('年龄为 ', age)
        print('这是一个婴幼儿')
print('判断结束')
```

程序运行结果如下：

```
判断开始
年龄为  2
这是一个婴幼儿
判断结束
```

下面是多分支选择结构的另一个典型应用。假设一家商场在促销降价，如果消费者购买金额不低于 10 000 元，会得到 25% 的折扣；如果购买金额不低于 8 000 元，会得到 20% 的折扣；如果购买金额不低于 5 000 元，会得到 15% 的折扣；如果购买金额不低于 2 000 元，会得到 10% 的折扣；低于 2 000 元的购买金额不享有折扣。利用多分支选择结构，根据购买金额，计算消费者实际应付金额，代码如下所示：

```
#discount1, discount2, discount3, discount4 分别表示不同的折扣
discount1 = 0.25
discount2 = 0.2
discount3 = 0.15
discount4 = 0.1

#price_pre 表示折扣前购买金额, price 表示应付的金额
#input() 返回的数据类型是 str, int() 函数用于将一个字符串型数字转换为整型
price_pre = int(input('请输入购买金额: '))
price = 0

if price_pre >= 10000:
    price = price_pre * (1 - discount1)
elif price_pre >= 8000:
    price = price_pre * (1 - discount2)
elif price_pre >= 5000:
    price = price_pre * (1 - discount3)
elif price_pre >= 2000:
    price = price_pre * (1 - discount4)
else:
    price = price_pre

print('购买金额为 :', price_pre)
print('应付金额为 :', price)
```

程序运行结果如下：

```
请输入购买金额：9000
购买金额为：9000
应付金额为：7200.0
```

5）if 嵌套

使用 if 进行条件判断，如果希望在条件成立的执行语句中增加条件判断，则可以使用 if 嵌套，也就是说，整个 if 可以放在另一个 if 语句中。if 嵌套的使用如下所示：

```
m = int(input('请输入月份1~12:'))
if 1 <= m <= 12:
    if m <= 3:
        print('春季')
    elif m <= 6:
        print('夏季')
    elif m <= 9:
        print('秋季')
    else:
        print('冬季')
else:
    print("输错了")
```

上述实例中，外层 if...else 语句实现了对有效月份输入的判断，内层 if...elif...else 语句实现了多分支判断，嵌套到外层 if 语句的内部。程序运行结果如下：

```
请输入月份1~12:6
夏季
```

利用 if 嵌套，能够判断某一年份是否是闰年。满足以下条件之一的年份是闰年：① 能被 4 整除，但不能被 100 整除；② 既能被 100 整除，又能被 400 整除。不符合这两个条件的年份不是闰年。代码如下所示：

```
# year 表示输入的年份
# flag = 0，不是闰年； flag = 1，是闰年

year = int(input('请输入年份: '))
if year % 4 == 0:
    if year % 100 == 0:
        if year % 400 == 0:
            flag = 1
        else:
            flag = 0
```

```
    else:
        flag = 1
else:
    flag = 0
if flag == 1:
    print(year, 'is leap year')
else:
    print(year, 'is not leap year')
```

程序运行结果如下：

```
请输入年份: 2000
2000 is leap year
```

乘客乘坐公交车，只要公交卡当前余额不低于 2 元，就可以乘坐公交车；如果空座位的数量大于 0，就可以坐下。针对这种情况，可以使用 if 嵌套来实现。

```
# 从键盘输入公交卡余额
money = int(input('输入公交卡当前的金额:'))
# 判断金额是否大于2元
if money >= 2:
    print('钱够，可以乘坐公交车')
    # 输入座位数量
    seatCount = int(input('请输入当前空座位的数量:'))
    # 判断数量是否>0
    if seatCount > 0:
        print('有空位，可以坐下')
    else:
        print('没有空位，只能站着')
else:
    print('钱不够，不能乘坐公交车')
```

运行以上实例，从键盘按照提示输入，得到以下运行结果：

```
输入公交卡当前的金额:5
钱够，可以乘坐公交车
请输入当前空座位的数量:3
有空位，可以坐下
```

3. 任务实现

编写程序，实现对学生的考试成绩进行等级划分：分数 ≥ 90，等级为 A；80 ≤ 分数 < 90，等级为 B；70 ≤ 分数 < 80，等级为 C；60 ≤ 分数 < 70，等级为 D；分数 < 60，等级为 E。

根据任务要求，本任务的具体实现过程可以参考如下操作。

（1）创建 score 变量存放成绩数据。

（2）利用 if...elif...else 语句设置多分支判断，并实现打印操作。

参考代码如下所示：

```
score = int(input('请输入成绩:'))
if score >= 90:
    print('成绩等级为A')
elif score >= 80:
    print('成绩等级为B')
elif score >= 70:
    print('成绩等级为C')
elif score >= 60:
    print('成绩等级为D')
else:
    print('成绩等级为E')
```

运行以上实例，如果输入 78，将会得到如下运行结果：

```
请输入成绩:78
成绩等级为C
```

小贴士

elif 必须和 if 一起使用，否则程序会出错。除判断语句外，else 还可以使用在循环语句和异常处理语句中，如 for...else、while...else 以及 try...except...else。这些内容会在任务二和任务三中讲解到。在 Python 中没有 switch...case 语句。

任务二：使用循环

任务描述

一般情况下，Python 忠实地按照语句的顺序执行。有时候需要让程序重复地做一件事情，比如，在学生"画像"系统中，对同一个序列中的所有学生数据进行处理。为了避免重复地写相同代码，就需要用到循环语句。

任务实施

1. Python 循环

小李同学： 什么是循环？

师傅： 计算机程序周而复始地重复同样的步骤，这称为循环。Python 循环有两种类型：① 重复一定次数的循环；② 重复直至发生某种情况时结束的循环。

2. Python 循环语句

循环语句是一种流程控制语句。Python 提供两种循环语句，分别是 for 循环和 while 循环。

1）for 循环

在 Python 中，for 循环是一个序列迭代器，可以遍历任何有序的序列，如字符串、列表、元组和字典等。for 循环的基本格式如下：

```
for 循环变量 in 序列：
    循环体
```

在上述格式中，循环变量的值受 for 循环控制，该变量会在每次循环开始时依次被赋值为序列中的每个元素，因此循环体中不能对该变量赋值。序列中有几个元素，for 循环的循环体就执行几次，元素的个数决定循环次数。在下面的实例中，使用 for 循环遍历列表。

```
print('循环开始')
for i in [1, 2, 3, 4, 5]:
    print(i)
print('循环结束')
```

执行这段代码，会依次打印列表中的每一个元素。在每次循环中，i 依次对应列表中的每个元素，循环体的语句要完成一次。程序运行结果如下：

```
循环开始
1
2
3
4
5
循环结束
```

同样的，可以使用 for 循环遍历列表。

```
print('循环开始')
for i in ['hello', 'Python', 'WWW', 'rabbit', 'computer']:
    print(i)
print('循环结束')
```

程序运行结果如下：

```
循环开始
hello
```

```
Python
WWW
rabbit
computer
循环结束
```

使用 for 循环遍历字符串，打印字符串的每个元素，代码如下所示：

```
print('循环开始')
for letter in 'Python':
    print('当前字母: ', letter)
print('循环结束')
```

程序运行结果如下：

```
循环开始
当前字母: P
当前字母: y
当前字母: t
当前字母: h
当前字母: o
当前字母: n
循环结束
```

2）range( ) 函数

Python 提供了一个内置 range( ) 函数，它能返回一系列连续增加的整数，经常和 for 循环一起用于遍历整个序列。

range( ) 函数经常使用的格式为：range(start,end)，用于创建整数序列 [start,start+1,…,end−1]。

用 Python 程序实现计算 1+2+3+…+1000，代码如下所示：

```
sum = 0
for i in range(1, 1001):
    sum += i
print('1+2+3+...+1000=', sum )
```

上述实例中，range(1,1001) 产生 1 ~ 1000 的整数序列，for 循环结束后，sum 即为 1 ~ 1000 的整数序列的和。程序运行结果如下所示：

```
1+2+3+...+1000= 500500
```

如下实例中，用 for 循环和 range( ) 函数来计算指定整数的阶乘。

```
m = int(input("请输入想计算的整数阶乘:"))
```

```
result = 1
for i in range(1, m + 1):
    result *= i
print('阶乘为:', result)
```

上述实例中，m 为输入整数，result 为计算后得出的阶乘。假如用户输入 7，程序会构建一个 range(1,8) 对象（不包含 8），在每次循环开始时，i 都会被依次自动赋值为 range 所包含的每个元素，for 循环将会自动循环 7 次。

运行以上实例，如果输入 7，将会得出如下运行结果：

```
请输入想计算的整数阶乘:7
阶乘为： 5040
```

如下实例中，输入一个自然数 n，利用 for 循环计算并输出前 n 个自然数的阶乘之和，即 1!+2!+3!+…+n! 的值，代码如下所示：

```
n = int(input('请输入一个自然数:'))
# 使用 result 保存最终结果，t 表示每一项
result = 1
t = 1

for i in range(2, n+1):
    # 在前一项的基础上得到当前项
    t *= i
    # 把当前项加到最终结果上
    result += t

print('1!+2!+3!+...+n!=', result)
```

运行以上实例，如果输入 4，将会得出如下运行结果：

```
请输入一个自然数:4
1!+2!+3!+...+n!= 33
```

此外，采用 range(start,end,step) 的格式，可以指定创建整数序列时的步长，代码如下所示：

```
print('循环开始')
for i in range(0, 6, 2):
    print(i)
print('循环结束')
```

程序运行结果如下：

```
循环开始
0
2
4
循环结束
```

在下面的实例中，使用 for 循环打印所有水仙花数，并计算水仙花数的个数。水仙花数是指一个 3 位数，它的每个数位上的数字的 3 次幂之和等于它本身（例如：$1^3 + 5^3 + 3^3 = 153$）。

```
# count 表示水仙花数的个数
count = 0
for num in range(100, 1000):
    a = num % 10                        # 个位数
    b = num // 10 % 10                  # 十位数
    c = num // 100                      # 百位数
    if a ** 3 + b ** 3 + c ** 3 == num: # 判断条件
        count += 1
        print(num, end=' ')
print()
print('水仙花数的个数为: ', count)
```

程序运行结果如下：

```
153 370 371 407
水仙花数的个数为:    4
```

3）while 循环

while 循环也是最常用的循环之一，基本格式如下：

```
while 布尔表达式：
    循环体
```

上述格式中，只要布尔表达式为 True，循环体就会被执行。循环体执行完毕后再次计算布尔表达式，如果结果依然为 True，再次执行循环体，直至布尔表达式为 False，循环结束。用 while 循环执行流程图如图 2-2-3 所示。

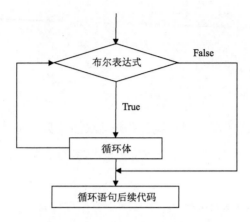

图 2-2-3　while 循环执行流程图

使用 while 循环计算 1 ~ 100 之间所有奇数的和，代码如下所示：

```
odd_sum = 0
n = 99
print('循环开始')
while n > 0:
    odd_sum = odd_sum + n
    n = n - 2
print('循环结束')
print('1-100之间所有奇数的和为:', odd_sum)
```

上述实例中，odd_sum 为计算结果，变量 n 初始值为 100 以内最大奇数 99，在循环体内依次减 2。在每次循环开始时，会首先判断 n 是否为正数，如果判断为 True，执行循环体，更新计算结果，在循环内部变量 n 依次减 2，直到变为 −1 时，不再满足 while 条件，循环退出。

程序运行结果如下：

```
循环开始
循环结束
1-100之间所有奇数的和为：2500
```

使用 while 循环，计算从键盘输入的正整数中各位数字的和，例如，用户输入 513，整数 513 中各位数字的和为 9（5+1+3=9）。代码如下所示：

```
n = int(input('请输入一个自然数'))
m = n
digit_sum = 0

while n > 0:
    digit_sum += n % 10
```

```
    n //= 10
print(m, '整数中各位数字的和为 :', digit_sum)
```

上述实例中，变量 n 为用户从键盘输入的正整数，在 while 循环中，为了依次求得整数的各数位，n 的值会发生改变，因此定义变量 m 保存 n 的初始值；变量 digit_sum 保存整数中各位数的和。在 while 循环体中，n%10 表示 n 除以 10 所得到的余数，即整数 n 的个位数字；n//10 表示整数 n 去掉最后一位的其他数字。例如，513%10 = 3, 513//10 = 51。

在每个循环中，将 n%10 累加到 digit_sum 中，再将 n 的值更新为 n//10。最终，n 的值为 0，digit_sum 为整数 n 中各位数字的和。

使用 while 循环输出 1 ~ 50 以内 3 的倍数、5 的倍数以及 3 和 5 的公倍数，代码如下所示：

```
n = 1
while n <= 50:
    if n % 3 == 0 and n % 5 == 0:
        print(n, '是3和5的倍数')
    elif n % 3 == 0:
        print(n, '是3的倍数')
    elif n % 5 == 0:
        print(n, '是5的倍数')
    n += 1
```

程序运行结果如下：

```
3 是3的倍数
5 是5的倍数
6 是3的倍数
9 是3的倍数
10 是5的倍数
12 是3的倍数
15 是3和5的倍数
18 是3的倍数
20 是5的倍数
21 是3的倍数
24 是3的倍数
25 是5的倍数
27 是3的倍数
30 是3和5的倍数
33 是3的倍数
35 是5的倍数
36 是3的倍数
```

```
39 是 3 的倍数
40 是 5 的倍数
42 是 3 的倍数
45 是 3 和 5 的倍数
48 是 3 的倍数
50 是 5 的倍数
```

当布尔表达式一直为 True 时，while 循环体就会一直执行，就实现了无限循环。下面实例中，当用户输入内容时显示其值。

```
while True:
    s = input('请输入内容')
    if s:
        print('输入内容:', s)
```

程序运行结果如下：

```
请输入内容 woeuot
输入内容: woeuot
请输入内容 ouotu
输入内容: ouotu
请输入内容 wou
输入内容: wou
请输入内容 uuuuo
输入内容: uuuuo
请输入内容 wer
输入内容: wer
请输入内容
```

4）循环嵌套

在 Python 程序中，如果把一个循环放在另一个循环体内，就形成了循环嵌套。嵌套循环可以有多层，一般情况下，在实际开发中两层或三层嵌套就足够了。

执行循环嵌套时，如果外层循环的循环条件为 True，则开始执行外层循环的循环体，而内层循环被作为外层循环的循环体来执行。当内层循环的循环条件为 False 时，则跳出内层循环，结束外层循环的当次循环，开始下一次循环。

for 循环和 while 循环都可以作为外层循环和内层循环。如下实例使用内外层 while 循环嵌套。

```
n = int(input('请输入一个整数:'))

i = 1
while i <= n:
    j = 1
```

```
        while j <= i:
            print(j, end=' ')
            j = j + 1
        i = i + 1
        print()
```

运行以上实例，如果输入 7，将会得出如下运行结果：

```
请输入一个整数 :7
1
1 2
1 2 3
1 2 3 4
1 2 3 4 5
1 2 3 4 5 6
1 2 3 4 5 6 7
```

在上述实例中，使用两层 while 循环，外层循环变量 i 控制打印的行数，内层循环变量 j 用于控制每行打印的数字，每一行的行号和列数相同，第一次外循环执行时内循环执行一次，第二次外循环执行时内循环执行两次，依此类推。

如下实例使用内外层 for 循环嵌套打印九九乘法表。

```
for i in range(1, 10):
    for j in range(1, 10):
        if j <= i:
            print('%d*%d=%-2d' % (j, i, i*j), end=' ')
    print()
```

上述实例中，使用外层循环变量 i 控制行，内层循环变量 j 控制每行打印的乘法式。程序运行结果如下：

```
1*1=1
1*2=2  2*2=4
1*3=3  2*3=6   3*3=9
1*4=4  2*4=8   3*4=12  4*4=16
1*5=5  2*5=10  3*5=15  4*5=20  5*5=25
1*6=6  2*6=12  3*6=18  4*6=24  5*6=30  6*6=36
1*7=7  2*7=14  3*7=21  4*7=28  5*7=35  6*7=42  7*7=49
1*8=8  2*8=16  3*8=24  4*8=32  5*8=40  6*8=48  7*8=56  8*8=64
1*9=9  2*9=18  3*9=27  4*9=36  5*9=45  6*9=54  7*9=63  8*9=72   9*9=81
```

for 循环也可以和 while 循环实现嵌套，代码如下所示：

```
for i in range(0, 5):
    j = 0
    while j < 3:
```

```
        print("i 的值为：%d，j 的值为：%d" % (i, j))
        j += 1
```

上述实例将每个循环中变量 i、j 的值分别打印出来，程序运行结果如下：

```
i 的值为：0，j 的值为：0
i 的值为：0，j 的值为：1
i 的值为：0，j 的值为：2
i 的值为：1，j 的值为：0
i 的值为：1，j 的值为：1
i 的值为：1，j 的值为：2
i 的值为：2，j 的值为：0
i 的值为：2，j 的值为：1
i 的值为：2，j 的值为：2
i 的值为：3，j 的值为：0
i 的值为：3，j 的值为：1
i 的值为：3，j 的值为：2
i 的值为：4，j 的值为：0
i 的值为：4，j 的值为：1
i 的值为：4，j 的值为：2
```

实际上，嵌套循环不仅可以是两层嵌套，还可以是三层嵌套、四层嵌套……不论循环如何嵌套，都可以把内层循环当成外层循环的循环体来对待，区别只是这个循环体中包含了需要反复执行的代码。

5）break 语句

break 语句用在 for 和 while 循环中，用于终止循环语句，常用在当某个外部条件被触发（一般通过 if 语句检查），需要立刻从循环中退出时。如果使用在嵌套循环中，break 语句只对所在的循环起作用。

在以下实例中，用户输入数字并求和，直到输入 0 退出。

```
input_sum = 0
while True:
    n = int(input('请输入一个数字 '))
    if n == 0:
        break
    input_sum += n
print('输入非零数字的和为：', input_sum)
```

上述实例中，n 为用户输入整数，当 n 的值为 0 时，整个 for 循环就结束了。
程序运行结果如下：

```
请输入一个数字 7
请输入一个数字 1
```

```
请输入一个数字 1
请输入一个数字 1
请输入一个数字 0
输入非零数字的和为：10
```

从上述实例可以看出，break 语句的作用是直接跳出整个循环。

6）continue 语句

continue 语句也是用在 for 和 while 循环中，作用是跳过当前循环的剩余语句，结束本次循环，继续进行下一轮循环。

以下实例中，输入 2 个班级中每个班级 3 个学生的成绩，统计成绩不低于 80 分的人数。

```python
count = 0
for i in range(1, 3):
    print('请输入第 ', i, '个班级的学生成绩 ')
    for j in range(1, 4):
        print('请输入第 ', j, '个学生成绩 ')
        score = int(input())
        if score < 0:
            print('输入负数，进入下一个班级 ')
            break
        if score < 80:
            continue
        count += 1
print('成绩不低于 80 分的人数为: ', count)
```

上述实例中，count 为成绩不低于 80 分的人数。当 score 小于 80 时，跳出当前循环的剩余语句，count 不加 1。运行以上代码，从键盘输入成绩，得到如下结果：

```
请输入第 1 个班级的学生成绩
请输入第 1 个学生成绩
90
请输入第 2 个学生成绩
80
请输入第 3 个学生成绩
-4
输入负数，进入下一个班级
请输入第 2 个班级的学生成绩
请输入第 1 个学生成绩
92
请输入第 2 个学生成绩
56
```

```
请输入第 3 个学生成绩
87
成绩不低于 80 分的人数为： 4
```

在以下实例中，依据用户输入的成绩统计各区间的人数，超出范围内提示重新输入，输入正确提示是否继续。代码如下所示：

```python
a, b, c, d = 0, 0, 0, 0                    # 初始化各个区间的人数
while True:
    score = int(input('请输入成绩: '))
    if score >= 90 and score <= 100:       # 区间: [90,100]
        a += 1
    elif score >= 80 and score < 90:       # 区间: [80,90)
        b += 1
    elif score >= 60 and score < 80:       # 区间: [60,80)
        c += 1
    elif score >= 0 and score < 60:        # 区间: [0,60)
        d += 1
    else:
        print('Error,请重新输入! ')
        continue          # 结束本次循环，进入下一次循环，即接着重新输入成绩
    inp=input('是否继续: (y/n)')
    if inp=='n':
        break                             # 结束并跳出循环，成绩录入结束
print('优秀线 {0} 良好线 {1} 及格 {2} 不及格 {3}'.format(a, b, c, d))
```

运行以上代码，从键盘输入成绩，得到如下结果：

```
请输入成绩: 92
是否继续: (y/n)y
请输入成绩: 82
是否继续: (y/n)y
请输入成绩: 89
是否继续: (y/n)y
请输入成绩: 65
是否继续: (y/n)y
请输入成绩: 78
是否继续: (y/n)n
优秀线 1 良好线 2 及格 2 不及格 0
```

7）pass 语句

Python 还提供了 pass 语句。pass 是空语句，作用是保持程序结构的完整性。如果在需要有语句的地方不写任何语句，解释器会提示语法错误，因此，Python 提

供了 pass 语句作为占位语句。如下实例演示 pass 语句的用法。

```python
for i in range(2, 9):
    if i < 5:
        print(i, '小于5')
    elif i > 5:
        pass
    else:
        print(i, '等于5')
```

上述实例中，当 i 的值大于 5 时，由于 pass 是空语句，程序会忽视该语句，不做任何事情。程序运行结果如下：

```
2 小于5
3 小于5
4 小于5
5 等于5
```

8）循环中使用 else 语句

除了判断语句，Python 程序中的 while 和 for 循环中也可以使用 else 语句。循环正常退出时，会执行 else 语句。循环中 else 的用法如下：

```python
for i in range(99, 80, -1):
    print(i, end=' ')
else:
    print()
    print('else content')
```

上述实例中，使用 for 循环输出 99 ~ 81 的递减序列，循环结束后，执行 else 代码块。以上实例运行结果：

```
99 98 97 96 95 94 93 92 91 90 89 88 87 86 85 84 83 82 81
else content
```

当循环是由 break 语句中断时，else 语句就不执行，也就是说，break 语句也会跳过 else 代码块。在如下实例中，查找 81 ~ 99 之间最大的完全平方数并输出，若找不到则输出 else 代码块。

```python
# 导入 math 模块
import math

for i in range(99, 80, -1):
    root = math.sqrt(i)
    if root == int(root):
        print(i, end=' ')
```

```
        break
else:
    print()
    print('else content')
```

程序运行结果如下：

```
81
```

上述实例中，找到了最大的完全平方数 81，执行 break 语句，跳出当前 for 循环，也跳过了 else 代码块。

🔊 小贴士

　　循环是让计算机做重复任务的有效方法。在 for 循环和 while 循环中，都需要注意冒号和缩进。for 循环和 while 循环的不同点在于，for 循环是在序列穷尽时停止，while 循环是在条件不成立时停止。此外，在循环中，不要滥用 break 和 continue 语句，否则会造成代码执行逻辑分叉过多，容易出错。Python 中没有 do...while 循环。

任务三：处理异常情况

任务描述

　　当 Python 程序出现某些异常状况的时候，异常就发生了，例如，列表索引越界、想要读取的文件不存在等。上述这些情况可以使用异常来处理。当发生 Python 异常时，会把异常的类型和异常的位置打印出来，便于程序员去处理。Python 内置了一套功能强大的异常处理机制，来帮助我们进行异常处理。

任务实施

1. Python 异常

小李同学：什么是异常？异常就是语法错误吗？

　　师傅：Python 的语法错误就是指不符合 Python 语法的错误，又称解析错误。异常不能等同于语法错误。如果代码在语法上都是正确的，也不能保证在执行时程序不会引发错误。程序在执行的过程中产生的错误称为异常。在程序设计过程中，必须考虑到程序运行过程中可能会发生的异常，并进行适当处理，否则程序在运行时有可能提前终止或出现不可预料的行为，从而影响程序的正常使用。

2. Python 异常类

Python 内置了很多异常类，它们都从基类 Exception 继承而来，在 exceptions 模块中定义。Python 自动将所有异常放在内建命名空间中，所以程序不必导入 exceptions 模块即可使用异常。Python 中所有的异常必须是 Exception 及其子类的实例。后面的模块中会有关于实例、类和继承的详细讲解。表 2-2-1 列举了几种常见的 Python 异常类。

◎ 表 2-2-1　常见 Python 异常类

异 常 名 称	描　　　述
ArithmeticError	各种算术运算错误引发的异常类的基类
OverflowError	数值运算超出最大限制时，引发此异常
ZeroDivisionError	除数为 0 时，引发此异常
IndexError	下标索引超出序列边界时，引发此异常
KeyError	试图访问字典里不存在的键时，引发此异常
NameError	使用一个未声明或未被赋予对象的变量时，引发此异常
TypeError	使用函数时传入对象类型与要求的不符合时，引发此异常
ValueError	传入无效的参数时，引发此异常
FileNotFoundError	试图打开不存在的文件时，引发此异常
AttributeError	试图访问未定义的对象属性时，引发此异常
SyntaxError	遇到语法错误时，引发此异常

大多数异常都不会被程序处理，都以错误信息的形式展现出来。运行如下实例：

```
list1 = ['phy', 'che', 1997, 2019]
print(list1[4])
print('... 后续代码 ...')
```

上述实例中，使用索引 4 访问列表元素，程序运行结果如下：

```
Traceback (most recent call last):
  File "D:/PycharmProjects/ 模块二 / 异常 .py", line 2, in <module>
    print(list1[4])
IndexError: list index out of range
```

上述信息表明，程序产生了 IndexError 异常，描述信息为索引超出边界。程序出现异常，导致程序终止，后续代码不会执行。

运行如下实例：

```
a = int(input(' 请输入一个整数 '))
```

程序运行结果如下：

```
请输入一个整数 w
```

```
Traceback (most recent call last):
  File "D:/PycharmProjects/模块二/异常.py", line 7, in <module>
    a = int(input('请输入一个整数'))
ValueError: invalid literal for int() with base 10: 'w'
```

上述实例中，从键盘输入 w，不能将其转换成整数，因此程序产生了 ValueError 异常。

运行以下实例：

```
a = 86.5
b = 743536345
print(a**b)
```

程序运行结果如下：

```
Traceback (most recent call last):
  File "D:/PycharmProjects/模块二/异常.py", line 3, in <module>
    print(a**b)
OverflowError: (34, 'Result too large')
```

上述实例中，浮点数算数运算的结果太大，因此程序产生 OverflowError 异常。

运行以下实例：

```
a = 8
b = 0
print(a%b)
```

程序运行结果如下：

```
Traceback (most recent call last):
  File "D:/PycharmProjects/模块二/异常.py", line 3, in <module>
    print(a%b)
ZeroDivisionError: integer division or modulo by zero
```

上述实例中，求余运算中第 2 个操作数为 0，因此程序产生 ZeroDivisonError 异常。

在上述几种异常情况中，程序会用回溯（traceback）输出异常发生的行号、异常名称以及原因等信息。此外，针对产生的异常对象没有进行处理和捕获，会出现程序终止的问题。

3. Python 异常处理

为了解决上述问题，Python 提供了异常处理机制：Python 解释器检测到错误，触发异常；特定的代码专门用来捕获这个异常；如果捕获成功，则进入另外一个处理分支，执行为异常情况定制的逻辑，使程序不会终止，这就是异常处理。异常处理机制增强了程序的健壮性和容错性。下面具体介绍 Python 的几种异常处理机制。

1）try...except 语句

捕获异常可以使用 try...except 语句。我们把可能发生错误的语句放在 try 代码块中，从而让 except 语句捕获异常信息并处理它。try...except 语句的格式如下：

```
try:
    被检测代码块
except 异常类型:
    异常处理代码块
```

上述格式中，异常类只能处理指定的异常情况，如果非指定异常情况发生，则无法处理；如果 except 后没有指定异常，则默认处理所有的异常，格式如下所示：

```
try:
    被检测代码块
except:
    异常处理代码块
```

当 try 子句出现错误的时候，程序就不再执行 try 中的代码块，而是直接执行 except 后面处理异常的语句，而且，程序不会终止，后续代码继续执行。运行如下实例：

```
s = 'hello world, hello python'
index = 100
try:
    print(s[index])
except IndexError:
    print('下标索引超出边界')
print('...后续代码...')
```

上述实例中，try 子句中使用索引 100 访问字符串元素，已超出边界，程序会引发 IndexError 异常，此时，except 子句就会捕获到这个异常，并执行 except 后面的代码块以及后续代码。程序运行结果如下：

```
下标索引超出边界
...后续代码...
```

上述实例演示了使用 except 处理一个专门的异常，事实上，也可以使用相同的 except 语句来处理多个异常信息，这些异常将被放在一个括号里成为一个元组，格式如下：

```
try:
```

```
    被检测代码块
except （异常类型 1,异常类型 2,..., 异常类型 N）：
    异常处理代码块
```

上述格式中，当程序产生以上多个异常中的其中一个时，执行 except 子句。运行如下实例：

```
s = 'hello world, hello python'
index = 1
try:
    print(int(s[index]))
except (IndexError,ValueError):
    print(' 异常：下标索引超出边界 / 传入无效的参数 ')
print('... 后续代码 ...')
```

程序运行结果如下：

```
异常：下标索引超出边界 / 传入无效的参数
... 后续代码 ...
```

如果想要对不同的异常进行不同的处理，那就需要用到如下格式的多分支 try...except 语句。

```
try:
    被检测代码块
except 异常类型 1:
    异常处理代码块 1
except 异常类型 2:
    异常处理代码块 2
...

except 异常类型 N:
    异常处理代码块 N
```

从上述格式可以看出，多个 except 子句分别用来处理不同的、特定的异常，程序中最多只有一个分支会被执行。上述格式的运行步骤如下：

（1）执行 try 代码块。

（2）如果没有异常发生，忽略 except 代码块，try 代码块执行后结束。

（3）如果在执行 try 代码块的过程中发生了异常，那么 try 代码块余下的部分将被忽略，try 代码块不执行；执行第一个匹配该异常的 except 子句，异常处理完毕。

（4）如果在执行 try 代码块的过程中发生了异常，却没有匹配的 except 子句，那么程序终止，并打印默认的出错信息。

在下面的实例中,将 index 的值设置为 100,代码如下所示:

```
s = 'hello world, hello python'
index = 100
try:
    print(int(s[index]))
except IndexError:
    print('下标索引超出边界')
except ValueError:
    print('传入无效的参数')
print('...后续代码...')
```

程序运行结果如下:

```
下标索引超出边界
...后续代码...
```

将实例中 index 的值设置为 1,代码如下所示:

```
s = 'hello world, hello python'
index = 1
try:
print(int(s[index]))
except IndexError:
    print('下标索引超出边界')
except ValueError:
    print('传入无效的参数')
print('...后续代码...')
```

将出现不同的异常信息,如下所示:

```
传入无效的参数
...后续代码...
```

事实上,为了更好地区分不同的错误信息,可以在 except 后面的代码块中使用 as 获取系统反馈的错误信息,如下实例所示:

```
s = 'hello world, hello python'
index = 1
try:
    print(int(s[index]))
except IndexError as e:
    print(e)
except ValueError as e:
    print(e)
print('...后续代码...')
```

程序运行结果如下:

```
invalid literal for int() with base 10: 'e'
...后续代码...
```

上述实例中，当捕获到 IndexError 或 ValueError 这两种异常的任意一种时，就会把描述信息保存到 e 中，except 代码块中可以将描述信息进行打印。可以看出，Python 的异常处理能力很强大，可以向用户准确反馈出错信息。

2）else 语句

try...except 语句还有一个可选的 else 子句，如果使用 else 子句，那么必须放在所有 except 子句之后。else 子句将在 try 子句没有发生任何异常的时候执行。如下实例演示了 try...except...else 语句的用法。

```
s = 'hello world, hello python'
index = 1
try:
    print(s[index])
except IndexError:
    print('下标索引超出边界')
else:
    print('程序正常运行，没有捕捉到异常')
```

其中，index 的值为 1，s[index] 能够正常访问字符串中的字符。运行程序，得到以上实例运行结果：

```
e
程序正常运行，没有捕捉到异常
```

将上述实例中 index 的值设置为 100，如下所示：

```
s = 'hello world, hello python'
index = 100
try:
    print(s[index])
except IndexError:
    print('下标索引超出边界')
else:
    print('程序正常运行，没有捕捉到异常')
```

index 的值已超出字符串 s 的最大索引，因此，s[index] 不能正常访问字符串中的字符，程序会产生 IndexError 异常，except 子句会捕获到这个异常，else 子句不执行。运行结果如下所示：

```
下标索引超出边界
```

3）finally 语句

和 else 子句不同的是，finally 子句中定义了无论是否发生异常最后都要执行的代码。通常，finally 子句中的代码进行清理工作，比如释放资源、关闭文件等。finally 子句的用法如下实例所示：

```
s = 'hello world, hello python'
index = 1
try:
    print(int(s[index]))
except IndexError as e:
    print(e)
except ValueError as e:
    print(e)
finally:
    print('无论异常与否，都会执行该模块，通常是进行清理工作')
```

程序运行结果如下：

```
invalid literal for int() with base 10: 'e'
无论异常与否，都会执行该模块，通常是进行清理工作
```

以下实例演示了 try…except 语句、else 子句、finally 子句的综合使用。

```
try:
    number1, number2 = eval(input('请输入以逗号分隔的两个整数: '))
    print(number1, '/', number2, '=', number1/number2)
except ZeroDivisionError:
    print('除数为 0')
except SyntaxError:
    print('输入整数时缺少逗号分隔')
except Exception:
    print('其他输入错误')
else:
    print('程序正常运行，没有捕捉到异常')
finally:
    print('无论异常与否，都会执行 finally 语句')
```

运行以上实例，输入"4,6"时，程序计算 4/6 的值，并执行 else 子句和 finally 子句，程序运行结果如下：

```
请输入以逗号分隔的两个整数: 4,6
4 / 6 = 0.6666666666666666
程序正常运行，没有捕捉到异常
无论异常与否，都会执行 finally 语句
```

运行以上实例，输入"4,0"时，程序产生 ZeroDivisionError 异常，第一个 except 子句捕获并处理该异常，然后执行 finally 子句，程序运行结果如下：

```
请输入以逗号分隔的两个整数: 4,0
除数为 0
无论异常与否，都会执行finally语句
```

运行以上实例，输入"4 6"时，程序产生 SyntaxError 异常，第二个 except 子句捕获并处理该异常，然后执行 finally 子句，程序运行结果如下：

```
请输入以逗号分隔的两个整数: 4 6
输入整数时缺少逗号分隔
无论异常与否，都会执行finally语句
```

运行以上实例，输入"x,6"时，程序产生除 ZeroDivisionError、SyntaxError 之外的其他异常，第三个 except 子句捕获并处理该异常，然后执行 finally 子句，程序运行结果如下：

```
请输入以逗号分隔的两个整数: x,6
其他输入错误
无论异常与否，都会执行finally语句
```

从以上实例可以总结出，当某些代码可能会出现异常情况时，可以在 try 代码块中运行这段代码。如果执行出错，则 try 子句后续代码不会继续执行，程序直接跳转至异常处理代码，即 except 代码块。else 子句在没有异常情况发生时执行，最终，程序都会执行 finally 子句，至此，执行完毕。

需要注意的是，当有多个 except 子句时，except 子句的书写顺序非常重要。如果捕获异常父类的 except 子句出现在捕获异常子类的 except 子句之前，那么捕获异常子类的 except 语句将永远不会被执行。将上述实例的代码修改如下：

```python
try:
    number1, number2 = eval(input('请输入以逗号分隔的两个整数: '))
    print(number1, '/', number2, '=', number1/number2)
except Exception:
    print('其他输入错误')
except ZeroDivisionError:
    print('除数为 0')
except SyntaxError:
    print('输入整数时缺少逗号分隔')
else:
    print('程序正常运行，没有捕捉到异常')
finally:
    print('无论异常与否，都会执行finally语句')
```

运行以上实例，从键盘输入"4,0"或"4 6"或"x,6"，当有异常情况产生时，

会得到如下所示相同的运行结果：

```
其他输入错误
无论异常与否，都会执行finally语句
```

这是因为 Exception 是 ZeroDivisionError 和 SyntaxError 的父类，上述程序中的第一个 except 子句会捕获所有异常，之后的 except 子句则不会再执行。

🔊小贴士

try...except 语句可以有 1 个或多个 except 语句来处理不同的异常，还可以有可选的 else 子句和 finally 子句联合使用。else 子句和 finally 子句的区别是：若没有异常发生，程序会执行 else 子句；而不管是否发生异常，程序都会执行 finally 子句。异常处理的优点是函数能将异常抛出给其调用者，由调用者来处理异常，否则，被调用函数必须自己处理这个异常或者终止程序。

任务四：识别学生"画像"系统中的数据

任务描述

在学生"画像"系统中，需要根据用户的输入实现相应的功能，因此需要使用条件判断语句实现多分支选择结构。为了实现从控制台持续接收数据，需要使用循环语句。此外，还要通过 Python 异常处理机制来处理输入不合法的异常情况。

任务实施

在学生"画像"系统中，任务一对系统数据和功能进行了如下说明：

```
|--- 欢迎进入校园大数据学生"画像"系统 ---|
    |---1. 添加学生"画像"数据 ---|
    |---2. 删除学生"画像"数据 ---|
    |---3. 修改学生"画像"数据 ---|
    |---4. 搜索学生"画像"数据 ---|
    |---5. 退出校园大数据学生"画像"系统 ---|
    |---6. 显示全部学生"画像"数据信息 ---|
```

在学生"画像"系统中，用户输入的数字（1～6）分别对应不同的操作，如添加数据、删除数据、修改数据、搜索数据、退出系统、显示数据信息等。

1. 条件判断实现多分支选择

为了实现上述功能，用户从控制台进行输入，系统将输入的字符串转换成对应的整型数据。进而根据用户的不同输入进行不同的操作。为了实现多分支选择，使

用 if...elif...else 语句，参考代码如下所示：

```
#input() 函数接收控制台输入的字符串
order_code = input(' 请输入相应数字操作 :\n')
#lstrip() 函数删除字符串左边的空字符
str_lstrip = order_code.lstrip()
#rstrip() 函数删除字符串右边的空字符
str_rstrip = order_code.rstrip()
#int() 函数进行强制类型转换
choice = int(str_rstrip)

if choice == 1:
    people.add()                        # 增加函数
elif choice == 2:
    people.dele()                       # 删除函数
elif choice == 3:
    people.modify()                     # 修改函数
elif choice == 4:
    people.search()                     # 搜索函数
elif choice == 5:
    people.write()
    break                               # 退出系统
elif choice == 6:
    people.show()                       # 显示信息
else:
    print(' 输入不合法，请输入合法数字 ')
```

其中，choice 是由控制台输入的字符串转换得到的整型数据；add( )、dele( )、modify( )、search( )、write( ) 及 show( ) 等函数实现了相应的增加、删除、修改、搜索、退出、显示等功能。

2. **循环结构实现持续输入**

利用 while 循环语句实现无限循环，实现从控制台持续接收数据。参考代码如下所示：

```
while True
    #input() 函数接收控制台输入的字符串
    order_code = input(' 请输入相应数字操作 :\n')
    #lstrip() 函数删除字符串左边的空字符
    str_lstrip = order_code.lstrip()
    #rstrip() 函数删除字符串右边的空字符
    str_rstrip = order_code.rstrip()
    #int() 函数进行强制类型转换
```

```
choice = int(str_rstrip)

if choice == 1:
    people.add()                            # 增加函数
elif choice == 2:
    people.dele()                           # 删除函数
elif choice == 3:
    people.modify()                         # 修改函数
elif choice == 4:
    people.search()                         # 搜索函数
elif choice == 5:
    people.write()
    break                                   # 退出系统
elif choice == 6:
    people.show()                           # 显示信息
else:
    print('输入不合法，请输入合法数字')
```

3. 异常处理机制确保正确输入

用户输入以字符串的形式存储，而后利用 int() 函数转换成相应的整型数据。如果用户进行非法输入，如输入字母、符号等，调用 int() 函数进行类型转换时会出现 ValueError 错误。针对上述异常，使用 try...except 语句进行处理。参考代码如下所示：

```
while True
    try:
        #input() 函数接收控制台输入的字符串
        order_code = input('请输入相应数字操作:\n')
        #lstrip() 函数删除字符串左边的空字符
        str_lstrip = order_code.lstrip()
        #rstrip() 函数删除字符串右边的空字符
        str_rstrip = order_code.rstrip()
        #int() 函数进行强制类型转换
        choice = int(str_rstrip)

        if choice == 1:
            people.add()                    # 增加函数
        elif choice == 2:
            people.dele()                   # 删除函数
        elif choice == 3:
            people.modify()                 # 修改函数
        elif choice == 4:
            people.search()                 # 搜索函数
```

```
        elif choice == 5:
            people.write()
            break                           # 退出系统
        elif choice == 6:
            people.show()                   # 显示信息
        else:
            print(' 输入不合法，请输入合法数字 ')
    except ValueError:
        print(' 请输入数字选项 ')
```

小结

本模块介绍了程序默认的顺序执行结构，从程序执行流程出发，介绍了条件分支结构和循环结构，介绍了 Python 中的常用语句，包括 if 语句、if...else、if...elif 等判断语句，for 循环、while 循环语句以及 break、continue、pass 语句等。

本模块还对 Python 的异常进行了介绍，包括异常的概念、异常类、捕获单个或多个异常、捕获所有异常、捕获异常的描述信息，以及 else 子句、finally 子句在 try...except 语句中的用法等。

最后，针对上述知识点在学生"画像"系统识别数据模块中的应用，进行了讲解。

【明理崇德】

团结积累，人间正道——Python 语言特点

现已进入大数据时代，新知识、新技术层出不穷，鉴于 Python 程序设计语言在数据获取、数据分析、数据挖掘方面的优势，"Python 程序设计基础"课程从小处着手融入思政元素，通过调试程序等方法来培养学生养成严谨的科学作风，结合时事、精选案例等对课堂思政元素进行设计和实践。

1. 团结合作，共同进步

1989 年，荷兰计算机程序员吉多·范罗苏姆（Guido van Rossum）开始研发 Python 程序语言，1991 年，公开发行第一个版本。由于 Python 编程风格简洁、语法规则易懂，迅速被业界所接受。根据数据平台 Kaggle 发布的 2017 年机器学习及数据科学调查报告，Python 是数据科学家和人工智能从业者使用最多的语言。IEEE Spectrum 平台也发布了 2020 年最受欢迎的编程语言排名，Python 连续四年

蝉联第一。

在软件开发领域，团结合作的最佳途径就是开源。Python 提供的开源世界极大地提高了人们的工作效率，促进了全社会文明的进步。

2. 九层之台，起于累土

"合抱之木，生于毫末；九层之台，起于累土；千里之行，始于足下"。一张厚度为 0.1 mm 的足够大的纸，对折多少次以后才能达到珠穆朗玛峰的高度？

通过学习 while 循环，帮助学生建立起指数增长的概念，消除错误的"直觉和经验"。在思政层面上，帮助学生体会：不论起点高低，只要坚持努力，不断成长，假以时日，终有所成。

```python
iCounter = 0                        # 对折次数
fThickness = 0.0001                 # 纸厚，单位米
while True:
    if  fThickness > 8844.43:       # 超过珠峰高度就停止循环
        Break
    else:
        fThickness *=2              # 对折一次厚度翻倍
        iCounter += 1              # 对折次数加 1
print(" 纸对折 %d 次后的厚度为 %.2f 米，超过了珠穆朗玛峰 "%(iCounter, fThickness))
```

3. 精益求精，不断迭代

在本书的"循环迭代"这节中，借助素数测试，不断迭代，完善代码，帮助学生树立精益求精的观念，对于任何伟大的事业，都不要期望一蹴而就，需要从点滴工作开始。

如下面的代码片段所示：

```python
def isPrime(num):
    for i in range(2, num):
        if num % i ==0:
            return false
    return true
```

4. 谨慎选择，坚持正道

选择结构程序设计：以于敏投身氢弹研究的历史背景为例，引入选择结构程序设计。于敏在国家面临核威胁与核讹诈时，选择了隐姓埋名，不计个人得失，投身国家的氢弹研究事业。提问学生面临同样问题时，会如何选择。通过追问计算机如何选择，引出 Python 选择结构，同时引导学生树立正确的人生观。

5. 愚公移山，持之以恒

循环结构程序设计：以愚公移山的寓言故事为例，引入循环结构程序设计。讲述愚公移山的故事，分析"子子孙孙，无穷匮也，而山不加增，何苦而不平"的精神内涵。通过分析愚公移山中循环程序设计思想，引入本次课程的教学内容，再通过追问学生从愚公移山故事中受到的启迪，鼓励学生对于人生目标孜孜不倦的追求，传承愚公移山精神。

此外，在讲解 turtle 绘图库时，提倡学生课下使用绘图库绘制国中华人民共和国国旗，并指出中华人民共和国国旗的红色象征革命，国旗上的五颗五角星及其相互关系象征共产党领导下的革命人民大团结。并用工具在国旗下方标注"不忘初心，吾辈自强"的金黄色文字，让学生在动手实践过程中激发爱国热情。

最后，Python 可以轻松实现文本关键词、热词的词云可视化，通过系统演示 Python 词云的生成方法，使学生掌握词云的程序设计流程。比如，提倡学生课下进行全会精神词云的可视化，通过程序结果展示，可以帮助学生快捷地读懂中国共产党百年奋斗的重大成就和历史经验，明确政府各项利国利民的方针政策，加深学生对于中国共产党执政的政治认同。

◎ 模 块 三 ◎

学生"画像"系统的字符串处理模块

模块导读

字符串或串 (String) 是由数字、字母、下画线组成的一串字符，编程语言中表示文本的数据类型，在程序设计中，字符串（string）为符号或数值的一个连续序列，如符号串（一串字符）或二进制数字串（一串二进制数字），在文本类数据中占有主要比例。本模块主要介绍字符串内置函数相关操作，对数据采集后的字符串数据进行分割、提取或大小写变换等操作。

模块目标

知识目标	技能目标	职业素养
▶ 理解文本数据字符串表现方式、定义和简单的存储转换 ▶ 理解与使用 Python 中字符串的存储方式和存储转换 ▶ 理解和使用 Python 字符串常用内置函数 ▶ 使用字符串函数进行数据清洗	▶ 熟练掌握 Python 的字符串定义与存储 ▶ 熟练掌握字符串内置函数的使用	▶ 自主学习能力 ▶ 团队协作能力

课前学习工作页

1. 选择题

下列（　　）表达式在 Python 定义字符串中是非法的。

A. str_1= string
B. str_1= 'string'

C. str_1= "string"
D. str_1= ' '

2. 程序题

（1）解释下面程序的运行结果。

```
print(len('string'))
6
```

（2）运行下面的程序，并解释程序运行结果。

```
str_1 = 1  str_2 = '2'  str_3 = 'str'
print(str_1 + str_2)
print(str_2 + str_3)
```

模块任务

◇任务一：字符串的定义与存储方式

◇任务二：字符串常用内置函数的使用

◇任务三：字符过滤高级进阶

任务一：字符串的定义与存储方式

任务描述

小李同学在查看数据爬取与录入的时候，发现同学的姓名、地址或专业等都不是单一的 int、double 类型。多种数据类型混合成数据字段，从字段获取信息需要写很长的代码进行提取，任务量很大。

任务实施

1. Python 3 字符串的定义

小李同学：什么是字符串？为什么要单独学习字符串数据格式？

师傅：首先要清楚主流的数据格式。Python 语言利用互联网、搜索引擎等技术实现有针对性、行业性、精准性的数据抓取。而获取到的数据一般为图片、语音、视频或者文本。

当今大数据世界主要是非结构话的数据，如声音、图片、文件等之间的数据。这类数据一般是自描述的，数据的结构和内容混在一起，没有明显的区分。除此之外，人们把剩下的数据称为结构化数据，如数字符号，可用二维表结构表示。这种数据都可以统一化为字符串进行存储。

除此之外，即使是图片、视频等结构化数据，我们也可以进对其进行转换。图片可以转化为 R、G、B 这 3 种颜色进行存储。视频可以切割为图片和文字。于是，结构上的数据在不要求具体精度的情况下转化为字符串格式，此时对字符串的过滤就尤为重要。

小李同学：其实字符串就是 int、double 或者字母的组合。

师傅：不单单如此，字符串是 Python 中最常用的数据类型。我们可以使用引号（' 或 "）来创建字符串。可以是全部是数字，也可以是字母与其他字符的组合。创建字符串很简单，只要为变量分配一个值即可。

```
var1 = 'Hello World!'
var2 = "Runoob"
```

小李同学：明白了，其实字符串的定义主要就是用引号（' 或 "）包裹数据。

师傅：是的，但是遇到特殊字符时，比如字符中含有'时要提前进行转义，接下来我们就详细演示字符串的定义与存储方式。

首先定义两个字符串单词，包括大小写与空格字符。并打印出第一个单词的首字母与第二个单词的第 2 ~ 6 位字母。

```
var1 = 'Hello World! This is \'python! \''
var2 = "Runoob"

print(var1)

print("var1[0]: ", var1[0])
print("var2[1:5]: ", var2[1:5])
```

程序运行结果如下：

```
Hello World! This is 'python! '
var1[0]:  H
var2[1:5]:  unoo
```

在需要在字符中使用特殊字符时，python 用反斜杠 (\) 转义字符，如表 2-3-1 所示。

◎ 表 2-3-1　转义字符

转义字符	描　　述
\（在行尾时）	续行符
\\	反斜杠符号
\'	单引号
\"	双引号
\a	响铃
\b	退格（Backspace）
\000	空
\n	换行
\v	纵向制表符
\t	横向制表符
\r	回车
\f	换页
\oyy	八进制数，yy 代表的字符，例如，\o12 代表换行
\xyy	十六进制数，yy 代表的字符，例如，\x0a 代表换行
\other	其他字符以普通格式输出

此时可以把字符串当成是一种字符串数组。所谓数组，就是一个有序的元素序列。字符串中每一个字母、数字或者是字符都是数组的元素。每个元素所在的位置，从最左边开始计数，以 0 作为第一个元素的位置，称为元素下标。

例如，var1[0] 表示字符串 var1 第一个元素 H。如果要获取字符串中连续的子串，使用 var1[m:n] 的形式，m 表示起始下标，n 表示结束下标。此时可以把字符串当成是一种字母和字符的集合。可以通过直接定义下标，获取到数组内的任何一个当前的元素，或者采取分割符获取连续的一串元素。类比模块二中的 for 循环。

延伸： 字符串截取具有更多的方式。

var[::-1]：逆序输出。

var [2:5:2]：输出索引位置为 2 到索引位置为 5 的数据，不包括位置 3，且步长为 2，即输出索引位置为 2,4 的数据即 s[2],s[4]。

var [-3:-6:-1]：输出索引位置为 -3 到索引位置为 -6 的数据，不包括位置 -6，步长为 -1，s 字符串最右边的位置索引为 -1，往右为 -2，-3..，即输出字符串从右往左位置第 3 位到第 5 位的数据。

var [::2]：偶数。

var [1::2]：奇数。

var [::-1]: 逆序输出。

var [:]: 全部输出。

var [::3]: 步长为 3。

var [-1:-6:-1]: 取倒数第一个到第 5 个。

小李同学: 其实, 字符串的定义就是把每一个字符都当成一个独立的个体存起来。

师傅: 可以这样理解, 接下来我们看字符串的其他存储方式。

```
Hello World! This is 'python! '
str_1 = "Apple"
str_2 = "123456"
print("str_1的类型: ",type(str_1)," str_2的类型: ",type(str_2),)
new_list = list(str_2)
print(new_list)
print(type(new_list))
```

上面的实例首先定义一个单词 str_1, 一串数字 str_2, 并打印出两者的数据类型。其次对 str_2 进行列表的强制性转换。

```
str_1的类型: <class 'str'>  str_2的类型: <class 'str'>
['1', '2', '3', '4', '5', '6']
<class 'list'>
```

当字符串为一组连续的数字或者纯字母时, 可以将其转储为其他形式。

```
str_1 = "123456"
str_2 = "1.23"
str_3 = "Hello"

print("var1的类型: ",type(str_1)," var2的类型: ",type(str_2)," var3的类型: ",type(str_3))
```

程序运行结果如下:

```
str_1的类型: <class 'str'>  str_2的类型: <class 'str'>  str_3的类型: <class 'str'>
```

小李同学: 是否能直接对数字字符串进行运算?

师傅: 字符串也是有运算符的, 但并不是通常意义上的运算。我们通过实例演示。

```
str_1 = "123456"
str_2 = "1.23"
str_3 = "Hello"
```

```
print("str_1 的类型: ",type(str_1),"   str_2 的类型: ",type(str_2),"
str_3 的类型: ",type(str_3))

str_4 = str_1 + str_2
print("str_4 的类型: ",type(str_4))
print("str_4: ",str_4)

str_5 = (str_1 + str_3 ) * 5
print("str_5 的类型: ",type(str_5))
print("str_5: ",str_5)
```

程序运行结果如下:

```
str_1 的类型:  <class 'str'>    str_2 的类型:  <class 'str'>    str_3 的
类型:  <class 'str'>
str_4 的类型:  <class 'str'>
str_4:  1234561.23
str_5 的类型:  <class 'str'>
str_5:  123456Hello123456Hello123456Hello123456Hello123456Hello
```

以上实例表示字符串运算，+ 在字符串里用于拼接，* 用于字符串按照倍数扩展。字符串运算没有 − 与 /。

如果要对字符串进行数字运算怎么办？如下所示:

```
str_1 = "123456"
str_2 = "1.23"
str_3 = "Hello"

print("str_1 的类型: ",type(str_1),"   str_2 的类型: ",type(str_2),"
str_3 的类型: ",type(str_3))

str_4 = int(str_1)
print("str_1 的类型: ",type(str_4))
print("str_1: ",str_1,"   str_4: ",str_4)
str_5 = float(str_2)
print("str_5 的类型: ",type(str_5))
print("str_2: ",str_2,"   str_5: ",str_5)
str_6 = bytes(str_3,encoding='utf-8')
print("str_6 的类型: ",type(str_6))
print("str_3: ",str_3,"   var6: ",str_6)
```

int(var)、float(var) 与 bytes(var) 表示对字符串格式的强制性转化，分别转储为 int、float 与字节型。

程序运行结果如下：

```
str_1的类型：<class 'str'>    str_2的类型：<class 'str'>    str_3的
类型：<class 'str'>
str_1的类型：<class 'int'>
str_1: 123456    str_4: 123456
str_5的类型：<class 'float'>
str_2: 1.23    str_5: 1.23
str_6的类型：<class 'bytes'>
str_3: Hello    var6: b'Hello'
```

延伸：字符串运算符。

表 2-3-2 中，实例变量 a 值为字符串 "Hello"，b 变量值为 "Python"。

◎ 表 2-3-2   字符串运算符

操 作 符	描　述	实　例
+	字符串连接	a + b 输出结果：HelloPython
*	重复输出字符串	a*2 输出结果：HelloHello
[]	通过索引获取字符串中字符	a[1] 输出结果 e
[:]	截取字符串中的一部分，遵循左闭右开原则，str[0,2] 是不包含第 3 个字符的	a[1:4] 输出结果 ell
in	成员运算符，如果字符串中包含给定的字符返回 True	'H' in a 输出结果 True
not in	成员运算符，如果字符串中不包含给定的字符返回 True	'M' not in a 输出结果 True
r/R	原始字符串，原始字符串：所有的字符串都是直接按照字面的意思来使用，没有转义特殊或不能打印的字符。原始字符串除在字符串的第一个引号前加上字母 r（可以大小写）以外，与普通字符串有着几乎完全相同的语法	print(x' \n') print(R' \n')
%	格式字符串	请看下一任务内容

注意：bytes 是计算机内部的二进制存储格式。utf-8 是字符串编码格式。字符编码（Character encoding）也称字集码，是把字符集中的字符编码为指定集合中某一对象（如比特模式、自然数序列、8 位组或者电脉冲），以便文本在计算机中存储和通过通信网络的传递。常见的例子包括将拉丁字母表编码成摩斯电码和 ASCII 码。其中，ASCII 码将字母、数字和其他符号编号用 7 比特的二进制数来表示。

```
str_1 = "Hello"
str_2 = "Python"
```

```
print("str_1 + str_2 输出结果: ", str_1 + str_2)
print("str_1 * 2 输出结果: ", str_1 * 2)
print("str_1[1] 输出结果: ", str_1[1])
print("str_1[1:4] 输出结果: ", str_1[1:4])

if ("H" in str_1):
    print("H 在变量 str_1 中 ")
else:
    print("H 不在变量 str_1 中 ")

if ("M" not in str_1):
    print("M 不在变量 str_1 中 ")
else:
    print("M 在变量 str_1 中 ")

print(r'\n')
print(R'\n')
```

程序运行结果如下：

```
str_1 + str_2 输出结果:  HelloPython
str_1 * 2 输出结果:  HelloHello
str_1[1] 输出结果:  e
str_1[1:4] 输出结果:  ell
H 在变量 str_1 中
M 不在变量 str_1 中
\n
\n
```

2. Python 三引号

Python 三引号允许一个字符串跨多行，字符串中可以包含换行符、制表符以及其他特殊字符。实例如下：

```
para_str = """这是一个多行字符串的实例
多行字符串可以使用制表符
Tab ( \t )。
也可以使用换行符 [ \n ]。
"""
print(para_str)
```

程序运行结果如下：

```
这是一个多行字符串的实例
多行字符串可以使用制表符
```

```
Tab (    ).
也可以使用换行符 [
  ].
```

三引号让程序员从引号和特殊字符串的"泥潭"里面解脱出来，自始至终保持一小块字符串的格式是所谓的 WYSIWYG（所见即所得）格式的。一个典型的用例是，当你需要一块 HTML 或者 SQL 时，这时用字符串组合，特殊字符串转义将会非常的烦琐。

注意：在 Python 3 中，所有的字符串都是 Unicode 字符串。

师傅：使用字符串时要避免语法错误。语法错误是一种时不时会遇到的错误。程序中包含非法的 Python 代码时，就会导致语法错误。

例如，在用单引号括起的字符串中，如果包含撇号，就将导致错误。这是因为这会导致 Python 将第一个单引号和撇号之间的内容视为一个字符串，进而将余下的文本视为 Python 代码，从而引发错误。

下面演示了如何正确地使用单引号和双引号。请将该程序保存为 test.py，再运行它：

```
str_1= "The girl is Sam's friend. "
print(str_1)
```

撇号位于两个双引号之间，因此 Python 解释器能够正确地理解这个字符串：

```
The girl is Sam's friend.
```

然而，如果你使用单引号，Python 将无法正确地确定字符串的结束位置：

```
str_1= ' The girl is Sam's friend. '
print(str_1)
```

而你将得到如下输出：

```
File "test.py", line 1
str_1= ' The girl is Sam's friend. '
                              ^
SyntaxError: invalid syntax
```

从上述输出可知，错误发生在第二个单引号后面。这种语法错误表明，在解释器看来，其中的有些内容不是有效的 Python 代码。学习编写 Python 代码时，你可能会经常遇到语法错误。语法错误也是最不具体的错误类型，因此可能难以找出并修复。

任务二：字符串常用内置函数的使用

任务描述

小李同学在查看学生"画像"基本数据，有些数据字段很复杂，把字符串当成数组进行运算，对元素进行替换、大小写转换等功能函数时需要写很多循环语句，代码量很大。小李同学感觉很苦恼。

任务实施

小李同学：现在需要把同学的姓名拼音统一转换成小写，一个一个替换效率很低，有没有能替换 for 循环的方法快速实现？

师傅：当然有。Python 是一种代表简单主义思想的语言。如果实现大小写转换就需要很多代码，就与设计者的思想相违背。字符串是 Python 中最常用的数据类型，也是遇到的文本数据中最广泛的类型。字符串处理应用很频繁，于是在 Python 中自带了内置函数。每个简单的函数实现一个功能，不同函数的组合就能达到复杂的效果。首先可以查看内置函数。

查看内置函数：

```
str_1= 'Hello World!'
function = dir(str_1)
print(function)
```

可自行查看执行结果。

接下来介绍常用的内置函数。

1. 字母处理函数

.upper( )：全部转为大写字母。

.lower( )：全部转为小写字母。

.title( )：首字母大写。

.capitalize( )：首字母大写。

.swapcase( )：大小写相互转换。

```
str_1= "hello world This is Python!"

print("全部转为大写字母：",    str_1.upper())
print("全部转为小写字母：",    str_1.lower())
print("所有首字母大写：",      str_1.title())
print("首字母大写：",          str_1.capitalize())
print("大小写相互转换：",      str_1.swapcase())
```

程序运行结果如下：

```
全部转为大写字母：HELLO WORLD THIS IS PYTHON!
全部转为小写字母：hello world this is python!
所有首字母大写：Hello World This Is Python!
首字母大写：Hello world this is python!
大小写相互转换：HELLO WORLD tHIS IS pYTHON!
```

2. 字母查找函数

.find( )：查找指定的字符串，没有则返回 −1，找到会返回索引位置，其格式为 find(sub,start,end)。

.rfind( )：从字符串的右边开始查找。

.count( )：获取指定字符在该字符串中出现的次数。

.index( )：和 find( ) 功能类似，但是找不指定字符会报错，而 find() 则会返回 −1。

注：find( ) 方法和 index( ) 方法有三个参数：sub= 想查找的字符，start= 指定位置，end= 结束位置。

```python
str_1= "hello world This is Python!"

print("查找指定的字符串：",            str_1.find('o'))
print("字符串的右边开始查找：",          str_1.rfind('o'))
print("指定字符出现的次数：",           str_1.count('o'))
print("和 find() 功能类似：",          str_1.index('o'))
```

程序运行结果如下：

```
查找指定的字符串：4
字符串的右边开始查找：24
指定字符出现的次数：3
和 find() 功能类似：4
```

注：下标计算从 0 开始。

3. 字母判断函数

.isalnum( )：判断字符串是否全部是数字或者字母。

.isupper( )：判断是否全是大写。

.islower( )：判断是都全是是小写。

.isalpha( )：判断是否全是字母。

.isdigit( )：判断是否全部是数字。

.isspace( )：判断是否全是空格。

实例如下：

```
str_1= "hello world This is Python!"
print("是否全部是数字或者字母:",                    str_1.isalnum())
print("是否全是大写:",                              str_1.isupper())
print("是否全是小写:",                              str_1.islower())
print("是否全是字母:",                              str_1.isalpha())
print("是否全部是数字:",                            str_1.isdigit())
print("判断是否全是空格:",                          str_1.isspace())
```

程序运行结果如下：

```
是否全部是数字或者字母: False
是否全是大写: False
是否全是小写: False
是否全是字母: False
是否全部是数字: False
判断是否全是空格: False
```

以上实例其实只是对字符串的每一个字符进行逐一的判断，采用的技术就是 for 循环。

4. 字符替换函数

Python replace( ) 方法把字符串中的 old（旧字符串）替换成 new（新字符串），如果指定第三个参数 max，则替换不超过 max 次。

replace( ) 方法语法：

```
str_1.replace(old, new[, max])
```

参数说明：

- old：将被替换的子字符串。
- new：新字符串，用于替换 old 子字符串。
- max：可选字符串，替换不超过 max 次。

```
str_1= "this is string example....wow!!! this is really string"

print(str_1.replace("is", "was"))
print(str_1.replace("is", "was", 3))
```

以上实例运行结果：

```
thwas was string example....wow!!! thwas was really string
thwas was string example....wow!!! thwas is really string
```

注意：replace() 方法不会改变原 string 的内容。

5. 去空格及去指定字符函数

.strip( )：去两边空格。

.lstrip( )：去左边空格。

.rstrip( )：去右边空格。

.split( )：默认按空格分隔。

.split(' 指定字符 ')：按指定字符分割字符串为数组。

实例如下：

```
str_1= "   hello world! This is Python!   "

print(" 去两边空格 :",                str_1.strip())
print(" 去左边空格 :",                str_1.lstrip())
print(" 去右边空格 :",                str_1.rstrip())
print(" 默认按空格分隔 :",            str_1.split('!'))
print(" 按指定字符分割字符串为数组 :",  str_1.split())
```

程序运行结果如下：

```
去两边空格 : hello world! This is Python!
去左边空格 : hello world! This is Python!
去右边空格 :    hello world! This is Python!
默认按空格分隔 : ['   hello world', ' This is Python', '   ']
按指定字符分割字符串为数组 : ['hello', 'world!', 'This', 'is', 'Python!']
```

6. 字符串常量

系统内置 string 模块，模块中定义了多种字符串常量，常量包括数字字符、标点符号、英文字母、大写字母、小写字母等，用户可以直接使用这些常量。

string.digits：包含 0 ~ 9 的字符串。

string.ascii_letters：包含所有大小写字母的字符串。

string.ascii_lowercase：所有小写字母。

string.printable：包含所有可以打印字符的字符串。

string.punctuation：包含所有标点的字符串。

string.ascii_uppercase：包含所有大写字母的字符串。

内置函数可以按功能分为数学运算、类型转换、序列操作、对象操作、反射操作、变量操作、交互操作、文件操作、编译执行、装饰器等。在练习中可以根据模块的需要，自行选择一种或多种内置函数的融合使用，就可以实现炫酷的效果。

详细内置函数如表 2-3-3 所示。

◎ 表 2-3-3　字符串内置函数

序　号	方　　法	方法及描述
1	capitalize()	将字符串的第一个字符转换为大写
2	center(width, fillchar)	返回一个指定的宽度 width 居中的字符串，fillchar 为填充的字符，默认为空格
3	count(str, beg= 0,end=len(string))	返回 str 在 string 里面出现的次数，如果 beg 或者 end 指定则返回指定范围内 str 出现的次数
4	bytes.decode(encoding="utf-8", errors="strict")	Python 3 中没有 decode() 方法，但我们可以使用 bytes 对象的 decode() 方法来解码给定的 bytes 对象，这个 bytes 对象可以由 str.encode() 来编码返回
5	encode(encoding='UTF-8',errors='strict')	以 encoding 指定的编码格式编码字符串，如果出错默认报一个 ValueError 的异常，除非 errors 指定的是 'ignore' 或者' replace'
6	endswith(suffix, beg=0, end=len(string))	检查字符串是否以 obj 结束，如果 beg 或者 end 指定则检查指定的范围内是否以 obj 结束，如果是则返回 True，否则返回 False.
7	expandtabs(tabsize=8)	把字符串 string 中的 Tab 符号转为空格，Tab 符号默认的空格数是 8
8	find(str, beg=0, end=len(string))	检测 str 是否包含在字符串中，如果指定范围 beg 和 end，则检查是否包含在指定范围内，如果包含返回开始的索引值，否则返回 -1
9	index(str, beg=0, end=len(string))	和 find() 方法一样，只不过如果 str 不在字符串中会报一个异常
10	isalnum()	如果字符串至少有一个字符并且所有字符都是字母或数字则返回 True，否则返回 False
11	isalpha()	如果字符串至少有一个字符并且所有字符都是字母则返回 True，否则返回 False
12	isdigit()	如果字符串只包含数字则返回 True，否则返回 False
13	islower()	如果字符串中包含至少一个区分大小写的字符，并且所有这些（区分大小写的）字符都是小写，则返回 True，否则返回 False
14	isnumeric()	如果字符串中只包含数字字符，则返回 True，否则返回 False
15	isspace()	如果字符串中只包含空白，则返回 True，否则返回 False
16	istitle()	如果字符串是标题化的（见 title()）则返回 True，否则返回 False

序　号	方　　法	方法及描述
17	isupper()	如果字符串中包含至少一个区分大小写的字符，并且所有这些（区分大小写的）字符都是大写，则返回 True，否则返回 False
18	join(seq)	以指定字符串作为分隔符，将 seq 中所有的元素（的字符串表示）合并为一个新的字符串
19	len(string)	返回字符串长度
20	ljust(width[, fillchar])	返回一个原字符串左对齐，并使用 fillchar 填充至长度 width 的新字符串，fillchar 默认为空格
21	lower()	转换字符串中所有大写字符为小写
22	lstrip()	截掉字符串左边的空格或指定字符
23	maketrans()	创建字符映射的转换表，对于接收两个参数的最简单的调用方式，第一个参数是字符串，表示需要转换的字符，第二个参数也是字符串表示转换的目标
24	max(str)	返回字符串 str 中最大的字母
25	min(str)	返回字符串 str 中最小的字母
26	replace(old, new [, max])	把 将字符串中的 str1 替换成 str2，如果 max 指定，则替换不超过 max 次
27	rfind(str, beg=0,end= len(string))	类似于 find() 函数，不过是从右边开始查找
28	rindex(str, beg=0, end= len(string))	类似于 index()，不过是从右边开始
29	rjust(width,[, fillchar])	返回一个原字符串右对齐，并使用 fillchar（默认空格）填充至长度 width 的新字符串
30	rstrip()	删除字符串字符串末尾的空格
31	split(str="", num=string. count(str))	num=string.count(str)) 以 str 为分隔符截取字符串，如果 num 有指定值，则仅截取 num+1 个子字符串
32	splitlines([keepends])	按照行 ('\r', '\r\n', \n') 分隔，返回一个包含各行作为元素的列表，如果参数 keepends 为 False，不包含换行符，如果为 True，则保留换行符
33	startswith(substr, beg=0, end=len(string))	检查字符串是否是以指定子字符串 substr 开头，是则返回 True，否则返回 False。如果 beg 和 end 指定值，则在指定范围内检查
34	strip([chars])	在字符串上执行 lstrip() 和 rstrip()
35	swapcase()	将字符串中大写转换为小写，小写转换为大写

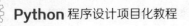

续表

序号	方法	方法及描述
36	title()	返回"标题化"的字符串，就是说所有单词都是以大写开始，其余字母均为小写（见 istitle()）
37	translate(table, deletechars="")	根据 str 给出的表（包含 256 个字符）转换 string 的字符，要过滤掉的字符放到 deletechars 参数中
38	upper()	转换字符串中的小写字母为大写
39	zfill (width)	返回长度为 width 的字符串，原字符串右对齐，前面填充 0
40	isdecimal()	检查字符串是否只包含十进制字符，如果是返回 True，否则返回 False

任务三：字符过滤高级进阶

任务描述

小李同学在查看收集的学生数据时，发现大家的数据千奇百怪，中英文和数字混合，没有规律可循。对于一条有效的数据通过内置函数可以提取相关信息，当数据不完整或者得到的数据出现不规则的字符时应该怎么办？

任务实施

1. Python3 转义字符串

小李同学：其他编程语言能够自己换行，Python 要怎么实现？

师傅：在编程中，空白泛指任何非打印字符，如空格、制表符和换行符。你可以使用空白来组织输出，以使其更易读。要在字符串中添加制表符，可使用字符组合 \t，如下述代码所示：

```
print("\tPython")
```

要在字符串中添加换行符，可使用字符组合 \n：

```
print("Languages:\nPython\nC\nJavaScript")
```

程序运行结果如下：

```
Languages:
Python
C
JavaScript
```

还可在同一个字符串中同时包含制表符和换行符。字符串 "\n\t" 让 Python 换到下一行，并在 下一行开头添加一个制表符。下面的示例演示了如何使用一个单行字符串来生成 4 行输出：

```
print("Languages:\n\tPython\n\tC\n\tJavaScript")
```

程序运行结果如下：

```
Languages:
    Python
    C
    JavaScript
```

在接下来的教程中，你将使用为数不多的几行代码来生成很多行输出，届时制表符和换行符将提供极大的帮助。

2. Python 3 删除空白

小李同学：师傅，有时候数据中夹杂着空格键，采集到的数据很难分辨。

师傅：在程序中，额外的空白可能令人迷惑。对程序员来说，'python' 和 'python '看起来几乎没什么两样，但对程序来说，它们却是两个不同的字符串。Python 能够发现 'python '中额外的空白，并认为它是有意义的——除非你告诉它不是这样的。

空白很重要，因为你经常需要比较两个字符串是否相同。例如，一个重要的示例是，在用户登录网站时检查其用户名。但在一些简单得多的情形下，额外的空格也可能令人迷惑。所幸在 Python 中，删除用户输入的数据中的多余空白易如反掌。

Python 能够找出字符串开头和末尾多余的空白。要确保字符串末尾没有空白，可使用方法 rstrip( )。

```
basic_word = 'python '
print("原始: ", basic_word)
basic_word.rstrip()
print("转换: ", basic_word)
print("再次: ", basic_word)
```

原始存储在变量 basic_word 中的字符串末尾包含多余的空白。在终端会话中向 Python 询问这个变量的值时，可看到末尾的空格。对变量 basic_word 调用方法 rstrip( ) 后，这个多余的空格被删除了。然而，这种删除只是暂时的，接下来再次询问 basic_word 的值时，你会发现这个字符串与输入时一样，依然包含多余的空白。要永久删除这个字符串中的空白，必须将删除操作的结果存回到变量中：

```
basic_word = 'python '
basic_word = basic_word.rstrip()
print(basic_word)
```

为删除这个字符串中的空白，需要将其末尾的空白剔除，再将结果存回到原来的变量中。在编程中，经常需要修改变量的值，再将新值存回到原来的变量中。这就是变量的值可能随程序的运行或用户输入数据而发生变化的原因。还可以剔除字符串开头的空白，或同时剔除字符串两端的空白。为此，可分别使用方法 lstrip( ) 和 strip( )。

3．Python 3 字符串格式化

师傅： 字符串的格式化方法分为两种，分别为占位符 (%) 和 format 方式。占位符方式在 Python 2.x 中用的比较广泛，随着 Python 3.x 的使用越来越广泛，format 方式使用得更加广泛。

```python
# 替换字段用花括号进行标记
print("hello, {}. you are {}?".name,age))
# 输出: 'hello, hoxis. you are 18?'
# 通过索引来以其他顺序引用变量
print("hello, {1}. you are {0}?".format(age,name))
# 输出: 'hello, hoxis. you are 18?'
# 通过参数来以其他顺序引用变量
print("hello, {name}. you are {age1}?".format(age1=age, name=name))
# 输出: 'hello, hoxis. you are 18?'
# 从字典中读取数据时还可以使用  **
person = {"name":"hoxis","age":18}
print("hello, {name}. you are {age}?".format(**person))
# 输出: 'hello, hoxis. you are 18?'
```

4．Python 3 字符串内置函数进阶实战

小李同学： 我要如何选择内置函数的使用？

师傅： 内置函数可以单一使用也可以相互结合。接下来我们通过到大数据校园"画像"系统设置密码功能来实战内置函数的使用。

通常我们在设置相关密码时，必须要求大小写字母、字符以及数字同时存在。接下来借助字符串内置函数，实现账号密码的输入和保护。

1）密码长度大于 8

首先获取密码的长度。密码默认为字符串行，可以用 len( ) 函数进行验证。

```python
if len(pwd) < 8:
    print("密码长度必须大于 8 位! ")
```

2）包含数字

密码中必须要包括数字，此时可以使用 isnumeric( ) 函数实现。

```
has_num = False
for i in pwd:
    if i.isnumeric():
        has_num = True
        break
```

3）包含字母

密码中必须需要包括字母，可以使用 isalpha( ) 函数实现。

```
has_str = False
for i in pwd:
    if i.isalpha():
        has_str = True
        break
```

4）包含字母大小写

在相关行业要求字母需要大小写，isupper( ) 函数用于检验字母是否为大写，islower( ) 函数用于检验字母是否为小写。

此时要求对整个字符串进行逐个检验，要求字符串中既包括大写字母又包括小写字母，在写判断条件时要求同时为真，我们可以定义两个临时标志位作为辅助。

```
has_upper = False
has_lower = False
for i in pwd:
    if i.islower():
        has_lower = True
        continue
    elif i.isupper():
        has_upper = True
        continue
    else:
        continue
```

代码的第 1 行与第 2 行设置两个标志位分别初始化为 False。默认为密码中既不包括小写字母，也不包括大写字母。接着对字符串中每一个字母进行循环判断。第 5 行代码，当遇到字母为小写时，我们更改 has_lower 标志位为 True。同理，第 8 行代码，当遇到字母为大写时，我们更改 has_upper 标志位为 True。最后当密码中同时包括大小写字母时，两个标志位都变为真。

根据要求综合所有判断条件，完整代码如下：

```
index = 0
while index < 3:
```

```
    print(" 请输入密码: ")
pwd = input()
if len(pwd) < 8:
    print(" 密码长度必须大于 8 位! ")
has_num = False
for i in pwd:
    if i.isnumeric():
        has_num = True
        break
if has_num == False:
    print(" 密码必须包括数字! ")

has_str = False
for i in pwd:
    if i.isalpha():
        has_str = True
        break
if has_str == False:
    print(" 密码必须包括字母! ")

has_upper = False
has_lower = False
for i in pwd:
    if i.islower():
        has_lower = True
        continue
    elif i.isupper():
        has_upper = True
        continue
    else:
        continue
if has_lower == True and  has_upper == True:
    print()
else:
    print(" 密码必须包括字母大小写! ")

index = index + 1
if index < 3:
    if has_num == False or has_str  == False or has_lower == False
or has_upper == False:
        print(" 密码第 ",index," 错误 , 请重新输入! ")
    else:
```

```
        print(" 密码设置正确！ ")
        exit()
else:
        print(" 密码错误超过 3 次，程序退出！ ")
```

按照实际应用，我们允许客户进输入 3 次密码进行验证，当密码的输入次数超过 3 次时，程序退出。

5. Python 3 查看内置函数定义

小李同学：这么多的内置函数要学习到什么时候？

师傅：计算机语言也是一门语言。如果单纯地在课堂上依靠老师学习是不可能学好的。就像学习英语、背单词一样，更多的时间需要学生自己在课下去温习功课。接下来介绍如何依靠编译器来学习一门计算机相关函数的功能。

我们以 replace() 函数为例：

```
var = "this is string example....wow!!! this is really string"
print(var.replace("is", "was"))
```

根据从网上查到的相关资料，我们得知，Python 的 replace() 方法把字符串中的 old（旧字符串）替换成 new（新字符串），如果指定第 3 个参数 max，则替换不超过 max 次。那么如何借助编译器查找原始的函数解释？

首先，我们把鼠标指针停留在 replace 单词之上，右击，在弹出的快捷菜单中选择 Go To → Declaration 命令，如图 2-3-1 所示。

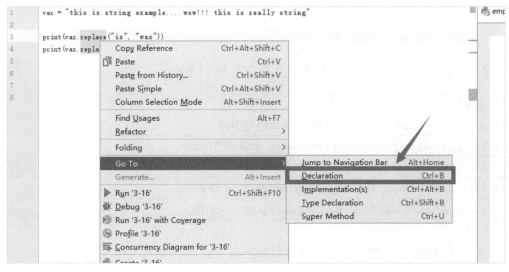

图 2-3-1　编译器右键

进入到系统内部原始函数的 API，在这里提供了该函数的相关参数、返回值等实例，如图 2-3-2 所示。

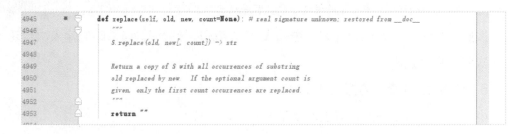

图 2-3-2　系统内置函数解析

可得 replace( ) 函数解析如表 2-3-4 所示。

◎ 表 2-3-4　replace( ) 函数解析

参　　　数	描　　　述
old	将被替换的子字符串
new	新字符串，用于替换 old 子字符串
max	可选字符串，替换不超过 max 次

最后返回替换后的字符串结果。

6. Python 3 正则表达式

小李同学：有一组数据在爬取传输过程中夹杂着长度、位置不定的特殊字符，好像具有一定的规律，通过自带的内置函数需要写很长的代码处理每一条数据，怎么办？

师傅：如果是一条数据，通过内置函数的使用是没问题的。当数据具有相同的规律时，就要考虑是否有简单的方式实现了。我们先看一组数据。

电子邮箱
\</a>\</span>12349@qq.com\</a>\</span>\</div>
\</a>\</span>qweqweqw@qq.com\</a>\</span>\</div>
\</a>\</span>qwe@qq.com\</a>\</span>\</div>
\</a>\</span>1qwe2349@qq.com\</a>\</span>\</div>
\</a>\</span>1151qw45@163.com\</a>\</span>\</div>

电子邮箱属性中有一组数据在爬取中出现了错误，带入了错误的乱码符号。现在我们要对这段数据进行数据分离。

正则表达式是一个特殊的字符序列，它能帮助你方便地检查一个字符串是否与某种模式匹配。使用正则表达式需要导入 re 模块。compile( ) 函数根据一个模式字符串和可选的标识参数生成一个正则表达式对象。该对象拥有一系列方法用于正则表达式匹配和替换。

re 模块提供了与这些方法功能完全一致的函数，这些函数使用一个模式字符串作为它们的第一个参数。本部分在 Python 字符串内置函数的基础上引申出正则表达式。

正则模式语言相对简单，但很严格，所以并不是所有的字符串处理任务都可以用正则表达式完成。有些任务也可以用 re 模块完成，但是表达式会很复杂。这种情况下，最好编写 Python 代码完成；虽然 Python 代码比精心构造的 re 模块慢，但却更好理解。

借助于上一部分查看内置函数使用方法，学习 re.search( ) 函数。

```
import re
str = '</a></span>12349@qq.com</a></span></div>'
print(re.search('@qq', str).span())
```

re.search( ) 函数扫描整个字符串并返回第一个成功的匹配。

经过查看系统内置资源，函数语法：

```
re.search(pattern, string, flags=0)
```

参数说明：

- pattern：匹配的正则表达式。
- string：要匹配的字符串。
- flags：标志位，用于控制正则表达式的匹配方式，如是否区分大小写等。

匹配成功 re.search 方法返回一个匹配的对象，否则返回 None。以上实例输出结果：

```
(16, 19)
```

re.split 是应用最广泛的正则函数，split 方法按照能够匹配的子串将字符串分隔后返回列表，它的语法格式如下：

```
re.split(pattern, string[, maxsplit=0, flags=0])
```

参数说明：

- pattern：匹配的正则表达式。
- string：要匹配的字符串。
- maxsplit：分隔次数，maxsplit=1 分隔一次，默认为 0，不限制次数。

- flags：标志位，用于控制正则表达式的匹配方式。

```
str = "this is string example....wow!!!"
print(str.split( ))                    # 以空格为分隔符
print(str.split('i',1))                # 以 i 为分隔符
print(str.split('w'))                  # 以 w 为分隔符
```

re.split( ) 的切割功能非常强大。可以按照项目需要对字符串进行详细分割。实例结果如下：

```
['this', 'is', 'string', 'example....wow!!!']
['th', 's is string example....wow!!!']
['this is string example....', 'o', '!!!']
```

字母和数字表示它们自身。一个正则表达式模式中的字母和数字匹配同样的字符串。多数字母和数字前加一个反斜杠时会拥有不同的含义。标点符号只有被转义时才匹配自身，否则它们表示特殊的含义。反斜杠本身需要使用反斜杠转义。

由于正则表达式通常都包含反斜杠，所以最好使用原始字符串来表示它们。模式元素（如 r'\t'，等价于 '\\t'）匹配相应的特殊字符。

表 2-3-5 列出了正则表达式模式语法中的特殊元素。如果使用模式的同时提供了可选的标志参数，那么某些模式元素的含义会改变。

◎ 表 2-3-5　正则表达式模式语法中的特殊元素

实　　例	描　　述
python	匹配 "python".
[Pp]ython	匹配 "Python" 或 "python"
rub[ye]	匹配 "ruby" 或 "rube"
[aeiou]	匹配中括号内的任意一个字母
[0-9]	匹配任何数字。类似于 [0123456789]
[a-z]	匹配任何小写字母
[^aeiou]	除了 aeiou 字母以外的所有字符
.	匹配除 "\n" 之外的任何单个字符。要匹配包括 '\n' 在内的任何字符，请使用类似 '[.\n]' 的模式
\d	匹配一个数字字符。等价于 [0-9]
\D	匹配一个非数字字符。等价于 [^0-9]
\s	匹配任何空白字符，包括空格、制表符、换页符等等。等价于 [\f\n\r\t\v]
\S	匹配任何非空白字符。等价于 [^ \f\n\r\t\v]
\w	匹配包括下画线的任何单词字符。等价于 '[A-Za-z0-9_]'
\W	匹配任何非单词字符。等价于 '[^A-Za-z0-9_]'

其他如 re.sub 替换字符串中的匹配项、re.compile 函数用于编译正则表达式，

生成一个正则表达式（Pattern）对象等可在课下自由学习。正则表达式是一种用来匹配字符串的强有力的武器。它的设计思想是用一种描述性的语言来给字符串定义一个规则，凡是符合规则的字符串，就认为它"匹配"了；否则，该字符串就是不合法的。

小结

在 Python 中，字符串属于不可变序列类型，使用单引号、双引号、三单引号和三双引号作为界定符，并且不同的界定符之间可以互相嵌套。

字符串属于有序不可变序列，不支持任何方法来直接修改字符串中内容。

对于短字符串，Python 支持驻留机制，即相同的字符串在内存中只有一个副本，长字符串还不具有这个特性。

在格式化字符串时，优先考虑使用 format( ) 方法。

正则表达式是字符串处理的有力工具和技术，可以快速实现复杂项并降低代码量。

正则表达式中的字模式是作为一个整体来对待的，使用子模式扩展语法可以实现更加复杂的字符串处理要求。

◎模 块 四◎

学生"画像"系统的数据存储模块

模块导读

为了存储一个学生的学号信息，可以通过定义一个变量来实现，如 stu1_no="2018040001"，而对一个50人的班级来讲，要实现存储50个学生的学号信息，定义50个变量的作法显然是不可取的。那么，在 Python 中如何实现序列数据的存储呢？

有一些信息（如学号）是不能修改的，那么在 Python 中，如何存储这类信息以避免被误修改呢？

在学生"画像"系统中，经常需要根据某个人的学号快速查找到该学生的信息，那么，在 Python 中该使用什么结构存储一个学生的信息来实现快速查找呢？

模块目标

知识目标	技能目标	职业素养
➤ 理解、掌握 Python 中列表、元组、字典的概念及定义 ➤ 掌握 Python 中列表、元组、字典的使用场景，学习掌握教材案例 ➤ 能够根据应用需要，灵活使用列表、元组、字典3种存储结构	➤ 熟练掌握 Python 中列表、元组、字典的特点 ➤ 能够根据应用需要，灵活使用列表、元组、字典3种存储结构	➤ 自主学习能力 ➤ 团队协作能力

课前学习工作页

程序设计题

（1）已知 3 个学生 3 门课的成绩存储在列表中：

```
stu_list = [(71,87,91),(80,82,92),(91,92,73)]
```

编写 Python 代码计算 3 个学生的平均成绩，并对平均成绩按照从高到低的顺序排序后输出。

（2）已知存储学生"画像"系统的字典结构为：

```
stu_dict = {
{'2018040001':
 {'name':' 张三 ','height':170,'age':18,'scores':[98,97,96]}},
{'2018040002':
 {'name':' 李四 ','height':165,'age':19,'scores':[93,95,97]}},
{'2018040003':
 {'name':' 王五 ','height':165,'age':19,'scores':[93,95,97]}} }
```

编写代码查找本班所有年龄为 19 岁的学生姓名并输出。

模块任务

◇任务一：存入学生"画像"数据列表

◇任务二：存入学生"画像"数据元组

◇任务三：存入学生"画像"数据字典

任务一：存入学生"画像"数据列表

任务描述

小李同学初次学习 Python 列表 list，网上搜索了一些列表的相关资料，发现列表的用法非常灵活，初学者对于 Python 列表定义、列表的常见操作不太熟悉，需要进行明确的解释。

任务实施

1. 列表

小李同学：什么是列表？

师傅：列表是 Python 中一种常用的类型，它可以存储任意类型的数据，即列表中各个元素的类型可以互不相同。接下来，分别从列表的创建、列表的访问、列表的遍历、列表元素的常见操作（增加元素、查找元素、修改元素、删除元素、列表排序、列表逆置、列表嵌套）、基于切片的列表使用等方面来学习列表的常见用法。

2. 列表的创建

列表是 Python 中最常用的数据结构。使用中括号 [ ] 来创建列表，列表中的元素类型可以互不相同，列表中也可以嵌套列表。列表中的每个元素都有一个位置索引（或称下标），第一个元素的位置索引是 0，第二个是 1，依此类推。

如果直接给变量赋值为 [ ]，则该变量是空列表。示例代码如下：

```
empty_list = []
print('empty_list:',empty_list)
```

程序运行结果如下：

```
empty_list: []
```

列表中可以包含列表、元组、字典等其他数据类型，创建一个含有多种类型数据的列表，示例如下：

```
demo_list = [9,'Big Data','C','张三',[69,89,77,'A']]
print('demo_list:',demo_list)
```

程序运行结果如下：

```
demo_list: [9, 'Big Data', 'C', '张三', [69, 89, 77, 'A']]
```

3. 列表的访问

使用索引访问列中的元素，分别输出列表中第一个、第二个、第三个、第四个、第五个元素，示例代码如下：

```
demo_list = [9,'Big Data','C','张三',[69,89,77,'A']]
print(demo_list[0])
print(demo_list[1])
print(demo_list[2])
print(demo_list[3])
print(demo_list[4])
```

程序运行结果如下：

```
9
Big Data
C
张三
[69, 89, 77, 'A']
```

Python 支持逆向索引，即倒数第一个元素索引为 −1，倒数第二个索引为 −2，依此类推。示例代码如下：

```
demo_list = [9,'Big Data','C',' 张三 ',[69,89,77,'A']]
print('demo_list:',demo_list)
print(' 使用逆向索引输出列表: ')
print(demo_list[-1])
print(demo_list[-2])
print(demo_list[-3])
print(demo_list[-4])
print(demo_list[-5])
print(' 使用逆向和正向索引访问同一个元素: ')
print(id(demo_list[4]) == id(demo_list[-1]))
```

程序运行结果如下：

```
demo_list: [9, 'Big Data', 'C', ' 张三 ', [69, 89, 77, 'A']]
使用逆向索引输出列表:
[69, 89, 77, 'A']
张三
C
Big Data
9
使用逆向和正向索引访问同一个元素:
True
```

对列表，使用函数 len( ) 可以统计其元素的个数，示例代码如下：

```
demo_list = [9,'Big Data','C',' 张三 ',[69,89,77,'A']]
print(demo_list, ' 的元素个数是 ', len(demo_list))
print(demo_list[4], ' 的元素个数是 ', len(demo_list[4]))
```

程序运行结果如下：

```
[9, 'Big Data', 'C', ' 张三 ', [69, 89, 77, 'A']] 的元素个数是 5
[69, 89, 77, 'A'] 的元素个数是 4
```

4．列表的遍历

对于列表这种存储有多个数据的存储结构，常常需要依次访问列表中的每个元素，称为遍历。在 Python 中，可以使用 for 循环或者 while 循环来实现遍历。

使用 for 循环遍历列表时，可以使用下表来逐个访问，也可以直接把列表作为 for 循环表达式中的序列。示例代码如下：

```
demo_list = [9,'Big Data','C',' 张三 ',[69,89,77,'A']]
print('for 循环遍历列表方式一: ')
for i in range(len(demo_list)):
    print(demo_list[i])
print('for 循环遍历列表方式二: ')
```

```
for item in demo_list:
    print(item)
```

程序运行结果如下：

```
for 循环遍历列表方式一：
9
Big Data
C
张三
[69, 89, 77, 'A']
for 循环遍历列表方式二：
9
Big Data
C
张三
[69, 89, 77, 'A']
```

使用 while 循环遍历列表，需要首先获取列表的长度，用这个长度来判断循环是否应该结束。示例代码如下：

```
demo_list = [9,'Big Data','C',' 张三 ',[69,89,77,'A']]
print('while 循环遍历列表: ')
length = len(demo_list)                  # 计算列表元素个数
i=0                                      # 从第一个元素开始
while i<length:
    print(demo_list[i])
    i = i+1                              # 下标递增
```

程序运行结果如下：

```
while 循环遍历列表:
9
Big Data
C
张三
[69, 89, 77, 'A']
```

其他很多操作都可以在遍历过程中进行。例如，用一个列表表示一个数列，求该数列的和的示例代码如下：

```
demo_list = [1, 2, 3, 4, 5, 6, 7, 8, 9]
total = 0                                # 记录累加和
for item in demo_list:
    total += item
print(demo_list, ' 的累加和是 ', total)
```

程序运行结果如下：

```
[1, 2, 3, 4, 5, 6, 7, 8, 9] 的累加和是 45
```

求这个数列的平均数的示例代码如下：

```
demo_list = [1, 2, 3, 4, 5, 6, 7, 8, 9]
total = 0                              # 记录累加和
for item in demo_list:
    total += item
print(demo_list, '的平均数是', total/len(demo_list) )
```

程序运行结果如下：

```
[1, 2, 3, 4, 5, 6, 7, 8, 9] 的平均数是 5.0
```

另外一种对列表求平均数的简单方法是使用 sum( ) 函数，示例代码如下：

```
demo_list = [1, 2, 3, 4, 5, 6, 7, 8, 9]
print(demo_list, '的平均数是', sum(demo_list)/len(demo_list) )
```

程序运行结果如下：

```
[1, 2, 3, 4, 5, 6, 7, 8, 9] 的平均数是 5.0
```

对于单一类型元素的列表，可以使用 min( )、max( ) 函数方便地计算出列表中的最小值、最大值。示例代码如下：

```
demo1_list = [1, 2, 3, 4, 5, 6, 7, 8, 9]
print(demo1_list, '的最小值是', min(demo1_list), ', 最大值是', max(demo1_list))
demo2_list = ['a', 'b', 'e', 'k', 'g']
print(demo2_list, '的最小值是', min(demo2_list), ', 最大值是', max(demo2_list))
```

程序运行结果如下：

```
[1, 2, 3, 4, 5, 6, 7, 8, 9] 的最小值是 1 , 最大值是 9
['a', 'b', 'e', 'k', 'g'] 的最小值是 a , 最大值是 k
```

5. 列表元素的常见操作

Python 中对列表元素的常见操作有增加元素、查找元素、修改元素、删除元素、列表排序、列表逆置等。

1）增加元素

向列表中增加元素有多种方式，如使用 append( ) 方法、extend( ) 方法、insert( ) 方法以及 + 运算符等，下面分别介绍。

通过列表的 append() 方法可以在列表尾部增加元素，示例代码如下：

```
demo_list = [1,2,3]
print("增加元素之前的列表:",demo_list)
item = int(input("请输入要增加的数字:"))
demo_list.append(item)
print("在列表末尾增加元素之后的列表:",demo_list)
```

程序运行结果如下:

```
增加元素之前的列表: [1, 2, 3]
请输入要增加的数字:4
在列表末尾增加元素之后的列表: [1, 2, 3, 4]
```

通过 extend( ) 方法可以把另外一个列表添加到当前列表尾部,示例代码如下:

```
demo1_list = [1, 2, 3]
demo2_list = [4, 5, 6]
print('demo1_list:', demo1_list)
print('demo2_list:', demo2_list)
demo1_list.extend(demo2_list)
print("demo1_list 调用 extend() 方法后: ")
print('demo1_list:', demo1_list)
print('demo2_list:', demo2_list)
```

程序运行结果如下:

```
demo1_list: [1, 2, 3]
demo2_list: [4, 5, 6]
demo1_list 调用 extend() 方法后:
demo1_list: [1, 2, 3, 4, 5, 6]
demo2_list: [4, 5, 6]
```

append( ) 方法和 extend( ) 方法使用对比,示例代码如下:

```
demo1_list = [1,2,3]
demo2_list = [4,5,6]
print("demo1_list:",demo1_list)
print("demo2_list:",demo2_list)
demo1_list.append(demo2_list)
print('demo1_list 调用 append() 方法后: ')
print("demo1_list:",demo1_list)
print("demo2_list:",demo2_list)
print('*'*79)
demo1_list = [1,2,3]
demo2_list = [4,5,6]
print("demo1_list:",demo1_list)
print("demo2_list:",demo2_list)
demo1_list.extend(demo2_list)
```

```
print('demo1_list 调用 extend() 方法后 ')
print("demo1_list:",demo1_list)
print("demo2_list:",demo2_list)
```

程序运行结果如下：

```
demo1_list: [1, 2, 3]
demo2_list: [4, 5, 6]
demo1_list 调用 append() 方法后:
demo1_list: [1, 2, 3, [4, 5, 6]]
demo2_list: [4, 5, 6]
*****************************************************************
***************
demo1_list: [1, 2, 3]
demo2_list: [4, 5, 6]
demo1_list 调用 extend() 方法后
demo1_list: [1, 2, 3, 4, 5, 6]
demo2_list: [4, 5, 6]
```

从上述运行结果可以看出，append() 方法是把参数作为元素追加到列表尾部，而 extend() 方法是把参数中的元素依次追加到列表尾部，这是两者之间的不同之处。读者在使用时需要留意需要根据不同的需求使用不同的函数。

通过 insert() 方法在指定索引位置前插入元素的示例代码如下：

```
demo1_list = [1, 2, 3]
print("demo1_list:", demo1_list)
demo1_list.insert(1, 4)
print("demo1_list 在第二个位置前插入元素后 :", demo1_list)
```

程序运行结果如下：

```
demo1_list: [1, 2, 3]
demo1_list 在第二个位置前插入元素后 : [1, 4, 2, 3]
```

通过 insert() 方法在列表尾部插入元素的示例代码如下：

```
demo1_list = [1, 2, 3]
print("demo1_list:", demo1_list)
demo1_list.insert(len(demo1_list), 4)
print("demo1_list 在列表末尾插入元素后 :", demo1_list)
```

程序运行结果如下：

```
demo1_list: [1, 2, 3]
demo1_list 在列表末尾插入元素后 : [1, 2, 3, 4]
```

从上述代码可以看出，在列表尾部插入元素时，insert() 方法第一个参数指定的位置索引是列表长度，即列表尾部的下一个索引位置。实际上，只要这个索引大于等于列表长度，就都能在列表尾部插入元素。示例代码如下：

```
demo1_list = [1, 2, 3]
print("demo1_list:", demo1_list)
demo1_list.insert(len(demo1_list)+5, 4)
print("demo1_list 在列表末尾插入元素后:", demo1_list)
```

程序运行结果如下：

```
demo1_list: [1, 2, 3]
demo1_list 在列表末尾插入元素后: [1, 2, 3, 4]
```

还可以使用 + 运算符合并两个列表，实现元素的插入。示例代码如下：

```
demo1_list = [1, 2, 3]
demo2_list = [4, 5, 6]
print("demo1_list:", demo1_list)
print("demo2_list:", demo2_list)
demo1_list = demo1_list + demo2_list
print("demo1_list:", demo1_list)
```

程序运行结果如下：

```
demo1_list: [1, 2, 3]
demo2_list: [4, 5, 6]
执行 + 运算符后, demo1_list: [1, 2, 3, 4, 5, 6]
```

从上述代码可以看出，+ 运算符和 extend( ) 方法的作用都是实现两个列表的合并，即把其中一个列表中的元素追加到另外一个列表的尾部。

2）查找元素

在列表中查找元素，可以使用运算符 in 或者 not in 来实现。如果待查找元素存在，则 in 表达式的值为 True，否则 in 表达式的值为 False，not in 与之相反。示例代码如下：

```
demo_list = [1, 2, 3, 5]
item = int(input('请输入要查找的数字: '))
if item in demo_list:
    print("(in) 在列表中找到了元素 ", item)
else:
    print("(in) 在列表中找不到元素 ", item)
if item not in demo_list:
    print("(not in) 在列表中找不到元素 ", item)
else:
    print("(not in) 在列表中找到了元素 ", item)
```

程序运行结果1：

```
请输入要查找的数字: 3
(in) 在列表中找到了元素 3
(not in) 在列表中找到了元素 3
```

程序运行结果2：

```
请输入要查找的数字: 9
(in) 在列表中找不到元素 9
(not in) 在列表中找不到元素 9
```

也可以使用循环遍历的方式去查找指定元素是否存在，如果待查找的元素存在，这种方法可以找到待查找元素的位置索引。示例代码如下：

```python
demo_list = [1, 2, 3, 5]
item = int(input('请输入要查找的数字: '))
for i in range(len(demo_list)):
    if item == demo_list[i]:
        print('在列表中找到了元素 ', item, "索引位置为: ", i)
        break
    if i == (len(demo_list)-1):
        print('在列表中未找到指定元素 ', item)
```

程序运行结果1：

```
请输入要查找的数字: 9
在列表中未找到指定元素 9
```

程序运行结果2：

```
请输入要查找的数字: 2
在列表中找到了元素 2 索引位置为: 1
```

查找元素的位置索引时，还可以使用index()函数来实现。示例代码如下：

```python
demo_list = [1, 2, 3, 5]
item = int(input('请输入要查找的数字: '))
print('列表中 ', item, '的索引是 ', demo_list.index(item))
```

程序运行结果1：

```
请输入要查找的数字: 3
列表中 3 的索引是 2
```

程序运行结果2：

```
请输入要查找的数字: 6
Traceback (most recent call last):
  File "E:/list_tuple_dict.py", line 3, in <module>
    print('列表中 ', item, '的索引是 ', demo_list.index(item))
ValueError: 6 is not in list
```

从上述运行结果 1 可以看出，当待查找的元素存在时，使用 index( ) 方法可以返回该元素的位置索引；从上述运行结果 2 可以看出，当待查找的元素不存在时，程序报一个 ValueError 错误，并提示要查找的元素不在列表中。

当待查找的元素在列表中多次出现时，index( ) 方法的特点是返回首次出现该元素的位置索引。示例代码如下：

```
demo_list = [1, 3, 2, 3, 5, 3]
item = int(input('请输入要查找的数字: '))
print('列表中 ', item, '的索引是 ', demo_list.index(item))
```

程序运行结果如下：

```
请输入要查找的数字: 3
列表中 3 的索引是 1
```

从列表中来看，待查找元素 3 一共出现了 3 次，其位置索引分别为 1、3、5，而 index( ) 方法返回的是 1，即是首次出现该元素的位置索引。

实际上，通过查看帮助文档可以看到，index( ) 的函数声明为 index(self, value, start=0, stop=2147483647, /)，参数中除了待查找元素值 value 外，start 和 stop 两个参数分别指定查找区间的开始位置索引和结束位置索引（查找范围包含 start 而不包含 stop 位置，即是左闭右开区间 [start, stop)）。示例代码如下：

```
demo_list = [1, 2, 3, 4, 2, 3, 5, 3]
item = 3
print('demo_list.index(item),', item, '的索引是', demo_list.index(item))
print('demo_list.index(item, 0),', item, '的索引是', demo_list.index
(item, 0))
print('demo_list.index(item, 1),', item, '的索引是', demo_list.index
(item, 1))
print('demo_list.index(item, 2),', item, '的索引是', demo_list.index
(item, 2))
print('demo_list.index(item, 3),', item, '的索引是', demo_list.index
(item, 3))
print('demo_list.index(item, 4),', item, '的索引是', demo_list.index
(item, 4))
print('demo_list.index(item, 5),', item, '的索引是', demo_list.index
(item, 5))
print('demo_list.index(item, 6),', item, '的索引是', demo_list.index
(item, 6))
print('demo_list.index(item, 0, 2),', item, '的索引是', demo_list.
index(item, 0, 2))
```

程序运行结果如下：

```
demo_list.index(item), 3 的索引是 2
demo_list.index(item, 0), 3 的索引是 2
demo_list.index(item, 1), 3 的索引是 2
demo_list.index(item, 2), 3 的索引是 2
demo_list.index(item, 3), 3 的索引是 5
demo_list.index(item, 4), 3 的索引是 5
demo_list.index(item, 5), 3 的索引是 5
demo_list.index(item, 6), 3 的索引是 7
Traceback (most recent call last):
  File "E:/list_tuple_dict.py", line 11, in <module>
    print('demo_list.index(item, 0, 2),', item, '的索引是', demo_
list.index(item, 0, 2))
ValueError: 3 is not in list
```

从上述代码可以看出，在区间 [0,2) 内没有元素 3，所以使用 index( ) 方法查找时，报 ValueError 错误。

为了找到列表中重复元素的全部索引，可以使用循环遍历列表进行。示例代码如下：

```
demo_list = [1, 2, 3, 4, 2, 3, 5, 3]
item = int(input('请输入要查找的数字: '))
index_list = []                #待查找元素的索引列表，也是是否找到的标记，初
                                 始值为 [] 表示未找到
for i in range(len(demo_list)):
    if item == demo_list[i]:
        print('在列表中找到了元素 ', item, " 索引位置为: ", i)
        index_list.append(i)
if not index_list:
    print('在列表中未找到指定元素 ', item)
```

程序运行结果 1：

```
请输入要查找的数字: 3
在列表中找到了元素 3 索引位置为: 2
在列表中找到了元素 3 索引位置为: 5
在列表中找到了元素 3 索引位置为: 7
```

程序运行结果 2：

```
请输入要查找的数字: 9
在列表中未找到指定元素 9
```

count( ) 方法可以统计出列表中某个元素出现的次数。示例代码如下：

```
demo_list = [1, 2, 3, 4, 2, 3, 5, 3]
item = int(input('请输入要查找的数字: '))
print('元素 ', item, '在列表中出现了 ', demo_list.count(item), ' 次 ')
```

程序运行结果 1：

```
请输入要查找的数字：3
元素 3 在列表中出现了 3 次
```

程序运行结果 2：

```
请输入要查找的数字：6
元素 6 在列表中出现了 0 次
```

使用 count( ) 方法进行上述重复元素的全部索引位置查找的示例代码如下：

```
demo_list = [1, 2, 3, 4, 2, 3, 5, 3]
item = int(input('请输入要查找的数字：'))
index_list = []                  # 待查找元素的索引列表，也是是否找到的标记，初
                                   始值为 [] 表示未找到
n = demo_list.count(item)    # 待查找元素的出现次数
index = 0                    # 开始查找位置
if n == 0:
    print('在列表中未找到指定元素 ', item)
else:
    for i in range(n):
        index = demo_list.index(item, index)
        print('在列表中找到了元素 ', item, "索引位置为：", index)
        index_list.append(index)
        index += 1
```

程序运行结果 1：

```
请输入要查找的数字：3
在列表中找到了元素 3 索引位置为： 2
在列表中找到了元素 3 索引位置为： 5
在列表中找到了元素 3 索引位置为： 7
```

程序运行结果 2：

```
 请输入要查找的数字：6
在列表中未找到指定元素 6
```

3）修改元素

可以通过位置索引（下标）来修改列表中指定位置的元素。示例代码如下：

```
demo_list = [1, 2, 3, 4]
print("列表元素修改之前 ", demo_list)
demo_list[1] = demo_list[1]+8
demo_list[2] = 5
print("列表元素修改之后 ", demo_list)
```

程序运行结果如下：

```
列表元素修改之前  [1, 2, 3, 4]
列表元素修改之后  [1, 10, 5, 4]
```

如果列表中有重复元素，想把重复元素全部修改为指定值时，需要首先查找到这些重复元素，再进行修改。示例代码如下：

```python
demo_list = [1, 2, 3, 4, 2, 3, 5, 3]
print('修改前的列表: ', demo_list)
item = int(input('请输入要修改的元素: '))
n = demo_list.count(item)                    # 待查找元素的出现次数
index = 0                                    # 开始查找位置
if n == 0:
    print('在列表中未找到指定元素', item)
else:
    value = int(input('请输入修改后的元素值: '))
    for i in range(n):
        index = demo_list.index(item, index)
        print('在列表中找到了元素', item, "索引位置为: ", index)
        demo_list[index] = value             # 把查找到的元素修改为新的值
        index += 1
    print('修改后的列表: ', demo_list)
```

程序运行结果 1：

```
修改前的列表:  [1, 2, 3, 4, 2, 3, 5, 3]
请输入要修改的元素: 3
请输入修改后的元素值: 8
在列表中找到了元素  3  索引位置为:  2
在列表中找到了元素  3  索引位置为:  5
在列表中找到了元素  3  索引位置为:  7
修改后的列表:  [1, 2, 8, 4, 2, 8, 5, 8]
```

程序运行结果 2：

```
修改前的列表:  [1, 2, 3, 4, 2, 3, 5, 3]
请输入要修改的元素: 6
在列表中未找到指定元素  6
```

把某个元素替换为列表的示例代码如下：

```python
demo_list = [1, 2, 3, 4, 2, 3, 5, 3]
print('修改前 demo_list: ', demo_list)
demo_list[2] = [5, 6]
print('修改后 demo_list: ', demo_list)
```

程序运行结果如下：

```
修改前 demo_list:  [1, 2, 3, 4, 2, 3, 5, 3]
```

```
修改后 demo_list:  [1, 2, [5, 6], 4, 2, 3, 5, 3]
```

4）删除元素

在列表中，可以使用 del( ) 方法删除指定索引位置元素。示例代码如下：

```
demo_list=['功夫熊猫', '神话', '英雄', '无问西东', '杀手之王']
print('demo_list:', demo_list)
del demo_list[2]
print('删除第三个元素后，列表的内容为：', demo_list)
```

运行结果如下：

```
demo_list: ['功夫熊猫', '神话', '英雄', '无问西东', '杀手之王']
删除第三个元素后，列表的内容为：['功夫熊猫', '神话', '无问西东', '杀手之王']
```

也可以使用 pop(self,index=−1) 方法删除列表指定索引位置的元素，如果不指定索引位置，默认删除列表末尾的元素（即索引为 −1 的元素）。示例代码如下：

```
demo_list = ['功夫熊猫', '神话', '英雄', '无问西东', '杀手之王']
print(demo_list)
demo_list.pop()
print('删除末尾元素后，列表的内容为：', demo_list)
demo_list.pop(1)
print('再删除第二个元素后，列表的内容为：', demo_list)
```

运行结果如下：

```
['功夫熊猫', '神话', '英雄', '无问西东', '杀手之王']
删除末尾元素后，列表的内容为：['功夫熊猫', '神话', '英雄', '无问西东']
再删除第二个元素后，列表的内容为：['功夫熊猫', '英雄', '无问西东']
```

可以使用 remove(value, /) 方法删除值为 value 的首个元素。示例代码如下：

```
demo_list = ['功夫熊猫', '神话', '英雄', '无问西东', '神话', '杀手之王']
print(demo_list)
demo_list.remove('神话')
print('删除指定值元素后，列表的内容为：', demo_list)
```

运行结果如下：

```
['功夫熊猫', '神话', '英雄', '无问西东', '神话', '杀手之王']
删除指定值元素后，列表的内容为：['功夫熊猫', '英雄', '无问西东', '神话',
'杀手之王']
```

从示例中，可以看出，在执行 demo_list.remove('神话') 之后，仅在列表中删除了首次出现的 '神话' 元素，另一个 '神话' 元素不受影响。

如果想要删除列表中重复出现的元素，可以首先查找到这些元素的位置索引，然后使用 del( ) 或者 pop( ) 方法删除。使用 del( ) 删除重复元素的示例代码如下：

```
demo_list = ['功夫熊猫', '神话', '英雄', '无问西东', '神话', '杀手之王']
print('删除元素前的列表', demo_list)
item = input('请输入要删除的元素: ')
n = demo_list.count(item)                    # 待查找元素的出现次数
print('指定元素', item, '出现了', n, '次')
index = 0                                    # 开始查找位置
if n == 0:
    print('在列表中未找到指定元素', item)
else:
    for i in range(n):
        index = demo_list.index(item, index)
        print('在列表中找到了元素', item, "索引位置为: ", index)
        del demo_list[index]
        index += 1
    print('删除指定元素', item, '后的列表: ', demo_list)
```

程序运行结果 1:

```
删除元素前的列表 ['功夫熊猫', '神话', '英雄', '无问西东', '神话', '杀手之王']
请输入要删除的元素: 神话
指定元素 神话 出现了 2 次
在列表中找到了元素 神话 索引位置为: 1
在列表中找到了元素 神话 索引位置为: 3
删除指定元素 神话 后的列表: ['功夫熊猫', '英雄', '无问西东', '杀手之王']
```

程序运行结果 2:

```
删除元素前的列表 ['功夫熊猫', '神话', '英雄', '无问西东', '神话', '杀手之王']
请输入要删除的元素: 英雄
指定元素 英雄 出现了 1 次
在列表中找到了元素 英雄 索引位置为: 2
删除指定元素 英雄 后的列表: ['功夫熊猫', '神话', '无问西东', '神话', '杀手之王']
```

程序运行结果 3:

```
删除元素前的列表 ['功夫熊猫', '神话', '英雄', '无问西东', '神话', '杀手之王']
请输入要删除的元素: 无极
指定元素 无极 出现了 0 次
在列表中未找到指定元素 无极
```

使用 pop( ) 方法删除重复元素的示例代码如下:

```
demo_list = ['功夫熊猫', '神话', '英雄', '无问西东', '神话', '杀手之王']
```

```
print('删除元素前的列表', demo_list)
item = input('请输入要删除的元素: ')
n = demo_list.count(item)                    #待查找元素的出现次数
print('指定元素', item, '出现了', n, '次')
index = 0                                    #开始查找位置
if n == 0:
    print('在列表中未找到指定元素', item)
else:
    for i in range(n):
        index = demo_list.index(item, index)
        print('在列表中找到了元素', item, "索引位置为: ", index)
        demo_list.pop(index)
        index += 1
    print('删除指定元素', item, '后的列表: ', demo_list)
```

程序运行结果 1:

```
删除元素前的列表 ['功夫熊猫', '神话', '英雄', '无问西东', '神话', '杀
手之王']
请输入要删除的元素: 神话
指定元素 神话 出现了 2 次
在列表中找到了元素 神话 索引位置为: 1
在列表中找到了元素 神话 索引位置为: 3
删除指定元素 神话 后的列表: ['功夫熊猫', '英雄', '无问西东', '杀手之王']
```

程序运行结果 2:

```
删除元素前的列表 ['功夫熊猫', '神话', '英雄', '无问西东', '神话', '杀
手之王']
请输入要删除的元素: 功夫熊猫
指定元素 功夫熊猫 出现了 1 次
在列表中找到了元素 功夫熊猫 索引位置为: 0
删除指定元素 功夫熊猫 后的列表: ['神话', '英雄', '无问西东', '神话', '
杀手之王']
```

程序运行结果 3:

```
删除元素前的列表 ['功夫熊猫', '神话', '英雄', '无问西东', '神话', '杀
手之王']
请输入要删除的元素: 少林寺
指定元素 少林寺 出现了 0 次
在列表中未找到指定元素 少林寺
```

在使用 remove( ) 方法删除元素时，只需知道待删除元素的值而无须知道待删除元素的具体位置，这时可以使用 count( ) 方法确定元素出现的次数，从而方便地删除重复元素。示例代码如下：

```
demo_list=['功夫熊猫', '神话', '英雄', '无问西东', '神话', '杀手之王']
print('删除元素前的列表', demo_list)
item = input('请输入要删除的元素: ')
n = demo_list.count(item)                  #待查找元素的出现次数
print('指定元素', item, '出现了', n, '次')
if n == 0:
    print('在列表中未找到指定元素', item)
else:
    for i in range(n):
        demo_list.remove(item)
    print('删除指定元素', item, '后的列表: ', demo_list)
```

程序运行结果 1:

```
删除元素前的列表 ['功夫熊猫', '神话', '英雄', '无问西东', '神话', '杀
手之王']
请输入要删除的元素: 神话
指定元素 神话 出现了 2 次
删除指定元素 神话 后的列表: ['功夫熊猫', '英雄', '无问西东', '杀手之王']
```

程序运行结果 2:

```
删除元素前的列表 ['功夫熊猫', '神话', '英雄', '无问西东', '神话', '杀
手之王']
请输入要删除的元素: 无问西东
指定元素 无问西东 出现了 1 次
删除指定元素 无问西东 后的列表: ['功夫熊猫', '神话', '英雄', '神话', '
杀手之王']
```

程序运行结果 3:

```
删除元素前的列表 ['功夫熊猫', '神话', '英雄', '无问西东', '神话', '杀
手之王']
请输入要删除的元素: 集结号
指定元素 集结号 出现了 0 次
在列表中未找到指定元素 集结号
```

如果要删除整个列表中的元素,可以使用 del( )、pop( )、remove( ) 逐元素删除。

使用 del( ) 逐个删除列表中元素的示例代码如下:

```
demo_list = ['功夫熊猫', '神话', '英雄', '无问西东', '神话', '杀手之王']
print('删除元素前的列表', demo_list)
for i in range(len(demo_list)):
    del demo_list[i]
print('删除元素后的列表', demo_list)
```

程序运行结果如下：

```
Traceback(most recent call last):
删除元素前的列表 ['功夫熊猫', '神话', '英雄', '无问西东', '神话', '杀
手之王']
    File "E:/list_tuple_dict.py", line 4, in <module>
      del demo_list[i]
IndexError: list assignment index out of range
```

从上述运行结果可以看到，程序报了一个索引错误：列表索引超出范围，仔细查看上述代码，问题可能出在 for 循环的 len(demo_list) 这里，来验证一下：

```
demo_list = ['功夫熊猫', '神话', '英雄', '无问西东', '神话', '杀手之王']
print('删除元素前的列表', demo_list)
for i in range(len(demo_list)):
    print(i, len(demo_list))
    del demo_list[i]
print('删除元素后的列表', demo_list)
```

程序运行结果如下：

```
删除元素前的列表 ['功夫熊猫', '神话', '英雄', '无问西东', '神话', '杀
手之王']
0 6
1 5
2 4
3 3
Traceback (most recent call last):
    File "E:/list_tuple_dict.py", line 5, in <module>
      del demo_list[i]
IndexError: list assignment index out of range
```

从上述运行结果可以看出，在执行到 i 的值为 3 时就报错了，为什么会这样呢？来分析一下这段代码就清楚了。在程序第一次执行到 for 循环时，列表的初始长度为 6，这时按照 for 循环的执行逻辑，i 的取值分别为 range(6) 中的各个元素，即 0、1、2、3、4、5，for 循环体中依次删除这 6 个元素即可。看起来逻辑上似乎没什么问题，但问题就出在 for 循环的序列上，对 for i in range(len(demo_list))，for 循环只会取第一次进入 for 循环时该表达式的值，后续不管序列是否变化，都不再更改这个值，在本例中这个值始终是 6 而不会依次为 6、5、4、3、2、1。第一次删除一个元素后，列表中剩下 5 个元素，元素的最大索引是 4；第二次删除一个元素后，列表中剩下 4 个元素，元素的最大索引是 3；第三次删除一个元素后，列表中剩下 3 个元素，元素的最大索引是 2，这时 for 循环中的计数器变量 i 取值为 3，即要删

除列表中位置索引为 3 的元素，显然已经超出索引范围。在 Python 中使用 del( ) 或者 pop( ) 删除指定索引位置元素时要特别注意这个问题，这是初学者在 Python 编程中经常容易犯的错误，也是 Python 语言的一个独特之处，需要读者特别注意。

　　那么，如何解决上面的问题呢，其实，只要从列表的一端逐个删除元素即可，使用 del( ) 方法从列表左端开始位置逐个删除元素的示例代码如下：

```
demo_list = ['功夫熊猫', '神话', '英雄', '无问西东', '神话', '杀手之王']
print('删除元素前的列表', demo_list)
for i in range(len(demo_list)):
    print('删除元素', demo_list[0])
    del demo_list[0]
print('删除元素后的列表', demo_list)
```

　　程序运行结果如下：

```
删除元素前的列表 ['功夫熊猫', '神话', '英雄', '无问西东', '神话', '杀
手之王']
删除元素 功夫熊猫
删除元素 神话
删除元素 英雄
删除元素 无问西东
删除元素 神话
删除元素 杀手之王
删除元素后的列表 []
```

　　使用 del( ) 方法从列表末尾逐个删除元素的示例代码如下：

```
demo_list = ['功夫熊猫', '神话', '英雄', '无问西东', '神话', '杀手之王']
print('删除元素前的列表', demo_list)
for i in range(len(demo_list)):
    nLastIndex = len(demo_list)-1        # 当前列表最后一个元素的索引
    print('删除元素', demo_list[nLastIndex])
    del demo_list[nLastIndex]
print('删除元素后的列表', demo_list)
```

　　程序运行结果如下：

```
删除元素前的列表 ['功夫熊猫', '神话', '英雄', '无问西东', '神话', '杀
手之王']
删除元素 杀手之王
删除元素 神话
删除元素 无问西东
删除元素 英雄
删除元素 神话
删除元素 功夫熊猫
删除元素后的列表 []
```

使用 pop() 方法从列表左端开始位置逐个删除元素更简单，示例代码如下：

```
demo_list = ['功夫熊猫', '神话', '英雄', '无问西东', '神话', '杀手之王']
print('删除元素前的列表', demo_list)
while demo_list:
    print('删除元素: ', demo_list.pop(0))
print('删除元素后的列表', demo_list)
```

程序运行结果如下：

```
删除元素前的列表 ['功夫熊猫', '神话', '英雄', '无问西东', '神话', '杀
手之王']
删除元素:  功夫熊猫
删除元素:  神话
删除元素:  英雄
删除元素:  无问西东
删除元素:  神话
删除元素:  杀手之王
删除元素后的列表 []
```

使用 pop() 方法从列表右端末尾位置逐个删除的示例代码如下：

```
demo_list = ['功夫熊猫', '神话', '英雄', '无问西东', '神话', '杀手之王']
print('删除元素前的列表', demo_list)
while demo_list:
    print('删除元素: ', demo_list.pop())
print('删除元素后的列表', demo_list)
```

程序运行结果如下：

```
删除元素前的列表 ['功夫熊猫', '神话', '英雄', '无问西东', '神话', '杀
手之王']
删除元素:  杀手之王
删除元素:  神话
删除元素:  无问西东
删除元素:  英雄
删除元素:  神话
删除元素:  功夫熊猫
删除元素后的列表 []
```

remove() 是根据元素的值进行删除的，结合 for 循环逐个删除元素的示例代码如下：

```
demo_list = ['功夫熊猫', '神话', '英雄', '无问西东', '神话1', '杀
手之王']
print('删除元素前的列表', demo_list)
for item in demo_list:
    print('删除元素: ', item)
    demo_list.remove(item)
print('删除元素后的列表', demo_list)
```

程序运行结果如下：

```
删除元素前的列表 ['功夫熊猫', '神话', '英雄', '无问西东', '神话1', '
杀手之王']
删除元素：　功夫熊猫
删除元素：　英雄
删除元素：　神话1
删除元素后的列表 ['神话', '无问西东', '杀手之王']
```

从上述运行结果可以看出，使用 for 循环和 remove 并没有按照预期的那样逐个删除掉列表中的元素，这是什么原因呢？其实，和使用 del( )、pop( ) 删除指定索引位置的元素一样，for 循环遍历列表时，也是按照索引位置依次遍历的。在第一次执行循环时，列表的内容是：

```
['功夫熊猫', '神话', '英雄', '无问西东', '神话1', '杀手之王']
```

首先删除位置索引为 0 的第一个元素'功夫熊猫'，这时列表变成：

```
['神话', '英雄', '无问西东', '神话1', '杀手之王']
```

第二次循环时本来该按照次序删除第二个元素'神话'，但是由于此时列表已经变成了

```
['神话', '英雄', '无问西东', '神话1', '杀手之王']
```

而 for 循环按照位置索引遍历列表，去寻找位置索引为 1 的元素，就找到了'英雄'而跳过了'神话'，删除'英雄'之后，列表变成了

```
['神话', '无问西东', '神话1', '杀手之王']
```

第三次循环时，for 循环按照位置索引 2 寻找元素时找到的元素是'神话1'，删除'神话1'之后，列表变成了

```
['神话', '无问西东', '杀手之王']
```

第四次循环时，for 循环按照位置索引 3 寻找元素时，发现已经没有了，循环结束。

所以，整个循环结束后并没有按照预先设想的逐个删除了列表中的元素，而是剩余了 3 个元素，即：

```
['神话', '无问西东', '杀手之王']
```

读者在使用 remove( ) 方法删除元素时也需要注意这种情况。解决的办法仍然是使用 remove( ) 方法从列表左端或者右端逐个删除元素。从列表左端开始位置逐个删除元素的示例代码如下：

```
demo_list = ['功夫熊猫', '神话', '英雄', '无问西东', '神话1', '杀
手之王']
```

```
print('删除元素前的列表', demo_list)
n = len(demo_list)                    #列表中元素的数量
for i in range(n):
    print('删除元素: ', demo_list[0])
    demo_list.remove(demo_list[0])
print('删除元素后的列表', demo_list)
```

程序运行结果如下：

```
删除元素前的列表 ['功夫熊猫', '神话', '英雄', '无问西东', '神话1', '
杀手之王']
    删除元素:  功夫熊猫
    删除元素:  神话
    删除元素:  英雄
    删除元素:  无问西东
    删除元素:  神话1
    删除元素:  杀手之王
    删除元素后的列表  []
```

从列表右端尾部逐个删除元素的示例代码如下：

```
demo_list = ['功夫熊猫', '神话', '英雄', '无问西东', '神话1', '杀
手之王']
print('删除元素前的列表', demo_list)
n = len(demo_list)                            #列表中元素的数量
for i in range(n):
    nLastIndex = len(demo_list) - 1
    print('删除元素: ', demo_list[nLastIndex])
    demo_list.remove(demo_list[nLastIndex])
print('删除元素后的列表', demo_list)
```

程序运行结果如下：

```
删除元素前的列表  ['功夫熊猫', '神话', '英雄', '无问西东', '神话1', '
杀手之王']
    删除元素:  杀手之王
    删除元素:  神话1
    删除元素:  无问西东
    删除元素:  英雄
    删除元素:  神话
    删除元素:  功夫熊猫
    删除元素后的列表  []
```

在 Python 中，通过逐个删除元素的办法清空列表时要注意以上易出错的情况，解决的办法就是每次都从列表开始或者结尾处删除元素。其实，如果仅仅是为了清空列表，逐个删除元素的办法都是烦琐和低效的，Python 中专门提供了清空列表的方法。

可以使用 clear( ) 方法直接清空整个列表，示例代码如下：

```
demo_list = ['功夫熊猫', '神话', '英雄', '无问西东', '神话', '杀手之王']
print('demo_list:', demo_list)
demo_list.clear()
print('列表清空后，内容为: ', demo_list)
```

程序运行结果如下：

```
demo_list: ['功夫熊猫', '神话', '英雄', '无问西东', '神话', '杀手之王']
列表清空后，内容为:  []
```

可以使用 del( ) 方法直接删除整个列表变量，删除后不可再访问，示例代码如下：

```
demo_list = ['功夫熊猫', '神话', '英雄', '无问西东', '神话', '杀手之王']
print('demo_list:', demo_list)
del demo_list
print('demo_list:', demo_list)
```

程序运行结果如下：

```
demo_list: ['功夫熊猫', '神话', '英雄', '无问西东', '神话', '杀手之王']
Traceback (most recent call last):
  File "E:/list_tuple_dict.py", line 4, in <module>
    print('demo_list:', demo_list)
NameError: name 'demo_list' is not defined
```

6. 列表排序与逆置

可以使用 sort(*, key=None, reverse=False) 方法对列表进行排序，默认值参数 key=None，reverse=False 是指排序操作按照字典升序（从小到大）排列，如果 key=None,reverse=True，则按照字典降序（从大到小）排列。示例代码如下：

```
demo_list = [5, 8, 3, 7, 9, 1]
print('排序前，列表为: ', demo_list)
demo_list.sort()
print('排序后，列表为: ', demo_list)
demo_list = [5, 8, 3, 7, 9, 1]
print('排序前，列表为: ', demo_list)
demo_list.sort(reverse=True)
print('排序后，列表为: ', demo_list)
```

程序运行结果如下：

```
排序前，列表为:  [5, 8, 3, 7, 9, 1]
排序后，列表为:  [1, 3, 5, 7, 8, 9]
排序前，列表为:  [5, 8, 3, 7, 9, 1]
排序后，列表为:  [9, 8, 7, 5, 3, 1]
```

这里的 sort( ) 方法是 list 本身的方法，属于原地排序，即排序后，列表内的数据就不再保持原来的顺序而是排序后的顺序。Python 还提供了一个对序列结构进行排序的函数 sorted( )，函数声明为 sorted(iterable, /, *, key=None, reverse=False)，该函数返回一个新的排序后的列表，不修改原序列结构，参数中的 key 指定排序时的比较依据，默认是字典顺序，reverse 标志默认为 False 表示升序，如果 reverse=True，则表示降序。示例代码如下：

```
demo_list = [5, 8, 0, 7, 9, 4]
print('排序前，列表为: ', demo_list)
print('sorted 默认排序后的顺序为: ', sorted(demo_list))
print('sorted 降序排序后的顺序为: ', sorted(demo_list, reverse=True))
print('sorted 指定比较方法并降序排序后的顺序为: ', sorted(demo_list,
key=lambda x :(x-5)**2, reverse=True))
```

程序运行结果如下：

```
排序前，列表为:  [5, 8, 0, 7, 9, 4]
sorted 默认排序后的顺序为:  [0, 4, 5, 7, 8, 9]
sorted 降序排序后的顺序为:  [9, 8, 7, 5, 4, 0]
sorted 指定比较方法并降序排序后的顺序为:  [0, 9, 8, 7, 4, 5]
```

从执行结果可以看出 key 和 reverse 两个参数的作用，解释一下最后一行代码中的 key=lambda x :(x-5)**2，这是使用 lambda 指定了一个匿名函数，x 是列表中的各个元素，(x-5)**2 是其返回值，按照这个返回值进行降序排列。对照列表中的元素 [5, 8, 0, 7, 9, 4]，返回值分别是 [0, 9, 25, 4, 16, 1]，按照返回值从小到大的顺序排序，结果应该是 [5, 4, 7, 8, 9, 0]，逆序后，应该是 [0, 9, 8, 7, 4, 5]。

对字符串指定排序规则为按字符串长度降序的示例代码如下：

```
demo_list = ['This', 'is', 'a',  'Python', 'program' ]
print('排序前，列表为: ', demo_list)
print('sorted 默认排序后的顺序为: ', sorted(demo_list))
print('sorted 降序排序后的顺序为: ', sorted(demo_list, reverse=True))
print('sorted 指定比较方法并降序排序后的顺序为: ', sorted(demo_list,
key=lambda x : len(x), reverse=True))
```

程序运行结果如下：

```
排序前，列表为:  ['This', 'is', 'a', 'Python', 'program']
sorted 默认排序后的顺序为:  ['Python', 'This', 'a', 'is', 'program']
sorted 降序排序后的顺序为:  ['program', 'is', 'a', 'This', 'Python']
sorted 指定比较方法并降序排序后的顺序为:  ['program', 'Python', 'This',
'is', 'a']
```

从运行结果可以看出，默认排序按照字典序，比较各个字符串的首字母，大写字母的编码小于小写字母的，大写字母按照字典序排列，分别是 'Python' 和 'This'，小写字母按照字典序排列，分别是 'a', 'is' 和 'program'，逆序则与此相反。最后一行代码通过 key 来指定比较的依据是各元素的长度，对照列表中元素 ['This', 'is', 'a', 'Python', 'program']，元素长度分别是 [4, 2, 1, 6, 7]，排序后的顺序应该是 ['a', 'is', 'This', 'Python', 'program']，逆置后是 ['program', 'Python', 'This', 'is', 'a']。

可以使用 reverse() 方法对列表进行逆置，示例代码如下，

```
demo_list = [5, 8, 3, 7, 9, 1]
print('逆置前，列表为: ', demo_list)
demo_list.reverse()
print('逆置后，列表为: ', demo_list)
```

程序运行结果如下：

```
逆置前，列表为:  [5, 8, 3, 7, 9, 1]
逆置后，列表为:  [1, 9, 7, 3, 8, 5]
```

7. 列表嵌套

列表嵌套是指一个列表中含有其他列表。示例代码如下：

```
demo_list = [[100,101,102],[200],[301,302,303],[400],[500]]
print('demo_list:', demo_list)
```

程序运行结果如下：

```
demo_list: [[100, 101, 102], [200], [301, 302, 303], [400], [500]]
```

列表嵌套应用案例—实现数字分组，把一组三位数字按照大小分为若干组，第一组的范围为 [100,199]，第二组的范围为 [200,299]，依此类推。示例代码如下：

```
demo_list = [100,101,102,200,301,302,303,400,500]
result_list = []                # 存储分组最终结果的列表
n = 100
while n < 1000:
    temp_list = []              # 存储当前分组数据的列表
    for item in demo_list:
        if item >= n and item <= n+99:
            temp_list.append(item)
    if temp_list:               # 如果当前分组不为空，则添加到结果列表中
        result_list.append(temp_list)
    n += 100
print('demo_list:', demo_list)
print('result_list:', result_list)
```

程序运行结果如下：

```
demo_list: [100, 101, 102, 200, 301, 302, 303, 400, 500]
result_list: [[100, 101, 102], [200], [301, 302, 303], [400], [500]]
```

本程序的思路是：对列表进行遍历，第一次查找在 [100,199] 之间的元素放入临时列表，如果本组元素列表不为空即找到本组元素，则将其作为元素追加到结果列表中，本组查找完成后，依次查找 [200,299]，[300,399]……[900,999] 并分别把非空组加入到结果列表中。

8. 基于切片的列表使用

对于序列结构，Python 除了支持正向索引和逆向索引外，还支持一种称为切片的高效访问方式。切片是指截取被操作对象的一部分的操作。在 Python 中，字符串、列表、元组等序列结构都支持切片操作。接下来以列表为例来介绍切片的使用。

1）使用切片访问列表元素

切片的语法格式为：序列 [开始索引：结束索引：步长]，序列从开始索引位置开始，以步长为单位递增，不包含结束索引位置的元素。其中，开始索引、结束索引可以是正向索引也可以是逆向索引，既可以是正整数，也可以是负整数；步长可以为正整数，也可以为负整数，步长为负整数表示逆序引用，开始索引、结束索引、步长的默认值分别是0、序列长度、1，可以部分或者全部省略。示例代码如下：

```
demo_list = [1, 2, 3, 4, 7, 8, 9]
print('demo_list 全部元素表达式1:', demo_list)
print('demo_list 全部元素表达式2:', demo_list[0:len(demo_list):1])
print('demo_list 全部元素表达式3:', demo_list[0:len(demo_list):])
print('demo_list 全部元素表达式4:', demo_list[0::])
print('demo_list 全部元素表达式5:', demo_list[::])
print('demo_list 全部元素表达式6:', demo_list[0:1000:1])
print('demo_list 全部元素表达式7:', demo_list[0:900:])
print('demo_list 全部元素表达式8:', demo_list[:1024:])
```

程序运行结果如下：

```
demo_list 全部元素表达式1: [1, 2, 3, 4, 7, 8, 9]
demo_list 全部元素表达式2: [1, 2, 3, 4, 7, 8, 9]
demo_list 全部元素表达式3: [1, 2, 3, 4, 7, 8, 9]
demo_list 全部元素表达式4: [1, 2, 3, 4, 7, 8, 9]
demo_list 全部元素表达式5: [1, 2, 3, 4, 7, 8, 9]
demo_list 全部元素表达式6: [1, 2, 3, 4, 7, 8, 9]
demo_list 全部元素表达式7: [1, 2, 3, 4, 7, 8, 9]
demo_list 全部元素表达式8: [1, 2, 3, 4, 7, 8, 9]
```

从上面的代码可以看到，用切片来访问列表非常灵活，最简单的写法如表达式 5 只需要两个冒号即可访问列表中的全部元素。在访问列表中全部元素时，列表中元素的索引范围应该是从 0 到列表长度 −1，完整写法如表达式 2。在步长为 1 的情况下，也可以省略步长参数，如表达式 3 所示；在结束索引大于等于列表长度时，还可以省略结束索引，如表达式 4 所示；如果开始索引是 0，还可以省略开始索引，即开始索引、结束索引、步长都省略，如表达式 5 所示。

访问列表全部元素时开始索引应该是 0，结束索引应该是列表长度，按照传统的位置索引访问方式，如果位置索引不在此范围内，访问元素时就会报 IndexError 错误；而切片则更灵活，在开始索引是 0 的情况下，结束索引只要大于等于列表长度，就能访问列表中的全部元素而不会报错，如表达式 6、7、8 所示。

使用切片访问列表的部分元素时更加灵活方便，如访问列表的前 3 个元素、第 3 ~ 5 个元素的示例代码如下：

```
demo_list = [1, 2, 3, 4, 7, 8, 9]
print('demo_list:', demo_list)
print('demo_list 前三个元素表达式1:', demo_list[0:3:1])
print('demo_list 前三个元素表达式2:', demo_list[0:3])
print('demo_list 前三个元素表达式3:', demo_list[:3])
print('demo_list 第三、第四、第五个元素表达式1:', demo_list[2:5:1])
print('demo_list 第三、第四、第五个元素表达式2:', demo_list[2:5])
```

程序运行结果如下：

```
demo_list: [1, 2, 3, 4, 7, 8, 9]
demo_list 前三个元素表达式1: [1, 2, 3]
demo_list 前三个元素表达式2: [1, 2, 3]
demo_list 前三个元素表达式3: [1, 2, 3]
demo_list 第三、第四、第五个元素表达式1: [3, 4, 7]
demo_list 第三、第四、第五个元素表达式2: [3, 4, 7]
```

步长的含义是索引每次递增的幅度，利用步长，可以轻松实现间隔指定步长的元素访问。如步长为 2，可以实现列表中奇数位置元素或者偶数位置元素的访问；步长为其他值时如 3 时，也可以实现其他规律的元素访问。示例代码如下：

```
demo_list = [1, 2, 3, 4, 7, 8, 9]
print('demo_list:', demo_list)
print('demo_list 奇数位置元素表达式1:', demo_list[0:len(demo_list):2])
print('demo_list 奇数位置元素表达式2:', demo_list[:len(demo_list):2])
print('demo_list 奇数位置元素表达式3:', demo_list[::2])
print('demo_list 偶数位置元素表达式1:', demo_list[1:len(demo_list):2])
```

```
print('demo_list偶数位置元素表达式2:', demo_list[1::2])
print(' 步长为3访问列表demo_list表达式1:', demo_list[::3])
print(' 步长为3访问列表demo_list表达式2:', demo_list[0::3])
print(' 步长为3访问列表demo_list表达式3:', demo_list[0:len(demo_list):3])
```

程序运行结果如下：

```
demo_list: [1, 2, 3, 4, 7, 8, 9]
demo_list奇数位置元素表达式1: [1, 3, 7, 9]
demo_list奇数位置元素表达式2: [1, 3, 7, 9]
demo_list奇数位置元素表达式3: [1, 3, 7, 9]
demo_list偶数位置元素表达式1: [2, 4, 8]
demo_list偶数位置元素表达式2: [2, 4, 8]
步长为3访问列表demo_list表达式1: [1, 4, 9]
步长为3访问列表demo_list表达式2: [1, 4, 9]
步长为3访问列表demo_list表达式3: [1, 4, 9]
```

当步长为负数时，表示使用逆向索引逆序访问列表，此时，开始索引的默认值是 −1（即倒数第一个元素），结束索引默认值为（− 列表长度 −1）。步长为 −1 时访问列表的示例代码如下：

```
demo_list = [1, 2, 3, 4, 7, 8, 9]
print('demo_list全部元素:', demo_list)
print('demo_list逆序全部元素表达式1:', demo_list[-1:-len(demo_list)
-1:-1])
print('demo_list逆序全部元素表达式2:', demo_list[-1:-len(demo_list)
-1:-1])
print('demo_list逆序全部元素表达式3:', demo_list[-1::-1])
print('demo_list逆序全部元素表达式4:', demo_list[::-1])
print('demo_list逆序全部元素表达式5:', demo_list[-1:-1000:-1])
print('demo_list逆序全部元素表达式6:', demo_list[-1:-900:-1])
print('demo_list逆序全部元素表达式7:', demo_list[:-1024:-1])
```

程序运行结果如下：

```
demo_list全部元素: [1, 2, 3, 4, 7, 8, 9]
demo_list逆序全部元素表达式1: [9, 8, 7, 4, 3, 2, 1]
demo_list逆序全部元素表达式2: [9, 8, 7, 4, 3, 2, 1]
demo_list逆序全部元素表达式3: [9, 8, 7, 4, 3, 2, 1]
demo_list逆序全部元素表达式4: [9, 8, 7, 4, 3, 2, 1]
demo_list逆序全部元素表达式5: [9, 8, 7, 4, 3, 2, 1]
demo_list逆序全部元素表达式6: [9, 8, 7, 4, 3, 2, 1]
demo_list逆序全部元素表达式7: [9, 8, 7, 4, 3, 2, 1]
```

和正序访问列表中全部元素一样，在开始位置索引为 −1 的情况下，只要结束位置的索引小于（− 列表长度 −1）即可逆序访问列表的全部元素。同样，也可以省略开始索引的默认值 -1 和结束索引的默认值（-len(demo_list)-1），但是这里的步长值是 -1，就不能省略了，否则步长默认值就变成 1 了。

逆序从右向左访问 3 个元素、访问倒数第 3 ~ 5 个元素的示例代码如下：

```
demo_list = [1, 2, 3, 4, 7, 8, 9]
print('demo_list:', demo_list)
print('demo_list 逆序三个元素表达式1:', demo_list[-1:-4:-1])
print('demo_list 逆序三个元素表达式2:', demo_list[:-4:-1])
print('demo_list 逆序三个元素表达式3:', demo_list[:-4])
print('demo_list 逆序第三、第四、第五个元素表达式1:', demo_list[-3:-6:-1])
print('demo_list 逆序第三、第四、第五个元素表达式2:', demo_list[-3:-6:])
```

程序运行结果如下：

```
demo_list: [1, 2, 3, 4, 7, 8, 9]
demo_list 逆序三个元素表达式1: [9, 8, 7]
demo_list 逆序三个元素表达式2: [9, 8, 7]
demo_list 逆序三个元素表达式3: [1, 2, 3]
demo_list 逆序第三、第四、第五个元素表达式1: [7, 4, 3]
demo_list 逆序第三、第四、第五个元素表达式2: []
```

逆序访问首先步长要设置为负数，这里逆序连续访问，所以步长设置为 -1，开始索引指向倒数第一个元素，默认值为 -1，所以可以写上也可以省略，结束索引指向倒数第四个元素，值为 -4，如表达式 1、2 所示。从上述代码表达式 3 可以看出，如果省略了步长 -1，则步长默认值仍为 1，开始索引默认值仍为 0，结束索引 -4 指的是倒数第四个元素 4，换算成正向索引是 3，这个表达式的含义就成了访问列表前 3 个元素。对比逆序访问第 3 ~ 5 个元素的表达式 1 和表达式 2 发现，当省略步长时，结果为空，原因是步长的默认值是 1，开始索引是 -3，访问过程中，-3+1 就变成了 -2，而 -2>-3，已经不在指定区间 (-6, -3]，所以结果为空。

步长为负数时，表示间隔指定步长逆序访问，步长为 -2 逆序访问奇数、偶数位置元素、步长为 -3 逆序访问元素的示例代码如下：

```
demo_list = [1, 2, 3, 4, 7, 8, 9]
print('demo_list:', demo_list)
print('demo_list 逆序奇数位置元素表达式1:', demo_list[-1:-len(demo_list)
-1:-2])
print('demo_list 逆序奇数位置元素表达式2:', demo_list[:-len(demo_list)
-1:-2])
print('demo_list 逆序奇数位置元素表达式3:', demo_list[::-2])
print('demo_list 逆序偶数位置元素表达式1:', demo_list[-2:-len(demo_list)
-1:-2])
```

```
print('demo_list 逆序偶数位置元素表达式 2:', demo_list[-2::-2])
print(' 步长为 3 逆序访问列表 demo_list 表达式 1:', demo_list[::-3])
print(' 步长为 3 逆序访问列表 demo_list 表达式 2:', demo_list[-1::-3])
print(' 步长为 3 逆序访问列表 demo_list 表达式 3:', demo_list[-1:-len(demo_
list)-1:-3])
```

程序运行结果如下：

```
demo_list: [1, 2, 3, 4, 7, 8, 9]
demo_list 逆序奇数位置元素表达式 1: [9, 7, 3, 1]
demo_list 逆序奇数位置元素表达式 2: [9, 7, 3, 1]
demo_list 逆序奇数位置元素表达式 3: [9, 7, 3, 1]
demo_list 逆序偶数位置元素表达式 1: [8, 4, 2]
demo_list 逆序偶数位置元素表达式 2: [8, 4, 2]
步长为 3 逆序访问列表 demo_list 表达式 1: [9, 4, 1]
步长为 3 逆序访问列表 demo_list 表达式 2: [9, 4, 1]
步长为 3 逆序访问列表 demo_list 表达式 3: [9, 4, 1]
```

也可以使用切片对列表进行元素增加、查找、修改、删除等操作。

2）使用切片在列表中插入元素

在指定位置插入一个元素的示例代码如下：

```
demo_list = [1, 2, 3, 4, 7, 8, 9]
print('demo_list:', demo_list)
demo_list[4:4:] = 'k'
print(' 第五个元素位置前插入一个元素后，demo_list:', demo_list)
```

程序运行结果如下：

```
demo_list: [1, 2, 3, 4, 7, 8, 9]
第五个元素位置前插入一个元素后，demo_list: [1, 2, 3, 4, 'k', 7, 8, 9]
```

上述代码中 demo_list[4:4:] 指的就是第 5 个元素的位置，本身不包含任何一个元素。值得注意的是，使用切片增加元素时，等号右边的必须是一个可迭代的序列，字符串就是一种序列，如果是单独一个数字就会出现问题。示例代码如下：

```
demo_list = [1, 2, 3, 4, 7, 8, 9]
print('demo_list:', demo_list)
demo_list[4:4:] = 5
print(' 第五个元素位置前插入一个元素后，demo_list:', demo_list)
```

程序运行结果如下：

```
Traceback (most recent call last):
demo_list: [1, 2, 3, 4, 7, 8, 9]
  File "E:/list_tuple_dict.py", line 8, in <module>
    demo_list[4:4:] = 5
TypeError: can only assign an iterable
```

可以通过把等号右侧表达式改为列表即可解决该问题。示例代码如下：

```
demo_list = [1, 2, 3, 4, 7, 8, 9]
print('demo_list:', demo_list)
demo_list[4:4:] = [5]
print('第五个元素位置前插入一个元素后，demo_list:', demo_list)
```

程序运行结果如下：

```
demo_list: [1, 2, 3, 4, 7, 8, 9]
第五个元素位置前插入一个元素后，demo_list: [1, 2, 3, 4, 5, 7, 8, 9]
```

使用切片可以在指定位置同时插入多个元素。示例代码如下：

```
demo_list = [1, 2, 3, 4, 7, 8, 9]
print('demo_list:', demo_list)
demo_list[4:4:] = [5, 6]
print('第五个元素位置前插入两个元素后，demo_list:', demo_list)
```

程序运行结果如下：

```
demo_list: [1, 2, 3, 4, 7, 8, 9]
第五个元素位置前插入两个元素后，demo_list: [1, 2, 3, 4, 5, 6, 7, 8, 9]
```

在列表尾部插入一个元素的示例代码如下：

```
demo_list = [1, 2, 3, 4, 7, 8, 9]
print('demo_list:', demo_list)
demo_list[len(demo_list)::] = [4]
print('在列表尾部插入一个元素后，demo_list:', demo_list)
```

程序运行结果如下：

```
demo_list: [1, 2, 3, 4, 7, 8, 9]
在列表尾部插入一个元素后，demo_list: [1, 2, 3, 4, 7, 8, 9, 4]
```

3）使用切片在列表中查找元素

使用切片在列表中查找元素时，可以方便地指定查找区间。示例代码如下：

```
demo_list = [1, 2, 3, 4, 2, 3, 5, 3]
item = 3
print('demo_list[::].index(item),', item, '的索引是', demo_list[::].
index(item))
print('demo_list[0::].index(item),', item, '的索引是', demo_list[0::].
index(item))
print('demo_list[1::].index(item),', item, '的索引是', demo_list[1::].
index(item))
print('demo_list[2::].index(item),', item, '的索引是', demo_list[2::].
index(item))
```

```
    print('demo_list[3::].index(item),', item, '的索引是', demo_list[3::].
index(item))
    print('demo_list[4::].index(item),', item, '的索引是', demo_list[4::].
index(item))
    print('demo_list[5::].index(item),', item, '的索引是', demo_list[5::].
index(item))
    print('demo_list[6::].index(item),', item, '的索引是', demo_list[6::].
index(item))
    print('demo_list[0:2:].index(item),', item, '的索引是', demo_list[0:2:].
index(item))
```

程序运行结果如下：

```
demo_list[::].index(item), 3 的索引是 2
demo_list[0::].index(item), 3 的索引是 2
demo_list[1::].index(item), 3 的索引是 1
demo_list[2::].index(item), 3 的索引是 0
demo_list[3::].index(item), 3 的索引是 2
demo_list[4::].index(item), 3 的索引是 1
demo_list[5::].index(item), 3 的索引是 0
demo_list[6::].index(item), 3 的索引是 1
Traceback (most recent call last):
  File "E:/list_tuple_dict.py", line 11, in <module>
    print('demo_list[0:2:].index(item),', item, '的索引是', demo_
list[0:2:].index(item))
ValueError: 3 is not in list
```

从上面的运行结果可以看出，查找到 3 的索引并不是应该出现的 2、5、7，这是因为在使用切片后，是相对切片起始位置进行计算的，如表达式 demo_list[1::].index(item) 查找到 3 的索引为 1，而此时切片访问列表时是从索引 1 开始的，所以此时查找到的 3 在原列表中的索引是 1+1=2，类似地，demo_list[2::].index(item) 查找到 3 的索引是 0，这时查找到的 3 在原列表中的索引是 0+2=2。对上述程序进行修改如下：

```
demo_list = [1, 2, 3, 4, 2, 3, 5, 3]
item = 3
print('demo_list[::].index(item),', item, '的索引是', demo_list[::].
index(item))
    print('demo_list[0::].index(item),', item, '的索引是', demo_list[0::].
index(item)+0)
    print('demo_list[1::].index(item),', item, '的索引是', demo_list[1::].
index(item)+1)
```

```
    print('demo_list[2::].index(item),', item, '的索引是', demo_list[2::].
index(item)+2)
    print('demo_list[3::].index(item),', item, '的索引是', demo_list[3::].
index(item)+3)
    print('demo_list[4::].index(item),', item, '的索引是', demo_list[4::].
index(item)+4)
    print('demo_list[5::].index(item),', item, '的索引是', demo_list[5::].
index(item)+5)
    print('demo_list[6::].index(item),', item, '的索引是', demo_list[6::].
index(item)+6)
    print('demo_list[0:2:].index(item),', item, '的索引是', demo_list[0:2:].
index(item))
```

程序运行结果如下：

```
demo_list[::].index(item), 3 的索引是 2
demo_list[0::].index(item), 3 的索引是 2
demo_list[1::].index(item), 3 的索引是 2
demo_list[2::].index(item), 3 的索引是 2
demo_list[3::].index(item), 3 的索引是 5
demo_list[4::].index(item), 3 的索引是 5
demo_list[5::].index(item), 3 的索引是 5
demo_list[6::].index(item), 3 的索引是 7
Traceback (most recent call last):
  File "E:/list_tuple_dict.py", line 11, in <module>
    print('demo_list[0:2:].index(item),', item, '的索引是', demo_
list[0:2:].index(item))
ValueError: 3 is not in list
```

利用切片，可以方便地指定范围进行查找。以前面的查找重复元素为例，示例代码如下：

```
demo_list = [1, 2, 3, 4, 2, 3, 5, 3]
item = int(input('请输入要查找的数字: '))
index_list = []                 # 待查找元素的索引列表，也是否找到的标记，初始
                                  值为 [] 表示未找到
n = demo_list.count(item)   # 待查找元素的出现次数
sindex = 0                  # 开始查找位置
if n == 0:
    print(' 在列表中未找到指定元素 ', item)
else:
    for i in range(n):
        sindex_new = demo_list[sindex::].index(item) + sindex
                    # 使用切片从 sindex 开始向后进行查找
```

```
            print(' 在列表中找到了元素 ', item, " 索引位置为: ", sindex_new,
demo_list[sindex::])
                                          # 输出查找到的索引
            index_list.append(sindex_new)
            sindex_new += 1              # 向后移动一个
            sindex = sindex_new          # 新的查找开始位置
```

程序运行结果如下:

```
请输入要查找的数字: 3
在列表中找到了元素 3 索引位置为: 2 [1, 2, 3, 4, 2, 3, 5, 3]
在列表中找到了元素 3 索引位置为: 5 [4, 2, 3, 5, 3]
在列表中找到了元素 3 索引位置为: 7 [5, 3]
```

4)使用切片在列表中修改元素

使用切片在列表中修改元素时,可以方便地指定待修改元素的位置。

使用切片修改单个元素的示例代码如下:

```
demo_list = [1, 2, 3, 4, 2, 3, 5, 3]
print('demo_list:', demo_list)
demo_list[4:5] = [5,]
print(' 修改第五个元素后, demo_list:', demo_list)
```

程序运行结果如下:

```
demo_list: [1, 2, 3, 4, 2, 3, 5, 3]
修改第五个元素后, demo_list: [1, 2, 3, 4, 5, 3, 5, 3]
```

使用切片修改连续两个元素的示例代码如下:

```
demo_list = [1, 2, 3, 4, 2, 3, 5, 3]
print('demo_list:', demo_list)
demo_list[4:6] = [5,6]
print(' 修改第五个、第六个元素后, demo_list:', demo_list)
```

程序运行结果如下:

```
demo_list: [1, 2, 3, 4, 2, 3, 5, 3]
修改第五个、第六个元素后, demo_list: [1, 2, 3, 4, 5, 6, 5, 3]
```

如果切片内包含的元素数量少于右侧序列中的数列,则多余的元素变成了插入。

示例代码如下:

```
demo_list = [1, 2, 3, 4, 2, 3, 5, 3]
print('demo_list:', demo_list)
demo_list[4:5] = [5,6]
print(' 替换第五个元素、插入第六个元素后, demo_list:', demo_list)
```

程序运行结果如下:

```
demo_list: [1, 2, 3, 4, 2, 3, 5, 3]
替换第五个元素、插入第六个元素后，demo_list: [1, 2, 3, 4, 5, 6, 3, 5, 3]
```

使用切片批量修改列表中元素的示例代码如下：

```
demo_list = [1, 2, 3, 4, 2, 3, 5, 3]
print('修改前demo_list: ', demo_list)
demo_list[2:4:] = [5, 6]
print('修改第三、第四个元素后demo_list: ', demo_list)
```

程序运行结果如下：

```
修改前demo_list: [1, 2, 3, 4, 2, 3, 5, 3]
修改第三、第四个元素后demo_list: [1, 2, 5, 6, 2, 3, 5, 3]
```

上述代码中，在使用切片时，如果省略了第 3 个参数默认步长 1，则第 2 个冒号也可以省略。示例代码如下：

```
demo_list = [1, 2, 3, 4, 2, 3, 5, 3]
print('修改前demo_list: ', demo_list)
demo_list[2:4] = [5, 6]
print('修改第三、第四个元素后demo_list: ', demo_list)
```

程序运行结果如下：

```
修改前demo_list: [1, 2, 3, 4, 2, 3, 5, 3]
修改第三、第四个元素后demo_list: [1, 2, 5, 6, 2, 3, 5, 3]
```

使用切片批量修改列表奇数位置元素的示例代码如下：

```
demo_list = [1, 2, 3, 4, 2, 3, 5, 3]
print('修改前demo_list: ', demo_list)
demo_list[::2] = [2, 4, 6, 8]
print('奇数位元素修改后demo_list: ', demo_list)
```

程序运行结果如下：

```
修改前demo_list: [1, 2, 3, 4, 2, 3, 5, 3]
奇数位元素修改后demo_list: [2, 2, 4, 4, 6, 3, 8, 3]
```

使用切片批量修改偶数位置元素的示例代码如下：

```
demo_list = [1, 2, 3, 4, 2, 3, 5, 3]
print('修改前demo_list: ', demo_list)
demo_list[1::2] = [3, 5, 7, 9]
print('偶数位元素修改后demo_list: ', demo_list)
```

程序运行结果如下：

```
修改前demo_list: [1, 2, 3, 4, 2, 3, 5, 3]
偶数位元素修改后demo_list: [1, 3, 3, 5, 2, 7, 5, 9]
```

使用切片从指定位置开始，间隔一定步长，批量修改列表的示例代码如下：

```
demo_list = [1, 2, 3, 4, 2, 3, 5, 3]
print('修改前demo_list: ', demo_list)
demo_list[2::2] = [9, 8, 7]
print('从第三个元素开始，每隔两个元素修改后demo_list: ', demo_list)
```

程序运行结果如下：

```
修改前demo_list:  [1, 2, 3, 4, 2, 3, 5, 3]
从第三个元素开始，每隔两个元素修改后demo_list:  [1, 2, 9, 4, 8, 3, 7, 3]
```

5）使用切片在列表中删除元素

使用切片，可以方便地进行列表元素删除。

使用切片删除列表中指定元素的示例代码如下：

```
demo_list = ['功夫熊猫', '神话', '英雄', '无问西东', '杀手之王']
print('demo_list:', demo_list)
del demo_list[2:3]
print('删除第三个元素后，列表的内容为:', demo_list)
```

程序运行结果如下：

```
demo_list: ['功夫熊猫', '神话', '英雄', '无问西东', '杀手之王']
删除第三个元素后，列表的内容为：['功夫熊猫', '神话', '无问西东', '杀手之王']
```

使用切片删除列表尾部和第二个元素的示例代码如下：

```
demo_list = ['功夫熊猫', '神话', '英雄', '无问西东', '杀手之王']
print(demo_list)
del demo_list[len(demo_list)-1:len(demo_list):]
print('删除末尾元素后，列表的内容为:', demo_list)
del demo_list[1:2]
print('再删除第二个元素后，列表的内容为:', demo_list)
```

程序运行结果如下：

```
['功夫熊猫', '神话', '英雄', '无问西东', '杀手之王']
删除末尾元素后，列表的内容为：['功夫熊猫', '神话', '英雄', '无问西东']
再删除第二个元素后，列表的内容为：['功夫熊猫', '英雄', '无问西东']
```

使用切片批量删除列表奇数位置元素的示例代码如下：

```
demo_list = ['功夫熊猫', '神话', '英雄', '无问西东', '神话', '杀手之王']
print('demo_list:', demo_list)
del demo_list[::2]
print('删除奇数位置元素后demo_list: ', demo_list)
```

程序运行结果如下：

```
demo_list: ['功夫熊猫', '神话', '英雄', '无问西东', '神话', '杀手
之王']
删除奇数位置元素后demo_list: ['神话', '无问西东', '杀手之王']
```

使用切片批量删除列表偶数位置元素的示例代码如下：

```
demo_list = ['功夫熊猫', '神话', '英雄', '无问西东', '神话', '杀手之王']
print('demo_list:', demo_list)
del demo_list[1::2]
print('删除偶数位置元素后demo_list: ', demo_list)
```

程序运行结果如下：

```
demo_list: ['功夫熊猫', '神话', '英雄', '无问西东', '神话', '杀手
之王']
删除偶数位置元素后demo_list: ['功夫熊猫', '英雄', '神话']
```

使用切片，从第三个元素开始，每隔两个位置删除一个元素，示例代码如下：

```
demo_list = ['功夫熊猫', '神话', '英雄', '无问西东', '神话', '杀手之王']
print('demo_list:', demo_list)
del demo_list[2::2]
print('从第三个元素开始，每两个位置删除一个元素后demo_list: ', demo_
list)
```

程序运行结果如下：

```
demo_list: ['功夫熊猫', '神话', '英雄', '无问西东', '神话', '杀手
之王']
从第三个元素开始，每两个位置删除一个元素后demo_list: ['功夫熊猫', '神话',
'无问西东', '杀手之王']
```

使用切片清空列表的示例代码如下：

```
demo_list = ['功夫熊猫', '神话', '英雄', '无问西东', '神话', '杀手之王']
print('demo_list:', demo_list)
del demo_list[::]
print('清空列表后，demo_list:', demo_list)
```

程序运行结果如下：

```
demo_list: ['功夫熊猫', '神话', '英雄', '无问西东', '神话', '杀手
之王']
清空列表后，demo_list: []
```

至此，读者就可以使用列表数据结构存储学生"画像"系统中的数据，并对列表中的数据进行管理，如增加元素、查找元素、修改元素、删除元素以及排序、逆置等操作。

任务二：存入学生"画像"数据元组

任务描述

小李同学初次学习 Python 元组，网上搜索了一些元组的相关资料，发现元组是一种不可变序列。初学者对于 Python 元组定义、元组的常见操作不太熟悉，需要进行明确的解释。

任务实施

小李同学： 在数学中有一些常见常数，如圆周率 π、自然常数 e 等，它们都是不可修改的常数，Python 中元组是一种不可变序列，是类似的含义吗？

师傅： 是类似的。在 Python 程序设计语言中，也需要有存储常量的数据结构，这种结构称为元组（tuple）。元组也是 Python 中一种常用的数据类型。接下来，分别从元组的定义、元组元素的访问、遍历元组、修改元组、元组的常见内置函数等方面来学习元组的常见用法。

1．元组的定义

Python 中的元组数据类型与列表类似，不同之处在于元组中的元素不能修改，元组使用圆括号( )来定义，元素之间以逗号","分隔。元组的定义示例代码如下：

```
demo1_tuple = ('Python', '英语', '高等数学')
demo2_tuple = (1, 5, 9, 3, 8, 6)
demo3_tuple = "x", 'z', 'f'
print('demo1_tuple:', demo1_tuple)
print('demo2_tuple:', demo2_tuple)
print('demo3_tuple:', demo3_tuple)
```

程序运行结果如下：

```
demo1_tuple: ('Python', '英语', '高等数学')
demo2_tuple: (1, 5, 9, 3, 8, 6)
demo3_tuple: ('x', 'z', 'f')
```

2．元组元素的访问

和列表一样，元组也是一种序列结构，可以使用位置索引（下标）来访问元素。示例代码如下：

```
demo_tuple = ('Python', '英语', '高等数学')
print(demo_tuple[0])
print(demo_tuple[1])
print(demo_tuple[2])
```

程序运行结果如下：

```
Python
英语
高等数学
```

元组也可以使用逆向索引访问元素。示例代码如下：

```
demo_tuple = ('Python', '英语', '高等数学')
print('使用逆向索引访问元组中的元素: ')
print(demo_tuple[-1])
print(demo_tuple[-2])
print(demo_tuple[-3])
print('使用正向索引和逆向索引访问同一个元素: ')
print(id(demo_tuple[0]) == id(demo_tuple[-3]))
```

程序运行结果如下：

```
使用逆向索引访问元组中的元素:
高等数学
英语
Python
使用正向索引和逆向索引访问同一个元素:
True
```

可以使用切片访问元组的全部元素。示例代码如下：

```
demo_tuple = ('Python', '英语', '高等数学')
print('使用切片访问元组中的元素,demo_tuple: ', demo_tuple)
print('使用切片访问元组中的全部元素:', demo_tuple[0:len(demo_tuple):1])
print('使用切片访问元组中的全部元素:', demo_tuple[0:len(demo_tuple)])
print('使用切片访问元组中的全部元素:', demo_tuple[0:])
print('使用切片访问元组中的全部元素:', demo_tuple[::])
```

程序运行结果如下：

```
使用切片访问元组中的元素,demo_tuple:  ('Python', '英语', '高等数学')
使用切片访问元组中的全部元素: ('Python', '英语', '高等数学')
使用切片访问元组中的全部元素: ('Python', '英语', '高等数学')
使用切片访问元组中的全部元素: ('Python', '英语', '高等数学')
使用切片访问元组中的全部元素: ('Python', '英语', '高等数学')
```

可以使用切片访问元组的部分元素。示例代码如下：

```
demo_tuple = ('Python', '英语', '高等数学')
print('使用切片访问元组中的元素,demo_tuple: ', demo_tuple)
print('使用切片访问元组中的第一个元素:', demo_tuple[0:1])
print('使用切片访问元组中的前两个元素:', demo_tuple[0:2])
print('使用切片访问元组中的第二、第三两个元素:', demo_tuple[1:3])
print('使用切片访问元组中奇数位置的元素表达式1:', demo_tuple[0:len
(demo_tuple):2])
```

```
   print('使用切片访问元组中奇数位置的元素表达式 2:', demo_tuple[:len(demo_
tuple):2])
   print('使用切片访问元组中奇数位置的元素表达式 3:', demo_tuple[::2])
   print('使用切片访问元组中偶数位置的元素表达式 1:', demo_tuple[1:len
(demo_tuple):2])
   print('使用切片访问元组中偶数位置的元素表达式 2:', demo_tuple[1::2])
```

程序运行结果如下：

```
使用切片访问元组中的元素,demo_tuple: ('Python', '英语', '高等数学')
使用切片访问元组中的第一个元素： ('Python',)
使用切片访问元组中的前两个元素： ('Python', '英语')
使用切片访问元组中的第二、第三两个元素： ('英语', '高等数学')
使用切片访问元组中奇数位置的元素表达式 1: ('Python', '高等数学')
使用切片访问元组中奇数位置的元素表达式 2: ('Python', '高等数学')
使用切片访问元组中奇数位置的元素表达式 3: ('Python', '高等数学')
使用切片访问元组中偶数位置的元素表达式 1: ('英语',)
使用切片访问元组中偶数位置的元素表达式 2: ('英语',)
```

3. 遍历元组

和列表一样，可以使用 for 循环或者 while 循环来遍历元组中的元素。示例代码如下：

```
demo_tuple = ('Python', '英语', '高等数学')
print('for 循环遍历元组: ')
for item in demo_tuple:
    print(item)

print('while 循环遍历元组: ')
length = len(demo_tuple)
i = 0
while i<length:
    print(demo_tuple[i])
    i += 1
```

程序运行结果如下：

```
for 循环遍历元组:
Python
英语
高等数学
while 循环遍历元组:
Python
英语
高等数学
```

4. 修改元组

示例代码如下:

```
demo_tuple = ('Python', '英语', '高等数学')
demo_tuple[0] = 'php'
print(demo_tuple)
```

运行后程序报错,原因是元组中的元素不能修改,报错信息如下:

```
Traceback (most recent call last):
  File "E:/list_tuple_dict.py", line 2, in <module>
    demo_tuple[0] = 'php'
TypeError: 'tuple' object does not support item assignment
```

元组是一种不可变序列,不能修改其元素,而有的应用场景下,如果确实要修改元组的元素,应该怎么办呢?这时可以通过创建新的元组来实现,也可以通过将元组先转换为列表完成修改后再转换为元组来实现。如果要实现元组的合并,可以使用"+"运算符来实现。示例代码如下:

```
demo1_tuple = ('Python', '英语', '高等数学')
print('demo1_tuple:', demo1_tuple)
print('方法一,创建新的元组:')
demo2_tuple = ('Python', 'English', '高等数学')
print('demo2_tuple:', demo2_tuple)
print('方法二,先把元组转换为列表:')
demo_list = list(demo1_tuple)
print('demo1_tuple:', demo1_tuple)
print('demo_list:', demo_list)
demo_list[1] = 'English'
print('修改列表再转换为元组:')
demo3_tuple = tuple(demo_list)
print('demo_list:', demo_list)
print('demo3_tuple:', demo3_tuple)
print('方法三,合并两个列表:')
demo4_tuple = demo1_tuple + demo2_tuple
print('demo1_tuple:', demo1_tuple)
print('demo2_tuple:', demo2_tuple)
print('demo4_tuple:', demo4_tuple)
```

程序运行结果如下:

```
demo1_tuple: ('Python', '英语', '高等数学')
方法一,创建新的元组:
demo2_tuple: ('Python', 'English', '高等数学')
方法二,先把元组转换为列表:
```

```
demo1_tuple: ('Python', '英语', '高等数学')
demo_list: ['Python', '英语', '高等数学']
修改列表再转换为元组:
demo_list: ['Python', 'English', '高等数学']
demo3_tuple: ('Python', 'English', '高等数学')
方法三,合并两个列表:
demo1_tuple: ('Python', '英语', '高等数学')
demo2_tuple: ('Python', 'English', '高等数学')
demo4_tuple: ('Python', '英语', '高等数学', 'Python', 'English',
'高等数学')
```

元组的常见内置函数如表 2-4-1 所示

◎ 表 2-4-1　元组的常见内置函数

方　法	功　能　描　述
len( )	计算元组中元素的数量
max( )	计算元组中的最大值
min( )	计算元组中的最小值
tuple(seq)	把其他序列类型转换为元组

5. 元组综合案例

示例代码如下:

```
demo1_tuple = ('Python', '英语', '高等数学')
# 计算元组长度(元素的个数)
length = len(demo1_tuple)
print(demo1_tuple, "的长度是: ", length)
# 获取元组中的最大值、最小值
demo2_tuple = (1, 5, 9, 3, 8, 6)
demo3_tuple = "x", 'z', 'f'
max_value2 = max(demo2_tuple)
min_value2 = min(demo2_tuple)
print(demo2_tuple, "的最大值最小值分别是: ", max_value2, "和",
min_value2)
max_value3 = max(demo3_tuple)
min_value3 = min(demo3_tuple)
print(demo3_tuple, "的最大值最小值分别是: ", max_value3, "和",
min_value3)
demo_list = [1, 3, 5, 7]
demo_tuple4 = tuple(demo_list)
print(demo_tuple4, "类型是", type(demo_tuple4))
# 元组中嵌套元组,存储学生三门课程成绩的嵌套元组示例如下
stu_tuple = ((71, 87, 91), (80, 82, 92), (91, 92, 73))
print(stu_tuple)
```

程序运行结果如下：

```
('Python', '英语', '高等数学') 的长度是：3
(1, 5, 9, 3, 8, 6) 的最大值最小值分别是：9 和 1
('x', 'z', 'f') 的最大值最小值分别是：z 和 f
(1, 3, 5, 7) 类型是 <class 'tuple'>
((71, 87, 91), (80, 82, 92), (91, 92, 73))
```

至此，读者就可以根据学生"画像"系统的需要，在合适地方使用元组结构存储不需要修改的数据，并对元组进行相应的访问操作。

任务三：存入学生"画像"数据字典

任务描述

小李同学初次学习 Python 字典，在网上搜索了一些字典的相关资料，发现字典的用法非常灵活。初学者对于 Python 字典定义、增加元素、删除元素、修改元素、查找元素等使用不太熟悉，需要进行明确的解释。

任务实施

1. 字典

小李同学：什么是字典？

师傅：字典是 Python 中常用的数据类型。字典是一种可变容器类型，可存储任意类型对象。字典由多个元素组成，元素之间用逗号分隔，元素都是键值对即 key:value 的形式，整个字典包括在花括号 { } 中。接下来分别从字典的定义、字典的访问、遍历字典、增加元素、修改元素、删除元素、查找元素、字典中嵌套字典以及技能提升（包含列表、元组、字典 3 种结构相互嵌套，列表、元组、字典之间相互类型转换，学生"画像"系统编写增加、查找、修改、删除学生信息模块代码）等方面来学习字典有关的知识。

2. 字典的定义

例如，存储一个学生的基本信息学号、姓名、身高的字典如下：

```
stu_dict = {'sno' : '2018040001', 'name' : '张三', 'height' : 170}
print(stu_dict)
```

程序运行结果如下：

```
{'sno': '2018040001', 'name': '张三', 'height': 170}
```

3. 字典的访问

Python 根据元素的键 key 来访问元素的值，可以使用索引形式，也可以使用 get( ) 方法。示例代码如下：

```
stu_dict = {'sno' : '2018040001', 'name' : '张三', 'height' : 170}
sname = stu_dict['name']
print(sname)
sheight = stu_dict.get('height')
print(sheight)
sage = stu_dict.get('age')
print(sage)        #'age' 键不存在，所以 sage 为 None
sage = stu_dict.get('age',18)
print(sage)        #'age' 键不存在，设置了默认值 18，所以 sage 的值是 18
```

程序运行结果如下：

```
张三
170
None
18
```

其中，字典的 get( ) 方法可以设置默认值，即访问的键不存在时，返回默认值。

字典中的元素都是 key:value 形式的键值对，如果想查看字典中所有的键或者值或者是键值对，可以分别使用 dict_name.keys( )、dict_name.values( )、dict_name.items( ) 等来分别获取字典的键视图、值视图、元素视图。示例代码如下：

```
stu_dict = {'sno':'2018040001','name':'张三','height':170}
print(stu_dict.keys())          # 输出字典的键视图
print(stu_dict.values())        # 输出字典的值视图
print(stu_dict.items())         # 输出字典的元素视图
```

程序运行结果如下：

```
dict_keys(['sno', 'name', 'height'])
dict_values(['2018040001', '张三', 170])
dict_items([('sno', '2018040001'), ('name', '张三'), ('height', 170)])
```

从上述运行结果可以看出，stu_dict.keys( )、stu_dict.values( )、stu_dict.items( ) 返回的都是列表。

4. 遍历字典

与列表和元组一样，同样可以使用 for 循环、while 循环来遍历字典。直接把字典作为 for 循环中的序列来访问，默认访问的是字典的键视图。示例代码如下：

```
stu_dict = {'sno':'2018040001','name':' 张三 ','height':170}
print('stu_dict', stu_dict)
print(' 直接使用字典，默认访问的是键视图: ')
for key in stu_dict:                        # 直接使用字典，默认访问的是键视图
    print(key)
print(' 遍历字典的值列表: ')
for value in stu_dict.values():      # 遍历字典的值列表
    print(value)
print(' 遍历字典的键列表: ')
for key in stu_dict.keys():          # 遍历字典的键列表
    print(key)
print(' 遍历字典的元素列表方式一: ')
for key,value in stu_dict.items():  # 遍历字典的元素列表
    print(key, value)
print(' 遍历字典的元素列表方式二: ')
for item in stu_dict.items():        # 遍历字典的元素列表
    print(item)
```

程序运行结果如下:

```
stu_dict {'sno': '2018040001', 'name': ' 张三 ', 'height': 170}
直接使用字典，默认访问的是键视图:
sno
name
height
遍历字典的值列表:
2018040001
张三
170
遍历字典的键列表:
sno
name
height
遍历字典的元素列表方式一:
sno 2018040001
name 张三
height 170
遍历字典的元素列表方式二:
('sno', '2018040001')
('name', ' 张三 ')
('height', 170)
增加元素
```

对于表达式 dict_name[key]=value，如果 key 在字典中不存在，则自动把该键值对
key:value 添加到字典中，示例代码如下:

```
stu_dict = { 'sno' : '2018040001', 'name' : ' 张三 ', 'height' : 170}
print(stu_dict)
stu_dict['age'] = 18
print(' 添加键为 age 的元素后，字典的内容为: ', stu_dict)
```

程序运行结果如下:

```
{'sno': '2018040001', 'name': ' 张三 ', 'height': 170}
添加键为 age 的元素后，字典的内容为: {'sno': '2018040001', 'name': ' 张三 ',
'height': 170, 'age': 18}
```

5. 修改元素

字典中修改元素，直接使用 dict_name[key]=value 即可。注意：修改的前提是该键 key 在字典中已经存在，如果不存在，则变成向字典中添加元素了。示例代码如下:

```
stu_dict = {'sno': '2018040001','name' : ' 张三 ','height' : 170,
'age' : 18}
print(stu_dict)
stu_dict['age'] = 19
print(stu_dict)
```

程序运行结果如下:

```
{'sno': '2018040001', 'name': ' 张三 ', 'height': 170, 'age': 18}
{'sno': '2018040001', 'name': ' 张三 ', 'height': 170, 'age': 19}
```

6. 删除元素

在字典中删除指定键值为 key 的元素，使用 del dict_name[key] 即可。可以使用 clear( ) 方法清空整个字典，也可以使用 del( ) 方法删除整个字典变量，删除后则不可用。示例代码如下:

```
stu_dict = {'sno':'2018040001','name':' 张三 ','height':170,'age':18}
print(' 字典初始值为: ', stu_dict)
del stu_dict['age']              # 删除指定元素
print(' 删除 age 后，字典内容为:', stu_dict)
stu_dict.clear()                 # 清空字典内容，但该变量仍可访问
print(' 清空字典内容后，字典内容为: ', stu_dict)
del stu_dict                     # 删除整个字典，执行之后该变量不能再访问
print(' 删除字典变量后，字典不可访问: ',stu_dict)
```

程序运行结果如下:

```
Traceback (most recent call last):
字典初始值为: {'sno': '2018040001', 'name': ' 张三 ', 'height': 170,
'age': 18}
```

```
删除 age 后，字典内容为：{'sno': '2018040001', 'name': ' 张三 ', 'height': 170}
清空字典内容后，字典内容为： {}
  File "E:/list_tuple_dict.py", line 8, in <module>
    print(' 删除字典变量后，字典不可访问: ',stu_dict)
NameError: name 'stu_dict' is not defined
```

7. 查找元素

在字典中查找，通常根据键使用 in 或者 not in 进行查找。示例代码如下：

```
stu_dict = {'sno':'2018040001','name':' 张三 ','height':170,'age':18}
key = input(' 请输入要查找的键: ')
if key in stu_dict:
    print(' 查找到 key 为 ', key, ' 的元素值为 :', stu_dict[key])
else:
    print(' 没有查找到 key 为 ', key, ' 的元素 ')
```

程序运行结果 1：

```
请输入要查找的键: name
查找到 key 为 name 的元素值为 ： 张三
```

程序运行结果 2：

```
请输入要查找的键: score
没有查找到 key 为 score 的元素
```

8. 字典中嵌套字典

字典中嵌套字典，指的是一个字典中的元素值仍是字典。示例代码如下：

```
stu_dict = { ' 张三 ' : {'sno' : '2018040001', 'height' : 170, 'age': 18} ,
            ' 李四 ' : {'sno' : '2018040002', 'height' : 165, 'age' : 19 } }
for item in stu_dict.items():
    print(item)
```

程序运行结果如下：

```
(' 张三 ', {'sno': '2018040001', 'height': 170, 'age': 18})
(' 李四 ', {'sno': '2018040002', 'height': 165, 'age': 19})
```

9. 技能提升

掌握了字典的常见知识后，在实际项目中，还可能用到列表、元组、字典 3 种结构相互嵌套的复杂数据结构，也可能用到列表、元组、字典之间相互类型转换问题，最后为了切实提高读者灵活运用三种数据结构的能力，回到学生"画像"系统实战上，以案例展示数据结构设计，通过对学生信息进行增加、查找、修改、删除等操作展示对三种常见数据结构的灵活运用。

1）列表、元组、字典相互嵌套

列表中嵌套元组，统计各个年龄分别有多少人。示例代码如下：

```
stu_list = [('张三', 18) , ('李四', 19) , ('王五', 18) , ('赵六', 20) ]
result_dict = {}
for t in stu_list:
    result_dict[t[1]]=result_dict.get(t[1], 0)+1
print(result_dict)
```

程序运行结果如下：

```
{18: 2, 19: 1, 20: 1}
```

列表中嵌套字典结构，示例代码如下：

```
stu_list = [{'2018040001': {'name':'张三','height':170,'age':18,'
scores':[98,97,96]}},
            {'2018040002': {'name':'李四','height':165,'age':19,'
scores':[93,95,97]}}
            ]
for item in stu_list:
    print(item)
```

程序运行结果如下：

```
{'2018040001': {'name': '张三', 'height': 170, 'age': 18, 'scores':
[98, 97, 96]}}
{'2018040002': {'name': '李四', 'height': 165, 'age': 19, 'scores':
[93, 95, 97]}}
```

元组中嵌套列表，计算每个学生的平均成绩，示例代码如下：

```
stu_tuple = ([71,87,91],[80,82,92],[91,92,73])
result_list = []
for t in stu_tuple:
    result_list.append(sum(t)/len(t))
print(result_list)
```

程序运行结果如下：

```
[83.0, 84.66666666666667, 85.33333333333333]
```

值得注意的是，对于元组而言，虽然元组中的元素不能直接修改，但是如果元组中的元素本身是可变的，那么可以调用该元素本身的方法对该元素进行修改。示例代码如下：

```
stu_tuple = ([71,87,91],[80,82,92],[91,92,73])
print(stu_tuple)
stu_tuple[0].append(88)              # 调用元素本身的方法对元素修改是可以的
```

```
print('元组的第一个元素调用 list 的 append 方法追加一个元素后，', stu_tuple)
print('直接修改元组元素: ')
stu_tuple[0] = [71,87,91,89] # 直接用下标访问该元素进行赋值修改是不允许的
print(stu_tuple)
```

程序运行结果如下：

```
([71, 87, 91], [80, 82, 92], [91, 92, 73])
元组的第一个元素调用 list 的 append 方法追加一个元素后，  ([71, 87, 91, 88],
[80, 82, 92], [91, 92, 73])
直接修改元组元素:
Traceback (most recent call last):
  File "E:/list_tuple_dict.py", line 28, in <module>
    stu_tuple[0] = [71,87,91,89]
TypeError: 'tuple' object does not support item assignment
```

元组中嵌套字典，计算每个学生的平均成绩，示例代码如下：

```
stu_tuple = ({'2018040001' : [71, 87, 91]} ,
             {'2018040002' : [80, 82, 92]} ,
             {'2018040003' : [91, 92, 73]})
result_dict = {}
for d in stu_tuple :
    for k, v in d.items() :
        result_dict[k]=sum(v)/len(v)
print(result_dict)
```

程序运行结果如下：

```
{'2018040001': 83.0, '2018040002': 84.66666666666667,
'2018040003': 85.33333333333333}
```

字典中不能直接把列表或者元组作为元素，因为字典的中的元素都是 key:value 形式的键值对，但是列表或者元组都可以作为元组的值。字典中键要求是可哈希（唯一不可变）的，而列表是可变的，不含有可变元素的元组是不可修改的，所以不含有可变元素的元组可以作为字典的键，而列表不能。示例代码如下：

```
    stu1_dict = {'name' : '张三','height' : 170, 'age' : 18,'scores' :
[98,97,96]}
    stu2_dict = {'name' : '张三','height' : 170, 'age' : 18,'scores' :
(98,97,96)}

    # 不含有可变元素的元组可以作为字典元素的键
    stu3_dict = {'name' : '张三','height' : 170, 'age' : 18,(1,3,5,7,9) : 'odd' }

    print(stu1_dict)
```

```
print(stu2_dict)
print(stu3_dict)
```

程序运行结果如下：

```
{'name': '张三', 'height': 170, 'age': 18, 'scores': [98, 97, 96]}
{'name': '张三', 'height': 170, 'age': 18, 'scores': (98, 97, 96)}
{'name': '张三', 'height': 170, 'age': 18, (1, 3, 5, 7, 9): 'odd'}
```

2）列表、元组、字典之间相互类型转换

类型转换指的是不同类型之间相互转换，主要涉及列表、元组、字典 3 种类型之间的相互转换。下面分为把元组转变为列表、把字典转变为列表、把列表转变为元组、把字典转变为元组、把列表转变为字典、把元组转变为字典等 6 个转变方向进行介绍。

（1）把元组转变为列表。

把元组转变为列表，把元组作为参数调用 list( ) 方法即可。示例代码如下：

```
demo_tuple = (1, 2, 3)
print('demo_tuple', demo_tuple, type(demo_tuple))
demo_list = list(demo_tuple)
print('demo_list', demo_list, type(demo_list))
```

程序运行结果如下：

```
demo_tuple (1, 2, 3) <class 'tuple'>
demo_list [1, 2, 3] <class 'list'>
```

（2）把字典转变为列表。

由于字典有 3 个视图，即键视图、值视图、元素视图，所以把字典作为参数调用 list( ) 方法时，可以指定特定的视图，如果不指定，默认是键视图。示例代码如下：

```
demo_dict = {'a' : 1,'b' : 2,'c' : 3}
print('字典转换前: ', demo_dict)
demo1_list = list(demo_dict)                # 默认是键视图
print('字典默认是键视图: ', demo1_list)
demo2_list = list(demo_dict.keys())         # 指定键视图
print('指定字典键视图: ', demo2_list)
demo3_list = list(demo_dict.values())       # 指定值视图
print('指定字典值视图: ', demo3_list)
demo4_list = list(demo_dict.items())        # 指定元素视图，转换为列表后，
                                            # 每个元素变成一个元组
print('指定字典元素视图: ', demo4_list)
```

程序运行结果如下：

```
字典转换前:   {'a': 1, 'b': 2, 'c': 3}
字典默认是键视图:   ['a', 'b', 'c']
指定字典键视图:   ['a', 'b', 'c']
指定字典值视图:   [1, 2, 3]
指定字典元素视图:   [('a', 1), ('b', 2), ('c', 3)]
```

（3）把列表转变为元组。

把列表转变为元组，只需要把元组作为参数，调用 tuple( ) 方法即可。示例代码如下：

```
demo_list = [1, 2, 3]
print('转换前的列表: ', demo_list)
demo_tuple =tuple(demo_list)
print('转换后的元组: ', demo_tuple)
```

程序运行结果如下：

```
转换前的列表:   [1, 2, 3]
转换后的元组:   (1, 2, 3)
```

（4）把字典转变为元组。

与把字典转变为列表一样，调用 tuple( ) 方法时可以显式指定字典的键视图、值视图、元素视图，如果没有显式指定，则默认使用字典的键视图。示例代码如下：

```
demo_dict = {'a' : 1, 'b' : 2, 'c' : 3}
print('字典转换前: ', demo_dict)
demo1_tuple = tuple(demo_dict)              # 默认是键视图
print('字典默认是键视图: ', demo1_tuple)

demo2_tuple = tuple(demo_dict.keys())       # 指定键视图
print('指定字典键视图: ', demo2_tuple)

demo3_tuple = tuple(demo_dict.values())     # 指定值视图
print('指定字典值视图: ', demo3_tuple)

demo4_tuple = tuple(demo_dict.items())      # 指定元素视图, 转换为列表后,
                                            #   每个元素变成一个元组
print('指定字典值视图: ', demo4_tuple)
```

程序运行结果如下：

```
字典转换前:   {'a': 1, 'b': 2, 'c': 3}
字典默认是键视图:   ('a', 'b', 'c')
指定字典键视图:   ('a', 'b', 'c')
指定字典值视图:   (1, 2, 3)
指定字典值视图:   (('a', 1), ('b', 2), ('c', 3))
```

由于字典的元素都是 key:value 形式的键值对，所以不能直接把列表或者元组转变为字典。

下面总结对比一下三种数据结构是否可变以及对常见操作的支持情况，如表 2-4-2 和表 2-4-3 所示。

◎ 表 2-4-2　列表、元组、字典是否可变对比表

存储结构类型	是否可变
list	可变
tuple	不可变
dict	可变

◎ 表 2-4-3　列表、元组、字典对常见操作的支持情况

方法	是否支持	list	tuple	dict
len( )	计算序列中元素的数量	√	√	√
max( )	计算元组中的最大值	√	√	X
min( )	计算元组中的最小值	√	√	
list(seq)	把序列类型转换为列表	√	√	√（默认仅把字典的键视图转换为列表）
tuple(seq)	把序列类型转换为元组	√	√	√（默认仅把字典的键视图转换为元组）
dict(seq)	把序列类型转换为字典	X	X	√

10. 学生"画像"系统

回到学生"画像"系统，一个学生的常见属性有学号、姓名、年龄、若干门课程的成绩（这里以 Python、英语、高数 3 门课成绩为例）等，如何定义一个结构，方便存储和快速检索使用一个 50 人班级中的学生信息呢？为了实现快速检索，考虑使用字典结构，那么对于一个学生而言，哪个信息是能够唯一标识一个学生的呢？请思考学生的姓名、学号信息哪个可以，哪个不可以。为什么？一个学生还有什么信息可以作为键呢？实际上，因为一个班级的学生中可能出现重名的，所以姓名不能作为键；而学号是可以唯一标识一个学生的，不会重复，所以，可以使用学号作为键。设计如下所示的示例结构存储一个班级的学生信息：

```
stu_dict = {'201809121' : {'name': ' 李勇 ', 'pinyin': 'liyong',
'sex': 'Y', 'tel': '13513551256',
            'email': '13513551256@186.com', 'scores': {'math':
64, 'english': 68, 'python': 67}},
            '201809122': {'name': ' 刘晨 ', 'pinyin': 'liuchen',
'sex':'Y', 'tel':'15036548562',
            'email': 'liuchen@gmail.com', 'scores': {'math' :
59, 'english' : 77, 'python' : 67}}
```

```
        }
```

当然，在确定一个班级没有重名的情况下，也可以使用姓名作为一个学生的唯一标识。设计如下的字典结构：

```
notes = {
    '李勇': {'sno': '201809121', 'pinyin': 'liyong', 'sex': 'Y',
'tel': '13513551256',
        'email': '13513551256@186.com', 'scores': {'math': 64,
'english': 68, 'python': 67}},
    '刘晨': {'sno': '201809122', 'pinyin': 'liuchen', 'sex':
'Y', 'tel': '15036548562',
        'email': 'liuchen@gmail.com', 'scores': {'math': 59,
'english': 77, 'python': 67}}
        }
```

接下来，以该字典结构为例，综合运用上述数据结构，运用 Python 代码对该字典结构的操作，展示学生"画像"系统数据存储模块即添加学生信息的模块。添加学生信息的模块示例代码如下：

```
students = {}                        # 存储学生信息的嵌套字典结构

# 添加学生信息
name = input('请输入要添加的学生姓名:')

if name in students:
    print('该学生已经存在')
else:
    sno = input('请输入学生的学号:')
    pinyin = input('请输入学生姓名的拼音:')
    sex = input('请输入学生的性别（男Y/女N): ')
    tel = input('请输入学生的手机号码: ')
    email = input('请输入学生的电子邮件地址: ')
    smath = (int)(input('请输入学生的高等数学成绩: '))
    senglish = (int)(input('请输入学生的大学英语成绩: '))
    spython = (int)(input('请输入学生的 Python 程序设计成绩: '))
    label = {
        'sno': sno, 'pinyin': pinyin,
        'sex': sex, 'tel': tel, 'email': email,
        'scores': {'math' : smath,
            'english' : senglish, 'python' : spython}
        }                            # 封装字典的格式
    students[name] = label           # 字典中键值配对
```

程序运行的一种输入如下：

```
请输入要添加的学生姓名：李勇
请输入学生的学号：201809121
请输入学生姓名的拼音：liyong
请输入学生的性别（男 Y/ 女 N）: Y
请输入学生的手机号码: 13513551256
请输入学生的电子邮件地址: 13513551256@186.com
请输入学生的高等数学成绩: 64
请输入学生的大学英语成绩: 68
请输入学生的 Python 程序设计成绩: 67
```

查找学生信息的模块示例代码如下：

```python
# 查找学生的信息
name = input('请输入要搜索的学生姓名: ')

if name in students:
    print('学生 %s 的学号: %s , 姓名的拼音: %s, \n'
          '性别: %s, 手机号码: %s, 电子邮件地址: %s,\n'
          '成绩 %s'% (
        name, students[name]['sno'], students[name]['pinyin'],
            students[name]['sex'], students[name]['tel'],students
[name]['email'],
        students[name]['scores'].items()
                                )
            )
else:
    print('学生 %s 不存在 ' % name)
```

程序运行结果如下：

```
请输入要搜索的学生姓名: 李勇
学生 李勇 的学号: 201809121 , 姓名的拼音: liyong,
性别: Y, 手机号码: 13513551256, 电子邮件地址: 13513551256@186.com,
成绩 dict_items([('math', 64), ('english', 68), ('python', 67)])
```

对学生信息进行修改的模块示例代码如下：

```python
# 修改学生信息
name = input('请输入要编辑的学生姓名: ')

if name in students:
    students[name]['sno'] = input('请输入学生的学号 :')
                                        #input() 函数接收学号
    students[name]['pinyin'] = input('请输入学生姓名的拼音 :')
    students[name]['sex'] = input('请输入学生的性别（男 Y/ 女 N）: ')
```

```
        students[name]['tel'] = input('请输入学生的手机号码: ')
        students[name]['email'] = input('请输入学生的电子邮件地址: ')
         students[name]['scores']['math'] = (int)(input('请输入学生的高
等数学成绩: '))
         students[name]['scores']['english'] = (int)(input('请输入学生
的大学英语成绩: '))
         students[name]['scores']['python'] = (int)(input('请输入学生的
Python 程序设计成绩: '))
    else:
        print('学生 %s 不存在, 若要编辑请选择添加选项 ' % name)        # 使用 %s
```

程序运行结果如下:

```
请输入要编辑的学生姓名: 李勇
请输入学生的学号 :201809121
请输入学生姓名的拼音 :liyong
请输入学生的性别 ( 男 Y/ 女 N): Y
请输入学生的手机号码: 13513551257
请输入学生的电子邮件地址: 13513551257@186.com
请输入学生的高等数学成绩: 86
请输入学生的大学英语成绩: 87
请输入学生的 Python 程序设计成绩: 88
```

删除学生信息的模块示例代码如下:

```
# 删除学生信息
name = input('请输入要删除的学生姓名: ')

if name in students:
    del students[name]
    print("%s" % students.items())
else:
    print('学生 %s 不存在 ' % name)
```

一种运行结果如下:

```
请输入要删除的学生姓名: 李勇
dict_items([])
```

上述代码需要按照顺序放在一个文件中执行。这段 Python 程序只是示例,展示了对该字典结构进行的增加学生信息、查找学生信息、修改学生信息、删除学生顺序且只能顺序执行、只能添加一个学生信息,显然这在实际使用中是不够完善的,读者可以参考学习的 for 循环或者 while 循环,将上述代码段组织在循环结构中,这样就根据用户需要随时执行学生信息添加功能、学生信息查找功能、学生信息修改功能、学生信息删除功能。读者也可以参考后续章节中函数的部分,把这 4 个操作都封装在函数内，通过参数传递去操作同一个存放学生信息的数据结构，在循环结构中，根据用户的输入去调用相应的函数即可实现对学生信息的增加、查找、修改、删除功能。

小结

本模块介绍了 Python 中列表、元组、字典的基本概念及常见操作。

从概念的角度出发，解释了几种数据结构的特点及适用场景，重点需要掌握同样作为序列结构的列表和元组，列表是可变序列而元组是不可变序列。而对于字典结构，核心要理解其元素都是以键值对 key:value 这种映射结构存在的，所以在使用字典结构时，需要选取合适的数据作为 key，尤其要注意键要满足唯一性的要求。理解了字典元素的结构，也就理解了字典能够依据键快速检索到其中元素的原因。

从操作的角度，分别讲解了列表、元组、字典等 3 种数据结构的常见操作，以增加元素、查找元素、修改元素、删除元素为主进行了案例讲解，其他常见的操作还包括遍历操作、排序、逆置等，灵活展现了 3 种数据结构的特点及操作使用特征。

最后，在技能提升部分分别从列表、元组、字典 3 种结构相互嵌套，列表、元组、字典之间相互类型转换等方面展开，又回到学生"画像"系统数据存储需求上，用学生"画像"系统进行增加、查找、修改、删除学生信息的模块代码案例展示了学生"画像"系统的数据结构设计和常见数据结构的实际应用。

熟练掌握这 3 种数据结构的概念和操作后，就可以根据实际应用项目的需要，设计合理的数据结构来存储数据，设计合理的操作流程来处理存储在数据结构中的数据，进而成功解决实际问题。

【明理崇德】

以身报国 致敬楷模——数据存储模块

共和国勋章，是中华人民共和国的最高荣誉勋章，获得者是在中国特色社会主义建设和保卫国家中做出巨大贡献、建立卓越功勋的杰出人士。

共和国勋章获得者分别有中国"氢弹之父"、著名核物理学家于敏，全国劳动模范、全国优秀共产党员申纪兰，中国航天"大总师"、我国"人造卫星技术和深空探测技术的开创者"孙家栋，为建立新中国、保卫新中国作出重大贡献的战斗英雄李延年，西北野战军"特等功"获得者、战斗英雄张富清，世界"杂交水稻之父"、中国工程院院士袁隆平，"中国核潜艇之父"、核潜艇研究设计专家黄旭华，青蒿素研究开发中心主任、著名药学家屠呦呦，中国工程院院士、著名呼吸病学专家钟南山。

在实现中华民族伟大复兴的奋斗历程中，同学们应该以共和国勋章获得者为榜样，立鸿鹄志，以身报国。在学生"画像"系统中，常用的数据存储结构分别有列表、元组和字典三种结构。为加深大家对三种常用结构的理解，达到学以致用的目标，分别使用这三种结构，以以身报国、致敬楷模为主题对共和国勋章获得者的基本信息进行数据存储实现。

1. 存储勋章获得者信息到列表

列表是 Python 中的一种常用数据类型，可以存储任意类型的数据，即列表中各个元素的类型可以互不相同，列表中还可以嵌套列表结构。此处要求接收用户输入，通过逐个添加的方式录入勋章获得者的信息并存储到列表中。示例代码如下：

代码示例

```
# 定义列表结构
heros_list = []
# 采用 for 循环逐个录入勋章获得者信息
for i in range(9):
    # 录入勋章获得者的姓名信息
    name = input(f"请输入第 {i+1} 勋章获得者的姓名：")

    # 录入勋章获得者的出生年份信息
    birth_year = int(input(f"请输入第 {i+1} 勋章获得者的出生年份："))

    # 把当前勋章获得者的信息存入到列表中
    # (可以采用列表的 append、insert 等多种方式添加，此处以 append 为例)
    # 添加一位勋章获得者的信息时，需要先构造一个列表
    person = [name, birth_year]
    # 再把该列表结构的信息添加到 heros_list 中
    heros_list.append(person)
print("共和国勋章获得者的基本信息如列表所示：")
print(heros_list)
```

执行示例

执行后，部分输入信息如下所示：
请输入第 1 勋章获得者的姓名：于敏
请输入第 1 勋章获得者的出生年份：1926
请输入第 2 勋章获得者的姓名：申纪兰
请输入第 2 勋章获得者的出生年份：1929
…

存储勋章获得者信息到列表后，可以在此基础上进行列表的访问、列表的遍历、列表元素的常见操作（增加元素、查找元素、修改元素、删除元素、列表排序、列表逆置等操作），这里定义的列表是嵌套列表结构，在操作时要注意其特殊性。例如，请思考如何查找钟南山院士的基本信息。

2. 存储勋章获得者信息到元组

Python 中元组的形式与列表类似，主要区别在于元组是一种不可变序列，常用来存储不可修改的常量。在存储到存储勋章获得者信息到元组时，只需要把 person = [name, birth_year] 替换为 person = (name, birth_year)，即可实现使用元组存储一位勋章获得者的信息。在完成存储后，请思考如何使用逆向索引或者切片的方式访问元组，查找西北野战军"特等功"获得者、战斗英雄张富清。

3. 存储勋章获得者信息到字典

字典是一种可变容器类型，可存储任意类型的对象，字典由多个元素组成，元素之间以逗号分隔，元素都是键值对即 key:value 的形式，整个字典包括在大括号 {} 中。存储勋章获得者信息到字典的示例代码如下所示：

代码示例

```
# 定义字典结构
heros_dict = {}

# 采用 for 循环逐个录入勋章获得者信息
for i in range(9):
    # 录入勋章获得者的姓名信息
    name = input(f"请输入第
{i+1} 勋章获得者的姓名:")

    # 录入勋章获得者的出生年份信息
    birth_year = int(input(f"
请输入第 {i+1} 勋章获得者的出生年份:"))

    # 把当前勋章获得者的信息存入到
字典中
    heros_dict[name] = birth_
year

print(" 共和国勋章获得者的基本信息
如字典所示: ")
print(heros_dict)
```

执行示例

```
执行后，部分输入信息如下所示：
请输入第 1 勋章获得者的姓名：于敏
请输入第 1 勋章获得者的出生年份：1926
请输入第 2 勋章获得者的姓名：申纪兰
请输入第 2 勋章获得者的出生年份：1929
...
```

　　存储勋章获得者信息到字典后，请思考如何根据字典中勋章获得者的出生年份信息从前到后进行排序。

　　根据实际项目的需求，灵活运用列表、元组和字典结构进行数据存储，既要考虑数据本身的特点，也要考虑在存储后的结构上进行操作是否更合理和便捷。实现中华民族伟大复兴的中国梦，需要我们每一个人的努力奋斗和拼搏进取，让我们以共和国勋章获得者为榜样，立报国志，学好技能和本领，以自己的努力拼搏致敬楷模！

◎ 模 块 五 ◎

学生"画像"系统的函数封装模块

模块导读

　　本模块利用函数封装学生"画像"系统各个功能模块。首先介绍函数的概念，如何定义和调用函数，函数的参数和返回值，函数的嵌套调用和递归调用，变量的作用域；然后介绍 Python 的内置函数和常用标准库函数的使用，如数学计算 math 库和随机运算 random 库。通过学习，引导学生分析学生"画像"系统的功能模块，定义函数实现各功能模块，如添加、删除、修改、查找及查看全部学生信息，并利用自定义函数重构系统，实现学生"画像"系统 2.0 版本，从而提高系统的可读性和代码的重用性。

模块目标

知识目标	技能目标	职业素养
▶ 掌握函数的定义和调用	▶ 能够定义学生画像系统中的函数	▶ 规范的编码习惯
▶ 掌握函数的参数和返回值的使用		
▶ 理解函数的嵌套和递归调用	▶ 能够正确调用学生画像系统中的函数	▶ 自主学习能力
▶ 了解匿名函数的定义和使用		▶ 团队协作能力
▶ 理解变量的作用域，了解全局变量和局部变量的使用	▶ 能够利用函数重构学生画像系统	
▶ 掌握常用内置函数和标准库函数的使用		

课前学习工作页

选择题

（1）使用（　　）关键字创建自定义函数。

A．function　　　　　B．def　　　　　C．func　　　　　D．procedure

（2）以下定义函数的语句中正确的是（　　）。

A．def someFunction( ):　　　　　　　B．function someFunction( )

C．def someFunction( )　　　　　　　D．function someFunction( ):

（3）假设你有一个变量 "example"，可以通过（　　）判断它的类型。

A．getType(example)　　　　　　　　B．Type(example)

C．type(example)　　　　　　　　　　D．example.type:

（4）代码 def a(b, c, d): pass 的含义是（　　）。

A．定义一个列表，并初始化它　　　　B．定义一个函数，但什么都不做

C．定义一个函数，并传递参数　　　　D．定义一个空的类

模块任务

◇任务一：Python 函数的设计与使用

◇任务二：常用内置函数和标准库函数

◇任务三：利用函数重构学生"画像"系统

任务一：Python 函数的设计与使用

任务描述

通过前面模块的学习，小李同学已经掌握了 Python 的基础语法，常用语句，字符串的操作，列表、元组和字典操作，实现了学生"画像"系统的基本功能，能编写程序实现学生信息的输入、存储、查找、编辑和删除等功能。但是，目前的程序中存在大量重复的代码，并且所有的代码都放在一段程序中，结构不够清晰，代码的可读性比较差，项目小组成员之间很难做到合理的分工与合作。

带着这些问题，小李同学开始了学生"画像"系统函数封装模块的学习，学习函数的概念、函数的定义和调用、函数的参数、函数的返回值、函数的类型等相关知识和技能。

任务实施

小李同学：什么是函数?

师傅：函数是组织好的、可重复使用的、用来实现单一或相关联功能的代码段，它能够提高应用的模块化和代码的重复利用率。Python 提供了很多内置函数，如经常用到的输入函数 input( ) 和输出函数 print( )。除此之外，我们还可以创建自己的函数，也就是自定义函数。为了提高代码的编写效率和重用性，我们把具有独立功能的代码块组织成一个小模块，这就是函数。

1. 定义函数

在 Python 中，可以定义一个自己想要实现功能的函数，称为自定义函数。比如，学生"画像"系统中，我们需要实现显示系统菜单，输出学生信息，计算学生总成绩、平均成绩，根据分数确定课程的等级成绩等多个功能。为了保持程序结构清晰，我们就可以根据需要定义不同功能的函数。自定义函数的语法格式如下：

```
def 函数名 ([ 参数列表 ]):
    """ 函数说明 """
    函数体
return 表达式
```

基于上述格式，我们对函数定义的规则进行说明。

（1）函数代码块以 def 关键字开头，后面是一个空格、函数名和圆括号 ( )。

（2）函数名的命名规则和变量的命名规则是一样的，即只能由字母、数字和下画线组成，且不能以数字开头，不能和关键字重名。

（3）函数的参数必须放在圆括号中，实际定义函数时，可以没有参数，也可以有一个或多个参数。

（4）函数内容以冒号开始，并且缩进。

（5）函数的第一行语句习惯用文档字符串来存放函数说明。

（6）return 表达式结束函数，可以选择性返回一个值给调用方，不带表达式的 return 相当于返回 None，省略 return 也认为返回 None，即返回空值。

接下来，我们定义学生"画像"系统中的显示系统主菜单功能的函数，如例 5-1 所示。

例 5-1　定义显示系统主菜单函数。

```
def menu():
    """显示系统菜单"""
    print("|--- 欢迎进入校园大数据学生"画像"系统 v2.0---|")
    print("|---1.添加学生"画像"数据 ---|")
    print("|---2.删除学生"画像"数据 ---|")
    print("|---3.修改学生"画像"数据 ---|")
    print("|---4.搜索学生"画像"数据 ---|")
    print("|---5.显示全部学生"画像"数据信息 ---|")
    print("|---6.退出校园大数据学生"画像"系统 ---|")
```

2. 调用函数

函数定义好以后，就相当于有了一段完成特定功能的代码，要想让这些代码执行，需要调用函数。调用函数的方法很简单，通过"函数名()"即可完成调用。

例如，调用显示系统菜单 menu() 函数的代码如下：

```
# 调用显示系统菜单函数
menu()
```

程序运行结果如下：

```
|--- 欢迎进入校园大数据学生"画像"系统 v2.0---|
|---1.添加学生"画像"数据 ---|
|---2.删除学生"画像"数据 ---|
|---3.修改学生"画像"数据 ---|
|---4.搜索学生"画像"数据 ---|
|---5.显示全部学生"画像"数据信息 ---|
|---6.退出校园大数据学生"画像"系统 ---|
```

小李同学： 我好像明白了，函数就是一个独立的功能模块，我们把这些代码写在一起，再取个名字，需要用这个功能的时候，我们用这个名字调用就可以了。师傅，那我们能不能定义个函数计算一个学生的总成绩啊？

师傅： 当然可以啦。如果一个学生学习了 3 门课程，有 3 个成绩，就可以设计一个函数，接收 3 门课程成绩，计算出总成绩。在定义函数时，可以设想 3 个变量 math、english、python，分别表示学生的高等数学、大学英语和 Python 程序设计成绩，计算 3 门课程的总成绩。下面我们学习函数的参数。

3. 函数的参数

我们通过定义计算总成绩的函数来演示函数参数的使用。具体代码如例 5-2 所示。

例 5-2　定义计算总成绩的函数。

```
def total(math, english, python):
    """ 功能: 计算总成绩 """
    total = math + english + python
    # 输出各科成绩和总成绩
    print(f"math:{math}, english:{english}, python:{python}")
    print(f"total:{total}")
```

在上面的例子中，定义了一个能接收 3 个参数的函数，math、english、python 用于接收函数调用时传递过来的 3 个数值，这 3 个参数称为形式参数（parameters），简称形参，也就是函数定义时的参数。如果需要调用这个函数，我们就需要传递 3 个参数，这个参数称为实际参数（arguments），简称实参。示例代码如下：

```
# 调用函数
total(64, 68, 67)
```

程序运行结果如下：

```
math:64, english:68, python:67
total:199
```

需要注意的是，函数定义时圆括号内是使用逗号分隔开的形式参数列表，一个函数可以没有形式参数，但必须有圆括号，表示这是一个函数并且不接收参数。函数调用时向被调用函数传递实参。必须注意，如果函数定义了多个参数，调用函数时，传递的数据必须和定义的参数一一对应。

需要注意的是，如果函数定义了参数，那么在调用函数时，就必须根据函数的定义传递参数。如果想省略，可以为函数参数设置默认值。

4. 默认值参数

如果在定义函数时给参数设置了默认值，这个参数就被称为默认值参数。当调用函数时，由于默认值参数在定义时已经被赋值，所以可以忽略，而其他参数必须要传入值。如果默认值参数没有传入值，则直接使用默认值；如果默认值参数传入了值，则使用传入的新值。

在上面的例子中，假如有多个学生的 python 成绩都是 67 分，那么可以使用默认值参数。具体代码如例 5-3 所示。

例 5-3　默认值参数示例。

```
def total(math, english, python=67):
    """ 功能: 计算总成绩 """
```

```
        # 计算总成绩
        total = math + english + python
        # 输出各科成绩和总成绩
        print(f"math:{math}, english:{english}, python:{python}")
        print(f"total:{total}")

# 调用函数
total(64, 68)
total(59, 77)
total(85, 88, 91)
```

程序运行结果如下:

```
math:64, english:68, python:67
total:199
math:59, english:77, python:67
total:203
math:85, english:88, python:91
total:264
```

在这个例子中,定义了一个函数计算总成绩,有 3 个参数,其中第 3 个参数设置了默认值,称为默认值参数。前两次调用这个函数时,由于只传入两个参数值,所有会使用 python 参数的默认值 67,第 3 次调用函数时传入了 3 个值,程序会使用传给 python 参数的新值 91。

需要注意的是,带有默认值的参数必须放在参数列表的最右边,否则程序会报错。如上面的例子中,如果给 english 参数设置默认值 68,而 python 参数不设置,那么程序会提示错误信息 SyntaxError: non-default argument follows default argument,如下所示:

```
File "D:/PythonProjects/student/li5-3.py", line 1
  def total(math, english=68, python):
          ^
SyntaxError: non-default argument follows default argument
```

小李同学:默认值函数就是定义函数时给参数设置一个默认值,调用的时候,如果用这个默认值,就可以不用给这个参数传值了。师傅,假如一个函数中定义了多个默认值参数,调用函数时,有的用默认值,有的不用默认值,该怎么做呢?

师傅:好吧,我们再来修改计算总成绩的函数。给 english 和 python 这两个参数分别设置默认值 68 和 67,具体代码如例 5-4 所示。

例 5-4 修改计算总成绩的函数。

```python
def total(math, english=68, python=67):
    """功能: 计算总成绩"""
    # 计算总成绩
    total = math + english + python
    # 输出各科成绩和总成绩
    print(f"math:{math}, english:{english}, python:{python}")
    print(f"total:{total}")


# 调用函数
total(64)
total(59, 77)
total(85, 88, 91)
```

程序运行结果如下:

```
math:64, english:68, python:67
total:199
math:59, english:77, python:67
total:203
math:85, english:88, python:91
total:264
```

从程序运行结果分析,第一次调用函数时,只传入一个参数值,english 和 python 都使用了默认值;第二次调用时传入两个参数值,第二个参数值就传递给了第二个参数 english,第三个参数使用了默认值;第三次调用时传入三个参数值,三个参数都用了传入的新值。

小李同学:师傅,如果调用函数时,可以第二个参数 english 使用默认值,第三个参数 Python 传入新值吗?

师傅:当然可以。为了解决这个问题,我们一起来学习关键参数。

5. 关键参数

关键参数是指调用函数时的参数传递方式,与函数定义无关。通过关键参数可以按参数名字传递值,形参顺序可以和实参顺序不一致,但不影响参数值的传递结果,避免了用户需要牢记参数位置和顺序的麻烦,使得函数的调用和参数传递更加灵活方便。

上面的例子中,我们可以这样调用函数。代码如下所示:

```python
# 调用函数
total(59, 77)
```

```
total(59, python=77)
total(python=91, math=85, english=88)
```

程序运行结果如下：

```
math:59, english:77, python:67
total:203
math:59, english:68, python:77
total:204
math:85, english:88, python:91
total:264
```

从程序运行结果分析，第一次调用函数时传入两个参数值，第二个参数值就传递给了第二个参数 english，第三个参数使用了默认值；第二次调用函数时，利用关键参数的功能，把第二个参数值传递给了参数 python，python 接收到新值 77，参数 english 则没有接收到传递的值，使用的默认值 68；第三次调用函数时，利用关键参数按参数名传值，形参和实参的顺序可以不一致，使得函数调用形式更加灵活。

小李同学：师傅，关键参数我懂了，就是调用函数时按参数名传递参数值，不用考虑定义函数时的顺序。师傅，我又有问题了，咱们定义计算总分函数时，如果不能事先确定有几门课程，也就是说，参数的个数不能确定，这时该怎么办呢？

师傅：这种情况下，我们可以使用不定长参数。

6. 不定长参数

在定义函数时，如果不能确定参数的个数，可以使用不定长参数。不定长参数在定义函数时主要有两种形式：*args 和 **kwargs。其中，*args 用来接收任意多个实参并将其存放到元组中，**kwargs 用来接收类似于关键参数一样显式赋值形式的任意多个实参并将其存放到字典中。

下面的代码演示第一种形式的不定长参数的用法，即在调用函数时无论传递了多少实参，一律将其存放到元组中。

```
>>> def demo(*args):
...     print(args)
...
>>> demo()
()
>>> demo(1, 2, 3)
(1, 2, 3)
>>> demo(1, 2, 3, 4, 5, 6, 7, 8, 9)
(1, 2, 3, 4, 5, 6, 7, 8, 9)
```

下面的代码演示第二种形式的不定长参数的用法，即在调用时函数时，自动将接收到的参数存放到字典中。

```
>>> def demo(**kwargs):
...     print(kwargs)
...
>>> demo()
{}
>>> demo(x=1, y=2)
{'x': 1, 'y': 2}
>>> demo(a=3, b=4, c=5)
{'a': 3, 'b': 4, 'c': 5}
```

如果在一个函数定义中，几种不同形式的参数如果混合使用，依次顺序应该是普通参数、默认参数、*args 参数、**kwargs 参数。默认参数也可以放在 *args 参数之后，但在函数调用的时候必须作为关键参数使用，即必须按变量名称调用。

下面的代码演示混合类型参数的用法。

```
>>> def demo(a, b=1, *c, d=1, **e):
...     print(f"a={a},b={b},c={c},d={d},e={e}")
...
>>> demo(1)
a=1, b=1, c=(), d=1, e={}
>>> demo(1, 2)
a=1, b=2, c=(), d=1, e={}
>>> demo(1, 2, 3, 4)
a=1, b=2, c=(3, 4), d=1, e={}
>>> demo(1, 2, 3, 4, d=5)
a=1, b=2, c=(3, 4), d=5, e={}
>>> demo(1, 2, 3, 4, d=5, x=6, y=7)
a=1, b=2, c=(3, 4), d=5, e={'x': 6, 'y': 7}
```

值得注意的是，虽然 Python 完全支持不同类型的参数混合使用，但如果不是十分必要，不建议这样使用，因为这样会使得代码比较混乱且可读性差，并导致程序差错困难。另外，如果一个函数的参数过多，很可能是函数设计不合理，如功能过多，需要进行必要的拆分或重新设计，以满足函数高内聚的需求。

对于小李同学的问题，要定义一个计算总成绩的函数，但事先不知道有几门课程，我们在定义函数时可以利用不定长参数来实现。具体如例 5-5 所示。

例 5-5 利用不定长参数计算总成绩。

```python
def total(*args):
    """ 输入多门课程成绩，计算总成绩 """
    # 计算总成绩
    total = 0
    for score in args:
        total += score
    # 输出各科成绩和总成绩
    print("scores:{0},total:{1}".format(args, total))

# 调用函数
total(64, 68, 67)
total(59, 68, 77, 90)
```

程序运行结果如下：

```
scores:(64, 68, 67),total:199
scores:(59, 68, 77, 90),total:294
```

如果不仅需要传入成绩，还需要传入课程名称，可以使用第二种形式的不定长参数。具体如例 5-6 所示。

例 5-6 加强版计算总成绩函数。

```python
def total(**kwargs):
    """ 输入多门课程成绩，计算总成绩 """
    total = 0.0    # 计算总成绩
    for key, value in kwargs.items():
        total += value
    # 输出各科成绩和总成绩
    print("scores:{0},total:{1}".format(kwargs, total))

# 调用函数
total(math=64, english=68, python=67)
total(math=59, english=68, python=77, database=90)
```

程序运行结果如下：

```
scores:{'math': 64, 'english': 68, 'python': 67},total:199.0
scores:{'math': 59, 'english': 68, 'python': 77, 'database':
90},total:294.0
```

7. 参数传递时的序列解包

调用含有多个形式参数的函数时，实参可以使用 Python 列表、元组、集合、字典以及其他可迭代对象，并在实参名称前加一个星号 *，Python 解释器将自动进行解包，然后传递给多个单变量形参。如果使用字典作为实参，则默认使用字典的"键"；如果需要使用字典中的"键值对"作为实参，则需要使用字典的 items( ) 方法；如果需要使用字典的"值"作为实参，则需要使用字典的 values( ) 方法。同时，字典还可以使用两个星号 **，把键值对解包成类似于"键＝值"形式的关键参数形式。

下面的代码演示参数传递时的序列解包的用法。

```
>>> def demo(a, b, c):
...     print(a + b + c)
...
>>> ls = [1, 2, 3]
>>> demo(*ls)                  # 等价于: demo(1 , 2, 3)
6
>>> tup = (1, 2, 3)            # 等价于: demo(1 , 2, 3)
>>> demo(*tup)
6
>>> dic={'a':1, 'b':2, 'c':3}  # 等价于: demo('a', 'b', 'c')
>>> demo(*dic)
abc
>>> demo(*dic.values())        # 等价于: demo(1 , 2, 3)
6
>>> demo(**dic)                # 等价于  demo(a=1, b=2, c=3)
6
```

小李同学：师傅，咱们定义的计算总成绩的函数都是直接在函数中输出了结果，如果我想通过调用函数得到总成绩的值，该怎么做呢？

师傅：这个问题特别好。咱们定义函数，有些是为了完成特定功能的操作，有些是为了获取一个结果，如果想得到结果，我们就需要用到函数的返回值。

8. 函数的返回值

所谓"返回值"，就是函数执行完毕后，通过 return 语句返回给调用者的结果。如果需要计算总成绩的函数执行完后返回总成绩，函数中需要有 return 语句。具体代码如例 5-7 所示。

例 5-7　函数的返回值示例。

```
def total(math, english, python):
    """输入高数, 英语,Python 成绩, 计算总成绩"""
    # 计算总成绩
    total = math + english + python
```

```
        # 返回总成绩
        return total

# 调用函数
total = total(64, 68, 67)
print("total = {0}".format(total))
```

程序运行结果如下：

```
total = 199
```

需要注意的是，return 语句表示结束函数的执行，如果没有 return 语句，或者不带 return 语句不返回任何值，Python 认为返回 None，即返回空值。

小李同学：师傅，return 语句能返回多个值吗？

师傅：当然可以。如果一个函数用 return 返回多个值，那么多个值以元组的形式保存。

下面我们定义一个函数，计算总成绩和平均成绩。具体代码如例 5-8 所示。

例 5-8　计算总成绩和平均成绩的函数。

```
def total_ave(math, english=68, python=67):
    """ 输入高数，英语，Python 成绩，计算总成绩 """
    # 计算总成绩
    total = math + english + python
    ave = total/3
    # 返回总成绩、平均成绩
    return total, ave

# 调用函数
total, ave = total_ave(64, 68, 67)
print("total = {0}, ave = {1:#.2f}".format(total, ave))
```

程序运行结果如下：

```
total = 199, ave = 66.33
```

9. 函数的 4 种类型

根据函数有没有参数和返回值，可以分为 4 种类型：

（1）函数无参数，无返回值。

（2）函数无参数，有返回值。

（3）函数有参数，无返回值。

（4）函数有参数，有返回值。

师傅：小李，你能说说我们前面定义的函数属于哪种类型吗？

小李同学：当然可以。例 5-1 是第一种类型，例 5-2 ~ 例 5-6 都是第三种类型，例 5-7 和例 5-8 是第 4 种类型。师傅，没有第二种类型啊。您能举个例子吗？

师傅：可以啊。比如，在学生"画像"系统中，我们显示菜单后，需要用户根据提示输入相应的操作序号。我们可以定义函数 get_choice( )，接收用户从键盘输入的操作序号，并进行返回。具体代码如例 5-9 所示。

例 5-9　第二种类型的函数示例。

```
def get_choice():
    """ 获取用户输入的操作序号 """
    order_code = input("请输入相应数字操作 (1-6): ")
    choice = int(order_code)
    return choice


choice = get_choice()
print(choice)
```

程序运行结果如下：

```
请输入相应数字操作（1-6）: 5
5
```

10. 函数的嵌套调用

在学生"画像"系统中，我们可以定义一个函数 main( )，用于控制整个程序的流程。在这个函数中，我们可以调用了 get_choice( ) 函数，接收用户从键盘输入的操作序号。具体代码如例 5-10 所示。

例 5-10　函数的嵌套调用。

```
def get_choice():
    """ 获取用户输入的操作序号 """
    order_code = input("请输入相应数字操作: ")
    choice = int(order_code)
    return choice

def main():
    """ 定义函数, 控制系统流程 """
    while True:
        # 调用函数, 获取用户的输入的操作序号
        choice = get_choice()
        if choice == 1:
```

```
                print(" 添加学生信息 ")
        elif choice == 2:
                print(" 删除学生信息 ")
        else:
                break                    # 退出循环，退出系统

# 调用 main() 函数
main()
```

程序运行结果如下：

```
请输入相应数字操作：1
添加学生信息
请输入相应数字操作：2
删除学生信息
请输入相应数字操作：3
```

在这个例子中，main( ) 函数中调用了另外一个函数 get_choice( )，这种在一个函数中调用另外一个函数的情况，我们称之为嵌套调用。

11．函数的递归调用

通过上面的学习可以知道，一个函数的内部可以调用其他函数。如果一个函数内部调用了函数本身，我们称之为递归调用，这个函数就是递归函数。

数学上有个经典的递归例子叫阶乘，阶乘通常定义如下：

$$n! = n\ (n-1)\ (n-2)\cdots1$$

可以表示为

$$n!=\begin{cases}1 & n=0\\ n(n-1)! & n\geqslant1\end{cases}$$

接下来，我们通过计算阶乘的例子来演示函数的递归调用。具体代码如例 5-11 所示。

例 5-11　计算阶乘。

```
def fact(n):
    """ 定义函数，求 n 的阶乘 """
    if n == 0:
        result = 1
    else:
        result = n * fact(n-1)
    return result


# 调用函数求 10 的阶乘
```

```
f10 = fact(10)
print("{0}! = {1}".format (10, f10))
```

在上面的程序中，函数内部又调用了函数本身，这种情况就是递归调用。

程序运行结果如下：

```
10! = 3628800
```

12. lambda 表达式

lambda 表达式可以用来声明匿名函数，就是没有函数名称的临时使用的函数。lambda 表达式只可以包含一个表达式，不允许包含其他复杂的语句，但在表达式中可以调用其他函数，并支持默认值参数和关键参数，该表达式的计算结果就是函数的返回值。

lambda 声明匿名函数的一般形式如下：

```
lambda 参数列表：表达式
```

例如，下面例子中声明并使用了匿名函数。

```
>>> add = lambda a, b : a+b
>>> add(3, 5)
8
>>> add(10, 20)
30
```

我们还可以利用 lambda 表达式声明计算总成绩的匿名函数，具体代码如下：

```
>>> total = lambda math, english, python : math + english + python
>>> total(64, 68, 67)
199
```

匿名函数一般用在临时需要一个类似函数功能但又不想定义函数的场合。匿名函数中只能包含一个表达式，不能包含其他复杂的语句，表达式中可以调用其他函数，支持默认参数和关键字参数，表达式的计算结果相当于函数的返回值。

13. 变量的作用域

变量起作用的代码范围称为变量的作用域，不同的作用域内同名变量之间互不影响。一个变量在函数的内部定义和在函数的外部定义，其作用域是不同的，函数内部定义的变量一般为局部变量，而不属于任何函数的变量一般为全局变量。

在函数内部定义的普通变量只在该函数内起作用，称为局部变量，当函数运行结束后，局部变量会被自动删除而不可访问，如下面的例子所示。

```
x = 10                          # 函数外部定义全局变量，并赋值 10
```

```
def demo():
    y = 10                          # 函数内部定义局部变量，并赋值10
    print("函数内部: x = {0}, y = {1}".format(x, y))

demo()                              # 调用函数
print("函数外部: x = {0}, y = {1}".format(x, y))
```

程序运行结果如下：

```
Traceback (most recent call last):
函数内部: x = 10, y = 10
  File "D:/PythonProjects/student/li5-17.py", line 10, in <module>
    print("函数外部: x = {0}, y = {1}".format(x, y))
NameError: name 'y' is not defined
```

分析程序运行结果，可以看出，函数内部可以访问函数外部定义的全局变量，函数外部不能访问函数内部定义的局部变量，显示错误信息，name 'y' is not defined，即变量 y 没有定义。

如果想在函数内容修改一个定义在函数外部的变量值，那么这个变量的作用域必须是全局的，能够同时作用于函数内外，称为全局变量。可以通过 global 来声明或定义全局变量，如下面的例子所示。

```
x = 10

def demo():
    x = 20
    print("函数内部: x = {0}".format(x))

print("函数外部, 调用函数前: x = {0}".format(x))
demo()                                  # 调用函数
print("函数外部, 调用函数后: x = {0}".format(x))
```

程序运行结果如下：

```
函数外部, 调用函数前: x = 10
函数内部: x = 20
函数外部, 调用函数后: x = 10
```

分析程序运行结果，我们发现函数内部修改 x 的值，并没有影响到函数外部。这种情况说明，在函数内部如果有给变量的赋值操作，会把变量看成函数内部新定义了一个局部变量，而且会在函数内部（自己的作用域范围内）隐藏同名的全局变量。

如果要在函数内部修改函数外部定义的全局变量，并将修改结果反映到函数之外，可以在函数内用 global 声明这个变量为全局变量，明确声明要使用已定义的同名全局变量，如下面的例子所示。

```python
x = 10

def demo():
    global x                              # 在函数内部声明全局变量 x
    x = 20
    print("函数内部: x = {0}".format(x))

print("函数外部，函数调用前: x = {0}".format(x))
demo()                                    # 调用函数
print("函数外部，函数调用后: x = {0}".format(x))
```

程序运行结果如下：

```
函数外部，函数调用前: x = 10
函数内部: x = 20
函数外部，函数调用后: x = 20
```

分析程序运行结果，通过在函数内部用 global 声明这个变量为全局变量，明确说明使用已定义的同名全局变量，这种情况下，函数内部对全局变量的修改反映到了函数外部。

也可以函数内部之间使用 global 关键字将一个变量声明为全局变量，即使在函数外没有定义该全局变量，在调用这个函数之后，将增加该全局变量，如下面的例子所示。

```python
def demo():
    global x                              # 在函数内部声明全局变量 x
    x = 20
    print("函数内部: x = {0}".format(x))

demo()                                    # 调用函数
print("函数外部: x = {0}".format(x))
```

程序运行结果如下：

```
函数内部: x = 20
函数外部: x = 20
```

分析程序运行结果，发现在函数内部使用 global 关键字声明的全局变量，在调用函数后，函数外部也可以使用。

总的来说，全局变量方便在整个程序范围内共享变量值，但是会增加函数之间的耦合性,并使得代码测试和纠错变得十分困难。除非真的非常必要,应该尽量避免使用全局变量,选择使用局部变量,从而实现函数的高内聚、低耦合,提高代码的可读性。

任务二:常用内置函数和标准库函数

任务描述

通过前面的任务学习,我们已经基本掌握了自定义函数的设计和使用。其实,除了自定义函数,Python 提供了很多内置函数和标准库函数,还有大量的第三方扩展库,这正是 Python 语言的特色和精髓所在。我们在进行系统开发时,可以直接使用这些函数实现很多的功能,很多问题都可以得以快速解决。工欲善其事,必先利其器。下面我们就来学习部分常用的内置函数和标准库函数。

任务实施

小李同学: 什么是内置函数啊?

师傅: 内置函数指不需导入任何模块就可以直接使用的函数,如我们前面用到的 id( )、type( )、int( ) 等函数,这些函数封装在内置模块中,并且进行了大量优化,具有非常快的运算速度,推荐优先使用。

1. 内置函数

Python 解释器提供了 68 个内置函数,这些函数不需要引入库就可以直接使用。表 2-5-1 列出了部分常用的内置函数。

◎ 表 2-5-1　Python 部分常用的内置函数

函　　数	功　　能
abs(x)	返回 x 的绝对值
bin(x)	将数字 x 转换为二进制数形式的字符串
chr(x)	返回整数 x 所表示的字符
divmod(x, y)	返回 x 除以 y 的商和余数组成的元组
filter(function, iterable)	用于过滤掉不符合条件的元素,返回一个迭代器对象
float(x)	将 x 转化为浮点数
help(object)	返回对象的帮助信息
hex(x)	将 x 转化为十六进制数形式的字符串
id(object)	返回对象的标识(地址)
int(x)	将 x 转化为整数

函　　数	功　　能
len(object)	返回对象包含的元素个数，适用于列表、元组、集合、字典、字符串等类型的对象
map(function, iterable, …)	将单参数函数映射到序列中的每个元素，返回 map 对象
max(seq)	返回列表中的最大值
min(seq)	返回列表中的最小值
oct(x)	将 x 转换为八进制数形式的字符串
ord(x)	返回字符 x 的 Unicode 编码
pow(x, y)	返回 x 的 y 次方
range([start], end[, step])	返回一个等差列表形式的 range 对象，不包括终值
reversed(seq)	返回逆序后的迭代器对象
round(x [,n])	返回 x 的四舍五入值，不指定小数位数则返回整数
sorted(seq)	返回排序后的列表
str(x)	将 x 转换为字符串
sum(seq)	返回列表中元素的总和值
type(object)	返回对象的数据类型
zip([iterable, …])	返回元组形式的 zip 对象

内置函数比较多且功能强大，很难一下子全部讲清楚，这里我们重点介绍部分常用的内置函数。

1）range( ) 函数

range( ) 函数返回的是一个等差数列形式的可迭代对象。其函数语法如下：

```
range(stop)
range(start, stop[, step])
```

在上述语法中，start 表示数列开始，默认是从 0 开始，如 range(5) 等价于 range(0, 5)；stop 表示数列结束，但不包括 stop，如 range(0, 5)，是 [0, 1, 2, 3, 4] 没有 5；step 表示步长，默认为 1，如 range(0, 5) 等价于 range(0, 5, 1)。

如果希望将迭代器对象转换为列表，可以通过 list( ) 函数进行转换，也可以使用 for 循环遍历迭代器对象，取出其内部的每个元素。

演示代码如下：

```
>>> range(5)
range(0, 5)
>>> for i in range(5):
...     print(i)
```

```
...
0
1
2
3
4
>>> list(range(5))
[0, 1, 2, 3, 4]
>>>list(range(0, 30, 5))
[0, 5, 10, 15, 20, 25]
>>> list(range(0, 10, 2))
[0, 2, 4, 6, 8]
>>> list(range(0, -10, -1))
[0, -1, -2, -3, -4, -5, -6, -7, -8, -9]
```

2）map( )函数

map( )函数会根据提供的函数对指定序列进行映射。其函数语法如下：

```
map(function, iterable, ...)
```

在上述语法中，第一个参数 function 表示一个函数名，第二个参数 iterable 可以是序列、支持迭代的容器或迭代器。当调用 map( )函数时，会以 iterable 中的每个元素为参数调用 function( )函数，所有元素调用 function( )函数返回的结果会保存到一个迭代器对象中。

需要说明的是，在 Python 2 中，map( )函数返回列表（list）类型的对象。

如果希望将迭代器对象转换为列表，可以通过 list( )函数进行转换，也可以使用 for 循环遍历迭代器对象，取出其内部的每个元素。

例如，有一个列表 list_a，我们需要列表所有元素的绝对值，就可以使用 map( )函数。具体代码如下：

```
>>> list_a = [-6, 5, 3, -2, 4, -1]       # 定义列表 list_a
>>> res = map(abs, list_a)   # 调用 map() 函数，求列表中每个元素的绝对值
>>> print(res)               # 输出 res 对象，注意结果显示是一个 map 对象
<map object at 0x000001F429D105F8>
>>> list_b = list(res)       # 把 map 对象转换为列表
>>> print(list_b)            # 输出列表 list_b，查看结果
[6, 5, 3, 2, 4, 1]
```

在使用 map( )函数时，function( )函数也可以使用匿名函数。如有两个列表，需要计算对于元素之和，具体代码如下：

```
>>> x = [1, 3, 5, 7, 9]
>>> y = [2, 4, 6, 8 ,10]
```

```
>>> res = map(lambda a, b:a + b, x, y)
>>> for i in res:                  # 利用 for 循环遍历
...     print(i, end=" ")
...
3 7 11 15 19
```

或

```
>>> list(map(lambda x, y: x + y, [1, 3, 5, 7, 9], [2, 4, 6, 8, 10]))
[3, 7, 11, 15, 19]
```

3）filter( ) 函数

filter( ) 函数会对指定的序列执行过滤操作，函数语法如下：

```
filter(function, iterable)
```

在上述语法中，function 可以是函数名或者 None，iterable 可以是序列、支持迭代的容器或迭代器，返回一个迭代器对象，其中 function 只能接收一个参数，且返回值应为布尔类型。

filter( ) 函数的作用是以 iterable 中的每个元素为参数分别调用 function( ) 函数，最后返回的迭代器包含调用结果为 True 的元素。

例如，有一个列表，找出其中的奇数元素，代码如下：

```
>>> def is_odd(n):                  # 定义函数，判断一个数是否奇数
...     return n % 2 == 1

>>> list(filter(is_odd, [1, 2, 3, 4, 5, 6, 7, 8, 9, 10]))
[1, 3, 5, 7, 9]
```

在使用 filter( ) 函数时，function( ) 函数也可以使用匿名函数，代码如下：

```
>>> res = filter(lambda n : n % 2,  [1, 2, 3, 4, 5, 6, 7, 8, 9, 10])
>>> list(res)
[1, 3, 5, 7, 9]
```

4）zip( ) 函数

zip( ) 函数用于将可迭代的对象中对应的元素打包成元组，返回包含这些元组的 zip 对象。其函数语法如下：

```
zip([iterable, ...])
```

在上述语法中，iterable 可以是一个或多个序列、支持迭代的容器或迭代器，返回一个迭代器对象。函数的作用是将可迭代对象中对应的元组打包成元组，返回包含这些元组的迭代器对象。

例如，有 3 个列表，现需要将 3 个类别对应元素组合成元组，代码如下：

```
>>> a = [1,2,3]
>>> b = [4,5,6]
>>> c = [4,5,6,7,8]
>>> zipped = zip(a,b)                    # 返回一个对象
>>> zipped
<zip object at 0x103abc288>
>>> list(zipped)                         # list() 转换为列表
[(1, 4), (2, 5), (3, 6)]
>>> list(zip(a,c))                       # 元素个数与最短的列表一致
[(1, 4), (2, 5), (3, 6)]
```

在学生"画像"系统中，如果有课程名称列表，有某个学生的成绩列表，那么可以使用 zip( ) 函数将其转换为字典的形式，代码如下：

```
>>> course_list = ["math", "english", "python"]
>>> score_list = [64, 68, 67]
>>> scores = dict(zip(course_list,score_list))
>>> scores
{'math': 64, 'english': 68, 'python': 67}
```

5）其他序列处理函数

内置函数中还有 len( )、max( )、min( )、sum( )、reversed( ) 和 sorted( ) 等序列处理函数，这些函数的使用演示如下：

```
>>> ls = [1, 3, 5, 7, 9, 2, 4, 6, 8]
>>> len(ls)
9
>>> max(ls)
9
>>> min(ls)
1
>>> sum(ls)
45
>>> sorted(ls)
[1, 2, 3, 4, 5, 6, 7, 8, 9]
>>> sorted(ls, reverse=True)
[9, 8, 7, 6, 5, 4, 3, 2, 1]
>>> reversed(ls)
<list_reverseiterator object at 0x000001F429D11400>
>>> list(reversed(ls))
[8, 6, 4, 2, 9, 7, 5, 3, 1]
```

需要注意的是，sorted( ) 函数返回的是排序后的列表，reversed( ) 函数返回的是一个反转后的迭代器，总之，列表本身不发生变化。

6）数学相关函数

内置函数中的数学相关函数是 abs( )、divmod( )、pow( )、round( )、min( ) 和 max( )，这些函数使用演示如下：

```
>>> num1 = -3.1415926
>>> num2 = 2
>>> abs(num1)
3.1415926
>>> abs(num2)
2
>>> divmod(num1, num2)
(-2.0, 0.8584073999999999)
>>> divmod(abs(num1), num2)
(1.0, 1.1415926)
>>> pow(num2, 5)
32
>>> round(num1,2)
-3.14
>>> max(num1, num2)
2
>>> min(num1, num2)
-3.1415926
num1 = -3.1415
```

7）类型转换函数

内置函数中的类型转换函数是 chr( )、ord( )、float( )、int( )、bin( )、hex( )、oct( ) 和 str( )，这些函数使用演示如下：

```
#chr() 和 ord() 是一对功能相反的函数
>>> chr(65)                    # 返回 Unicode 编码为 65 的字符
'A'
>>> ord(chr(65))
65
>>> ord('中')                  # 返回汉字 "中" 的 Unicode 编码
20013
>>> chr(ord('中'))
'中'

#float() 和 int()，强制类型转换
>>> float(65)                  # 整数转换成浮点数
65.0
>>> float('3.14')              # 字符串转换为浮点数
3.14
>>> int(3.14)                  # 浮点数转换为整数，直接去掉小数
```

```
3
>>> int(3.8)
3
>>> int("3")
3

#bin()、hex()和oct()，进制转换
>>> bin(65)                          # 返回 65 对应的二进制数的字符串
'0b1000001'
>>> hex(65)                          # 返回 65 对应的十六进制数的字符串
'0x41'
>>> oct(65)                          # 返回 65 对应的八进制数的字符串
'0o101'

#str()将对象转换为字符串
>>> str(65)
'65'
>>> str(3.14)
'3.14'

#eval()用来执行一个字符串表达式，并返回表达式的值
>>> eval('3*7')
21
```

最后，我们介绍 id( ) 和 type( ) 函数。id( ) 函数用于返回对象的地址，type( ) 函数用于返回对象的类型。

```
>>> a = 5
>>> id(a)
140731001299728
>>> type(a)
<class 'int'>
```

建议大家在编程时优先考虑使用内置函数，因为内置函数不仅成熟稳定，且速度相对较快。如果需要用到某个函数不太熟悉，可以使用 dir( ) 和 help( )，其中 dir( ) 函数可以查看指定模块中包含的所有成员或者指定对象类型支持的所有操作，help( ) 函数可以查看制定模块或函数的说明文档，这对于学习和使用函数非常重要，熟练使用这两个函数非常有必要。

内置函数链接：https://docs.python.org/3/library/functions.html。

2. 标准库函数

利用函数库编程是 Python 语言的最重要特点，除了内置函数外，Python 系统还提供了大量的标准库函数，如数学计算 math 库、随机运算 random 库，这些库

函数不能直接使用，需要使用时必须用 import 引用，引用方式如下：

```
import math
```

或

```
from math import <函数名>
```

1）math 库的使用

数学计算 math 库中提供了 4 个数学常数和 44 个函数，包括对数函数、指数函数、三角函数、误差计算和其他常用的数学函数。

下面的代码演示数学常数和函数的使用。

```
>>> import math
>>> dir(math)                           # 查看math模块的成员
['__doc__', '__loader__', '__name__', '__package__', '__spec__',
'acos', 'acosh', 'asin', 'asinh', 'atan', 'atan2', 'atanh', 'ceil',
'copysign', 'cos', 'cosh', 'degrees', 'e', 'erf', 'erfc', 'exp',
'expm1', 'fabs', 'factorial', 'floor', 'fmod', 'frexp', 'fsum',
'gamma', 'gcd', 'hypot', 'inf', 'isclose', 'isfinite', 'isinf',
'isnan', 'ldexp', 'lgamma', 'log', 'log10', 'log1p', 'log2', 'modf',
'nan', 'pi', 'pow', 'radians', 'remainder', 'sin', 'sinh', 'sqrt',
'tan', 'tanh', 'tau', 'trunc']

# 常数
>>> math.pi                             # 圆周率
3.141592653589793
>>> math.e                              # 自然常数
2.718281828459045

>>> math.ceil(5.89)                     # 向上取整
6
>>> math.floor(5.89)                    # 向下取整
5

>>> math.factorial(10)                  # 求阶乘函数，计算10的阶乘
3628800

>>> math.sqrt(2)                        # 求平方根函数，计算2的平方根
1.4142135623730951
```

编写函数计算圆形和三角形的面积，如例 5-12 所示。

例 5-12　圆形和三角形面积计算。

```
import math
```

```
def circle_area(r):
    """输入圆的半径，计算面积"""
    area = math.pi * r * r
    return area


def triangle_area(a, b, c):
    """输入三角形三边长，计算面积"""
    if a + b > c and b + c > a and c + a > b:
        p = (a + b +c) / 2.0
        s = math.sqrt(p * (p - a) * (p - b) * (p - c))
        return s
    else:
        return -1


r = 5
s1 = circle_area(r)
x, y, z= 3, 4, 5
s2 = triangle_area(x, y, z)
print(f"半径为{r}的圆的面积是: {s1}")
print(f"边长为{x}、{y}、{z}的三角形面积是: {s2}")
```

程序运行结果如下：

```
半径为5的圆的面积是: 78.53981633974483
边长为3、4、5的三角形面积是: 6.0
```

2）random库的使用

随机运算 random 库中提供了 9 个常用的函数。使用 random 库的主要目的是生成随机数，通过学习应该可以通过查阅函数说明，选择符合需要的函数。

下面的代码演示随机函数的使用。

```
>>> import random
>>> dir(random)                           # 查看random模块的成员
['BPF', 'LOG4', 'NV_MAGICCONST', 'RECIP_BPF', 'Random', 'SG_
MAGICCONST', 'SystemRandom', 'TWOPI', '_BuiltinMethodType', '_
MethodType', '_Sequence', '_Set', '__all__', '__builtins__', '__
cached__', '__doc__', '__file__', '__loader__', '__name__', '__
package__', '__spec__', '_acos', '_bisect', '_ceil', '_cos', '_e',
'_exp', '_inst', '_itertools', '_log', '_os', '_pi', '_random', '_
sha512', '_sin', '_sqrt', '_test', '_test_generator', '_urandom',
'_warn', 'betavariate', 'choice', 'choices', 'expovariate',
'gammavariate', 'gauss', 'getrandbits', 'getstate', 'lognormvariate',
'normalvariate', 'paretovariate', 'randint', 'random', 'randrange',
'sample', 'seed', 'setstate', 'shuffle', 'triangular', 'uniform',
'vonmisesvariate', 'weibullvariate']
```

```
>>> random.random()           # 生成 [0.0, 1.0) 之间的随机小数，不包括 1.0
0.35913552677324667
>>> random.random()
0.8324960115461596

>>> random.uniform(1,10)      # 生成 [a, b] 之间的随机小数，包括 a,b
6.943870226167254
>>> random.uniform(1,10)
7.960592078230446

>>> random.randint(1,10)      # 生成 [a, b] 之间的随机整数，包括 a,b
9
>>> random.randint(1,10)
6

>>> ls = [0, 1, 2, 3, 4, 5, 6, 7, 8, 9]
>>> random.choice(ls)         # 从序列如列表中随机返回一个元素
9
>>> random.choice(ls)
3
random.shuffle(ls)            # 将序列如列表中的元素随机排列，返回打乱后的序列
ls
[1, 3, 9, 2, 0, 7, 4, 8, 6, 5]
```

比较两次的结果，体会随机运算的随机性。

编写程序模拟掷骰子的过程，如例 5-13 所示。

例 5-13　模拟掷骰子的过程。

```
from random import randint

def play_dice(n=1000):
    """定义函数模拟掷 n 次骰子游戏，统计每个点数出现的次数"""
    d = dict()                # 定义字典存放结果
    i = 0
    while i < 1000:
        # 生成 1-6 之间的随机整数，模拟掷骰子
        n = randint(1, 6)
        # 累计当前点数的出现次数
        d[n] = d.get(n, 0) + 1
        i = i + 1
    print(d)
```

```
# 两次调用函数，比较结果，体会随机性
play_dice()
play_dice()
```

程序运行结果如下：

```
{6: 181, 2: 155, 3: 168, 5: 174, 4: 171, 1: 151}
{3: 136, 4: 188, 1: 154, 5: 150, 6: 198, 2: 174}
```

3）datetime 库的使用

日期和时间的处理是程序中经常用到的功能。Python 提供了一个处理日期和时间的标准函数库 datetime，它提供了一系列从简单到复杂的日期和时间的处理方法。datetime 库可以从系统中获取时间，并以用户设置的格式输出。

datetime 库以格林威治时间为基础，每天由 $3\ 600 \times 24$ s 精准定义。该库包含两个常量：datetime.MINYEAR 和 datetime.MAXYEAR，分别表示 datetime 能表示的最小和最大年，值分别是 1 和 9999。

datetime 库以类的方式提供多种日期和时间的表达方式。

- datetime.date：日期表示类，可以表示年、月、日。
- datetime.time：时间表示类，可以表示小时、分钟、秒和毫秒等。
- datetime.datetime：日期和时间表示的类，功能覆盖 date 和 time 类。
- datetime.timedelta：与时间间隔有关的类。
- datetime.tzinfo：与时区有关的信息表示类。

由于 datetime.datatime 类表达形式最为丰富，我们主要介绍这个类的使用。使用 datetime 类需要用 import 引入，引入的方式如下：

```
from datetime import datetime
```

datetime.datetime 类（以下简称为 datetime 类）的使用方式是首先创建一个 datetime 对象，然后通过对象的方法和属性显示时间。

（1）datetime 对象的创建。

创建 datetime 对象的方法有：datetime.today( ) 和 datetime.now( )，返回当前日期和时间，精确到微秒；datetime.utcnow()，返回当前日期和时间对应的 UTC（世界标准时间），精确到微秒；datetime.datetime()，构造一个 datetime 对象，格式如下：

```
datetime(year, month, day, hour=0, minute=0, second=0,
microsecond=0)
```

参数说明：

- year：指定的年份，MINYEAR < = year < = MAXYEAR。

- month：指定的月份，1 < = month < = 12。

- day：指定的日期，1 < = day < = 月份所对应的日期上限。

- hour：指定的小时，0 < = hour < 24。

- minute：指定的分钟，0 < = minute < 60。

- second：指定的秒数，0 < = second < 60。

- microsecond：指定的微秒数，0 <= microsecond < 1000000。

其中，hour、minute、second、microsecond 参数可以全部或部分省略。

下面的代码演示 datetime 对象的创建。

```
>>> from datetime import datetime
>>> datetime.today()
datetime.datetime(2019, 7, 27, 22, 46, 3, 216478)
>>> datetime.now()
datetime.datetime(2019, 7, 27, 22, 46, 8, 309027)
>>> datetime.utcnow()
datetime.datetime(2019, 7, 27, 14, 46, 18, 711209)
>>> datetime(2019, 10, 1)
datetime.datetime(2019, 10, 1, 0, 0)
```

（2）datetime 的常用属性。

datetime.min：返回 datetime 的最小时间对象，datetime(MINYEAR, 1, 1)。

datetime.max：返回 datetime 的最大时间对象，datetime(MAXYEAR, 12, 31, 23, 59, 59, 999999)。

datetime.year：返回 datetime 对象的年份。

datetime.month：返回 datetime 对象的月份。

datetime.day：返回 datetime 对象的日期。

datetime.hour：返回 datetime 对象的小时。

datetime.minute：返回 datetime 对象的分钟。

datetime.second：返回 datetime 对象的秒钟。

datetime.microsecond：返回 datetime 对象的微秒值。

下面的代码演示 datetime 常用属性的使用。

```
>>> from datetime import datetime
>>> now = datetime.now()
```

```
>>> now
datetime.datetime(2019, 7, 27, 22, 2, 11, 141628)
>>> now.min
datetime.datetime(1, 1, 1, 0, 0)
>>> now.max
datetime.datetime(9999, 12, 31, 23, 59, 59, 999999)
>>> now.year
2019
>>> now.month
7
>>> now.day
27
>>> now.hour
22
>>> now.minute
2
>>> now.second
11
>>> now.microsecond
141628
```

（3）datetime 的常用方法。

datetime.date( )：以 date 对象的形式返回 datetime 对象的日期。

datetime.time( )：以 time 对象的形式返回 datetime 对象的时间。

datetime.timestamp( )：返回 datetime 对象的时间戳。

datetime.weekday( )：返回 datetime 对象的星期（0 ~ 6）。

datetime.ctime( )：返回表示日期时间的字符串。

datetime.strftime(format)：按指定格式返回表示日期时间的字符串。

classmethod datetime.strptime(date_string, format)：类的静态方法，按指定的格式返回字符串对应的日期对象。

下面的代码演示 datetime 常用方法的使用。

```
>>> from datetime import datetime
>>> dt = datetime.now()
>>> dt.date()
datetime.date(2019, 7, 27)
>>> dt.time()
datetime.time(22, 49, 9, 574973)
>>> dt.timestamp()
1564238949.574973
```

```
>>> dt.ctime()
'Sat Jul 27 22:49:09 2019'
>>> dt.strftime("%Y-%m-%d %H:%M:%S")
'2019-07-27 22:49:09'
```

datetime.strftime( ) 方法是格式化输出日期时间最有效的方法，几乎能以任何格式输出日期和时间。表 2-5-2 列出了 strftime( ) 方法的格式化控制符。

◎ 表 2-5-2　strftime( ) 方法的格式化控制符

格式化控制符	日期 / 时间	值范围和实例
%Y	年份	0001~9999，例如：2019
%m	月份	01~12，例如：07
%B	月名	January~December，例如：July
%b	月名缩写	Jan~Dec，例如：Jul
%d	日期	01~31，例如：27
%A	星期	Monday~Sunday，例如：Saturday
%a	星期缩写	Mon~Sun，例如：Sat
%H	小时（24 小时制）	00~24，例如：22
%M	分钟	00~59，例如：16
%S	秒钟	00~59，例如：26
%x	日期	月 / 日 / 年，例如：07/27/2019
%X	时间	时 : 分 : 秒，例如：22:16:26

strftime( ) 格式化字符串的数字左侧会自动补零，也可以和字符串格式化方法 format( ) 一起使用。下面通过例子演示 datetime.strftime( ) 方法的使用。

```
>>> from datetime import datetime
>>> dt = datetime.today()
>>> dt
datetime.datetime(2019, 7, 27, 23, 46, 48, 508880)
>>> dt.strftime("%Y-%m-%d %H:%M:%S")
'2019-07-27 23:46:48'
>>> dt.strftime("%A, %d. %B %Y %I:%M%p")
'Saturday, 27. July 2019 11:46PM'
>>> "{0:%Y}年{0:%m}月{0:%d}日{0:%H}时{0:%M}分{0:%S}秒".format(dt)
'2019 年 07 月 27 日 23 时 46 分 48 秒 '
```

师傅： 学了 datetime 库以后，想想能不能给学生 "画像" 系统的学生信息增加一个 "出生日期" 数据呢?

小李同学： 应该可以，我们可以用 datetime 对象表示学生的出生日期。对了，有了出生日期，还可以计算学生的年龄。让我试试!

例5-14　编写程序，输入出生日期，根据出生日期计算年龄。

```python
from datetime import datetime

def get_age(birth):
    """定义函数，根据出生日期计算年龄"""
    today = datetime.today()                # 获取当前日期
    myday = datetime(today.year, birth.month, birth.day)
    if today >= myday:
        age = today.year - birth.year
    else:
        age = today.year - birth.year - 1
    return age

birth_date_str = input("请你的出生日期(yyyy-mm-dd):")
birth_date = datetime.strptime(birth_date_str, "%Y-%m-%d")
age = get_age(birth_date)
stu = {'出生日期': birth_date}
print("你的出生日期是{0:%Y-%m-%d}，今年{1}岁。".format(birth_date, age))
```

程序运行结果如下：

```
请输入你的出生日期(yyyy-mm-dd):2001-5-18
你的出生日期是2001-05-18，今年18岁。
```

师傅： 其实，我们的身份证号中也包含有出生日期的信息。小李，如果有了学生的身份证号，你能编程获取出生日期吗？

小李同学： 一定可以的，让我先研究一下身份证号的编码规则吧。

身份证号编码规则如下：公民身份号码是特征组合码，由17位数字本体码和1位数字校验码组成。其中第7位到第14位表示出生的年、月、日，其中年份用4位数字表示，年、月、日之间不用分隔符，例如，1981年05月11日就用19810511表示。

例5-15　编写函数，输入身份证号，返回出生日期。

```python
from datetime import datetime
def get_age(birth):
    """根据出生日期计算年龄"""
    today = datetime.today()
    myday = datetime(today.year, birth.month, birth.day)
    if today >= myday:
        age = today.year - birth.year
    else:
        age = today.year - birth.year - 1
```

```
        return age

def get_birth_date(idNo):
    """从身份证号获取出生日期"""
    birth_str = idNo[6:14]
    birth_date = datetime.strptime(birth_str, "%Y%m%d")
    return birth_date


idNo = input("请输入你的身份证号:")
birth_date = get_birth_date(idNo)
age = get_age(birth_date)
print("你的出生日期是 {0:%Y-%m-%d}，今年 {1} 岁。".format(birth_date, age))
```

程序运行结果如下：

```
请输入你的身份证号吗:410712200105183024
你的出生日期是2001-05-18，今年18岁。
```

内置函数和标准库函数我们就简单介绍这些。Python 系统提供了大量的标准库函数和第三方函数，利用函数编程可以大大简化编程，降低编程的复杂性和难度，起到事半功倍的效果。在今后的学习中，我们还会学到用到更多函数。同学们可以通过查阅帮助文档，自行学习使用。

小贴士

Python 语言具有丰富的内置数据类型、函数和标准库，更多资料可以查阅 Python 使用手册。Python 使用手册由一组文档构成，包括 Tutorial、Library Reference、Language Reference 等内容，可以访问 http://docs.python.org/3 阅读并下载。

任务三：利用函数重构学生"画像"系统

任务描述

通过前面的学习，小李同学已经掌握了函数的定义和使用。在本任务中我们将重新划分学生画像系统的功能模块，分析系统设计思路，利用函数实现各个模块的功能，定义各个功能实现的函数，如显示菜单函数、接收用户输入选择函数、学生信息输入函数、学生信息输出函数、学生信息查找函数、学生信息修改函数，判断用户是否存在函数等，并利用函数重构学生画像系统，对系统功能模块进行函数封装，实现学生画像系统 2.0 版本。

任务实施

小李同学：师傅，函数我基本会用了。对于学生画像系统，我该怎么使用函数来进行模块化开发呢？

师傅：好的，下面我们就来学习如何利用自定义函数，对学生"画像"系统的功能模块进行封装，并重构系统。

1．系统功能分析

学生"画像"系统负责管理维护学生的信息，可以适时地更新学生数据。例如，新生入学，可以在系统中录入学生信息。设计一个学生画像系统，要求如下：

（1）使用自定义函数，完成系统功能的模块化。

（2）学生信息包括：姓名（字符串）、学号（字符串）、性别（布尔类型）、身份证号（字符串）、出生日期（datetime 类型）、电子邮箱（字符串）、成绩（字典类型，包括 math、english、python 共 3 门课程成绩）。

（3）系统具有的功能：添加、删除、修改、查找和查看学生信息以及退出系统功能。

2．系统设计思路

（1）显示主菜单，提示用户选择功能操作。

（2）获取用户选择的功能序号。

（3）根据用户的选择，调用不同的函数，执行相应的功能操作。

学生"画像"系统的具体功能如图 2-5-1 所示。

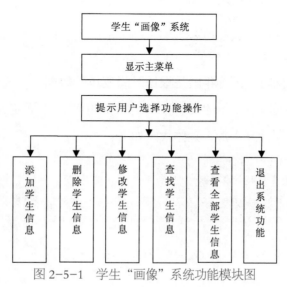

图 2-5-1　学生"画像"系统功能模块图

3. 系统实现步骤

（1）新建字典 students_info，用于保存全部学生的信息，代码如下：

```
# 定义字典, 用于保存全部学生的信息
students_info = dict()
```

（2）定义相关数据处理函数。

在程序数据中，学生性别使用的是布尔类型的数据，在输出数据时，直接输出布尔值 True 或 False，数据表示不够清晰明确。为了更好地让用户理解，我们把布尔值转换为中文"男 / 女"表示。为完成该项工作，定义函数 get_sex_str( )，用于把布尔值转换为姓名中文表示，具体代码如下：

```
def get_sex_string(sex):
    """将布尔型的性别值转换成男、女"""
    if sex:
        sex_str = "男"
    else:
        sex_str = "女"
return sex_str
```

在程序数据中，有设置表示学生身份证号的数据，根据身份证号可以获取学生的出生日期。下面定义函数 get_birthdate( ) 从身份证号中提取出生日期信息，具体代码如下：

```
def get_birth_date(idNo):
    """从身份证号获取出生日期"""
    birth_str = idNo[6:14]
    birth_date = datetime.strptime(birth_str, "%Y%m%d")
    return birth_date
```

在设计程序数据时，因为年龄是根据时间变化的数据，一般情况下不选择存储年龄数据，可以根据学生的出生日期计算学生的年龄。下面定义函数 get_age( )，根据学生的出生日期计算年龄，具体代码如下：

```
def get_age(birth):
    """根据出生日期计算年龄"""
    today = datetime.today()
    myday = datetime(today.year, birth.month, birth.day)
    if today >= myday:
        age = today.year - birth.year
    else:
        age = today.year - birth.year - 1
    return age
```

在程序数据中，我们有设置表示学生成绩的数据，用于存放学生每门课程的课程名称和成绩。程序设计的过程中，我们可能需要查看某个学生的总成绩、平均成绩和不及格的课程数等信息，这些信息可以由学生成绩计算或统计获得。为了保持数据的一致性，我们不需要输入和存储。下面我们定义函数 get_total_ave( )，计算学生的总成绩和平均成绩，具体代码如下：

```python
def get_total_ave(scores):
    """ 计算总成绩和平均成绩 """
    count = 0
    total = 0.0
    for key, value in scores.items():
        total += value
        count += 1
    ave = total/count
    return total, ave
```

定义函数 get_failed_num( )，统计不及格的课程数，具体代码如下：

```python
def get_failed_num(scores):
    """ 获取不及格的课程数 """
    count = 0
    for key, value in scores.items():
        if value < 60:
            count += 1
    return count
```

（3）定义函数，显示系统主菜单，用于提示用户可以进行哪些操作，具体代码如下：

```python
def menu():
    """ 显示系统菜单 """
    today = datetime.today()                        # 获取当前日期时间
    print("="*50)
    print(today.strftime("%Y-%m-%d %H:%M:%S")) # 输出当前时间
    print("|--- 欢迎进入校园大数据学生“画像”系统 v2.0---|")
    print("|---1.添加学生“画像”数据 ---|")
    print("|---2.删除学生“画像”数据 ---|")
    print("|---3.修改学生“画像”数据 ---|")
    print("|---4.搜索学生“画像”数据 ---|")
    print("|---5.显示全部学生“画像”数据信息 ---|")
    print("|---6.退出校园大数据学生“画像”系统 ---|")
    print("="*50)
```

（4）定义添加学生信息的函数。在该函数中，提示用户输入要添加的学生姓名，判断该学生是否已经存在。如果存在，提示信息；如果不存在，提示用户输入学生的其他信息。使用字典将学生信息保存起来，并将其添加到 students_info 中。具体代码如下：

```python
def add():
    """添加学生信息"""
    name = input("请输入要添加的学生姓名: ")
    # 判断学生是否存在
    if name in students_info:
        print("该学生已经存在! ")
    else:
        # 按提示输入学生信息
        sno = input("请输入学号: ")
        sex = eval(input("请输入性别: "))
        idNo = input("请输入身份证号: ")
        birth_date = get_birth_date(idNo)
        tel = input("请输入电话: ")
        email = input("请输入电子邮箱: ")
        math = eval(input("请输入高等数学成绩: "))
        english = eval(input("请输入大学英语成绩: "))
        python = eval(input("请输入 Python 成绩: "))

        # 定义字典 scores，把 3 门课程成绩存入字典
        scores = dict()
        scores["math"] = math
        scores["english"] = english
        scores["python"] = python

        # 定义字典 stu，把学生信息存入字典
        stu = dict()
        stu["学号"] = sno
        stu["姓名"] = name
        stu["性别"] = sex
        stu["身份证号"] = idNo
        stu["出生日期"] = birth_date
        stu["电话"] = tel
        stu["电子邮箱"] = email
        stu["成绩"] = scores

        # 把学生信息添加到 students_info
        students_info[name] = stu
```

（5）定义删除学生信息的函数。在该函数中，提示用户输入要删除的学生姓名，

判断该学生是否存在。如果存在，确认是否真的删除，如果输入 "Y" 或 "y"，删除该学生信息，否则不删除；如果学生不存在，提示信息。具体代码如下：

```python
def dele():
    # 删除学生信息
    name = input("请输入要删除的学生姓名: ")
    if name in students_info:
        ch = input("您确定要删除吗？ (Y/N)")
        if ch == "Y" or ch == "y":
            del(students_info[name])
    else:
        print("该学生不存在！")
```

（6）定义修改学生信息函数。在该函数中，提示用户输入要修改的学生姓名，判断该学生是否存在，如果存在，按提示输入该学生的新信息，并将新输入的信息替换原来的信息。

```python
def modify():
    # 修改学生信息
    name = input("请输入要修改的学生姓名: ")
    if name in students_info:
        # 获取该学生的信息
        stu = students_info[name]
        # 输入该学生要修改的新信息
        new_sno = input("请输入该学生的学号: ")
        new_sex = eval(input("请输入该学生的性别: "))
        new_idNo = input("请输入该学生的身份证号: ")
        new_birth_date = get_birth_date(new_idNo)
        new_tel = input("请输入该学生的电话: ")
        new_email = input("请输入该学生的电子邮箱: ")
        new_math = eval(input("请输入该学生的高等数学成绩: "))
        new_english = eval(input("请输入该学生的大学英语成绩: "))
        new_python = eval(input("请输入该学生的Python成绩: "))

        # 把3门课程的成绩存入字典
        new_scores = {"math": new_math,
                      "english": new_english,
                      "python": new_python}

        # 修改学生的信息
        stu["学号"] = new_sno
        stu["性别"] = new_sex
        stu["身份证号"] = new_idNo
        stu["出生日期"] = new_birth_date
```

```
            stu["电话"] = new_tel
            stu["电子邮箱"] = new_email
            stu["成绩"] = new_scores

            # 把学生更新后的信息保存到 students_info 中
            students_info[name] = stu
        else:
            print("该学生不存在！")
```

（7）定义函数 print_student( )，接收学生数据，输出一个学生的详细信息，包括姓名、学号、性别、电话、电子邮箱、各科成绩、总成绩、平均成绩和不及格课程数等信息。

```
def print_student(stu):
    """输出学生的详细信息"""
    # 调用函数获取性别中文形式
    sex_str = get_sex_string(stu["性别"])
    # 调用函数计算年龄
    age = get_age(stu['出生日期'])
    # 调用函数计算总成绩和平均成绩
    total, ave = get_total_ave(stu['成绩'])
    # 调用函数获取不及格的课程数
    failed_num = get_failed_num((stu['成绩']))

    # 输出学生详细信息
    print(f"姓名: {stu['姓名']}")
    print(f"学号: {stu['学号']}")
    print(f"性别: {sex_str}")
    print(f"身份证号: {stu['身份证号']}")
    print(f"出生日期: {stu['出生日期']:%Y-%m-%d}，年龄: {age}")
    print(f"电话: {stu['电话']}")
    print(f"电子邮箱: {stu['电子邮箱']}")
    print(f"成绩: {stu['成绩']}")
    print(f"总成绩: {total}，平均成绩: {ave:#.2f}")
    print(f"不及格课程数: {failed_num}")
```

（8）定义查找学生信息的函数。在该函数中，提示用户输入要查找的学生姓名，判断该学生是否存在，如果存在，则调用 print_student( ) 函数输出学生详细信息，否则提示该学生不存在。具体代码如下：

```
def search():
    # 查找学生信息
    name = input("请输入要查找的学生姓名: ")
```

```
        if name in students_info:
            # 调用函数，输出该学生信息
            print_student(students_info[name])
        else:
            print("该学生不存在！")
```

（9）定义显示全部学生信息的函数。在该函数中，遍历保存学生信息的字典 students_info，再逐一取出每个学生的信息，并按照一定的格式进行输出。具体代码如下：

```
def print_all_students():
    # 以列表形式输出全部学生信息
    print("学生信息列表")
    # 输出分隔线
    print("-"*130)

    # 输出列表标题
    print("姓名\t学号\t\t性别\t身份证号\t\t\t电话\t\t\t电子邮箱\t\t\t\t成绩")
    # 循环输出学生列表
    for stu in students_info.values():
        sex_str = get_sex_string(stu["性别"])
        # 输出学生基本信息
        print(stu['姓名'], end="\t")
        print(stu['学号'], end="\t")
        print(sex_str, end="\t\t")
        print(stu['身份证号'], end="\t")
        print(stu['电话'], end="\t\t")
        print("%-20s" % stu['电子邮箱'], end="\t")
        print(stu['成绩'])

    # 输出分隔线
    print("-" * 130)
```

（10）定义函数 main( )，用于控制整个程序的流程。在该函数中，调用 menu( ) 函数显示主菜单，利用循环结构，获取用户输入的操作序号，利用 if…elif 语句根据用户输入调用相应的函数，完成相应的功能。具体代码如下：

```
def main():
    """ 控制程序流程函数 """
    # 调用 menu()，显示主菜单
    menu()
    while True:
        # 获取用户的输入序号
```

```
            order_code = input("请输入相应的操作序号 (1--6): ")
            try:                              # 异常处理
                choice = int(order_code)
                if choice == 1:
                    add()                     # 调用添加学生信息的函数
                elif choice == 2:
                    dele()                    # 调用删除学生信息的函数
                elif choice == 3:
                    modify()                  # 调用修改学生信息的函数
                elif choice == 4:
                    search()                  # 调用查找学生信息的函数
                elif choice == 5:
                    print_all_students()      # 调用输出全部学生信息的函数
                elif choice == 6:
                    ch = input("您确定要退出系统吗? (Y/N)")
                                              # 确认退出系统吗?
                    if ch == "Y" or ch == "y":
                        break
                else:
                    print("输入不合法! 请输入合法数字序号 (1—6)")
            except ValueError:                # 捕获异常
                print("请输入数字选项! 请输入合法数字序号 (1—6)")
            # 输出分隔线
            print("="*50)
```

（11）最后，调用主函数 main( )，具体代码如下：

```
# 调用 main() 函数
main()
```

4. 测试运行程序

（1）运行程序，显示主菜单。运行结果如下：

```
==================================================
2019-08-08 13:47:14
|--- 欢迎进入校园大数据学生 "画像" 系统 v2.0---|
|---1. 添加学生 "画像" 数据 ---|
|---2. 删除学生 "画像" 数据 ---|
|---3. 修改学生 "画像" 数据 ---|
|---4. 搜索学生 "画像" 数据 ---|
|---5. 显示全部学生 "画像" 数据信息 ---|
|---6. 退出校园大数据学生 "画像" 系统 ---|
==================================================
请输入相应的操作序号 (1--6):
```

（2）输入 1，调用添加学生函数，按提示输入一个学生的信息；再次输入 1，继续输入学生信息，如果学生姓名重复输入"李勇"，则提示该学生已存在。运行结果如下：

```
请输入相应的操作序号 (1--6)：1
请输入要添加的学生姓名：李勇
请输入学号：201809121
请输入性别：True
请输入身份证号：410101199912063011
请输入电话：13513551256
请输入电子邮箱：1351351256@186.com
请输入高等数学成绩：64
请输入大学英语成绩：67
请输入 Python 成绩：68
================================================
请输入相应的操作序号 (1--6)：1
请输入要添加的学生姓名：李勇
该学生已经存在！
================================================
请输入相应的操作序号 (1--6)：
```

按照上述操作，依次输入所有学生的信息。

（3）输入 2，调用删除学生函数，按提示输入要删除的学生姓名，如果学生不存在，提示信息；如果存在，进一步确认，防止错误删除，输入 "Y" 或 "y"，删除该学生数据，否则不删除。运行结果如下：

```
请输入相应的操作序号 (1--6)：2
请输入要删除的学生姓名：孔省
该学生不存在！
================================================
请输入相应的操作序号 (1--6)：2
请输入要删除的学生姓名：孔胜
您确定要删除吗？ (Y/N) n
================================================
请输入相应的操作序号 (1--6)：2
请输入要删除的学生姓名：孔胜
您确定要删除吗？ (Y/N) y
================================================
```

（4）输入 4，调用查找学生函数，按提示信息输入学生姓名，如果学生存在，输出学生的详细信息，否则提示学生不存在。运行结果如下：

```
请输入相应的操作序号 (1--6)：4
请输入要查找的学生姓名：李永
该学生不存在！
```

```
========================================================
请输入相应的操作序号 (1--6): 4
请输入要查找的学生姓名: 李勇
姓名: 李勇
学号: 201809121
性别: 男
身份证号: 410101199912063011
出生日期: 1999-12-06，年龄: 19
电话: 13513551256
电子邮箱: 1351351256@186.com
成绩: {'math': 64, 'english': 67, 'python': 68}
总成绩: 199.0，平均成绩: 66.33
不及格课程数: 0
========================================================
请输入相应的操作序号 (1--6):
```

（5）查看李勇的信息，发现课程成绩输入有误，可以输入3，调用修改学生函数，按提示输入学生姓名，如果存在，按提示输入新数据，执行操作，保存数据。运行结果如下：

```
========================================================
请输入相应的操作序号 (1--6): 3
请输入要修改的学生姓名: 李勇
请输入该学生的学号: 201909121
请输入该学生的性别: True
请输入该学生的身份证号: 410101199912063011
请输入该学生的电话: 13513551256
请输入该学生的电子邮箱: 13513551256@186.com
请输入该学生的高等数学成绩: 64
请输入该学生的大学英语成绩: 68
请输入该学生的 Python 成绩: 67
========================================================
请输入相应的操作序号 (1--6):
```

（6）显示全部学生信息。运行结果如下：

```
请输入相应的操作序号(1—6): 5
学生信息列表
```

姓名	学号	性别	身份证号	电话	电子邮箱	成绩
李勇	201809121	男	410101199912053011	13513551256	13513551256@186.com	{'math': 64, 'english': 68, 'python': 67}
刘晨	201809122	男	410102200002266032	15036548562	liuchen@gmail.com	{'math': 59, 'english': 77, 'python': 67}
王敏	201809123	女	410203200101063027	13658459652	w17184713@qq.com	{'math': 85, 'english': 88, 'python': 91}
张力	201809124	男	410305200000618561X	18024869652	zhangli@163.com	{'math': 76.5, 'english': 68, 'python': 80}
李一	201809125	男	410612199909064235	18125478645	14785236@qq.com	{'math': 81, 'english': 83.5, 'python': 87}
张琴琴	201809126	女	410511200010243025	13512585489	zhangqinqin@163.com	{'math': 80, 'english': 59, 'python': 86}
王芳	201809127	女	410320199904215043	13645896254	wflove!@163.com	{'math': 55, 'english': 67, 'python': 52}
黄琳琳	201809128	女	410711200111243264	18024856985	huangll@vip.qq.com	{'math': 64, 'english': 74, 'python': 83}
周洁	201809129	男	411203199911290254	18054745852	125293117@qq.com	{'math': 88, 'english': 90, 'python': 91}
孔胜	201809130	男	350641200104265634	17036365252	kongshenghn@baidu.com	{'math': 0, 'english': 55, 'python': 59}

（7）异常处理功能和退出系统功能。运行结果如下：

```
请输入相应的操作序号 (1--6)：aaa
请输入数字选项！请输入合法数字序号（1—6）
===================================================
请输入相应的操作序号 (1--6)：6
您确定要退出系统吗？(Y/N)n
===================================================
请输入相应的操作序号 (1--6)：6
您确定要退出系统吗？(Y/N)y
```

 小结

　　本模块介绍了 Python 函数的概念，从如何定义函数开始，详细介绍了函数的调用、函数的参数、函数的返回值、函数的类型、函数的嵌套调用和递归调用、变量的作用域、全局变量和局部变量、匿名函数的用法，还介绍了部分内置函数的用法，包括日期时间函数和随机数函数的用法。

　　通过学习函数的相关知识，带领学生重新划分了学生画像系统的功能模块，分析系统设计思路，利用函数实现各个模块的功能，定义各个功能实现的函数，如显示菜单函数，输入学生信息函数、删除学生信息函数、查找学生信息函数、修改学生信息函数，输出全部学生信息函数等，并利用自定义函数重构了学生画像系统，对系统各功能模块进行了函数封装，完成了学生画像系统 2.0 版本。

【明理崇德】

精益求精，不断迭代——Python 代码优化

　　通过学习和实践，我们完成了学生"画像"系统，实现了系统要求的基本功能，但是程序中还存在着代码结构不够清晰，循环分支结构嵌套层次深、重复代码多的情况。为了解决这些问题，我们需要秉承精益求精的工匠精神，对项目进一步理解、推敲、实践，结合 Python 自定义函数的使用，提出更好的系统设计方案，对特定的代码功能进行函数封装，对程序代码进行持续的迭代升级、重构系统，从而不断提升和完善学生"画像"系统的功能，实现由微小的改变到量变的积累，然后再到质变飞跃的循环过程。

1. 函数功能的迭代升级

　　为了编写功能清晰、结构完善、格式规范的函数，我们需要不断地改进代码，

迭代升级。例如，在系统中，为了统计分析学生成绩，需要编写计算每个学生总分的函数，在开始学习阶段，可以根据函数定义的要求，实现第一版的函数，示例代码如下：

```python
def total(math, english, python):
    """ 功能: 计算总成绩 """
    total = math + english + python
    # 输出各科成绩和总成绩
    print(f"math:{math}, english:{english}, python:{python}")
    print(f"total:{total}")
```

该函数实现了给出数学、英语、Python 三门课程的成绩，计算并输出总分的功能，但是在调用函数的过程中，必须确保实参和形参顺序完全一致，调用函数不够灵活方便。通过学习默认值参数和关键参数的概念，可以改进函数，给函数参数设置默认值，并通过关键参数调用函数，实现函数第二版的函数，示例代码如下：

```python
def total(math, english, python=97):
    """ 功能: 计算总成绩 """
    # 计算总成绩
    total = math + english + python
    # 输出各科成绩和总成绩
    print(f"math:{math}, english:{english}, python:{python}")
    print(f"total:{total}")
total(english=88, math=85)   # 利用关键参数调用函数, 参数顺序可以更加灵活
```

输出结果如下：

```
math:85, english:88, python:97
total:270
```

在这个函数中，计算结果是直接输出的，没有返回给调用者。通过进一步学习函数返回值的概念，可以实现，将计算结果返回给调用程序，示例代码如下：

```python
def total(math, english, python):
    """ 输入高数、英语、Python 的成绩, 计算总成绩 """
    # 计算总成绩
    total = math + english + python
    # 返回总成绩
    return total
```

为了进一步完善函数的功能，结合整个项目的需求和数据存储形式，使用字典数据作为形式参数，与系统中学生数据保持统一的格式，最终函数不仅实现了计算总分的功能，也实现了计算平均成绩的功能，示例代码如下：

```python
def get_total_ave(scores):
    """ 计算总成绩和平均成绩 """
    count = 0
    total = 0.0
    for key, value in scores.items():
        total += value
        count += 1
    ave = total/count
    return total, ave
```

通过代码的不断迭代优化，设计出的函数会更加的功能清晰、结构完善、格式规范。因此，每一个程序员都要养成精益求精的工作态度，编写出高质量的程序代码。

2. 函数容错功能的迭代优化

在编写函数的过程中，不仅要考虑到正常的情况，更要考虑异常的情况，比如用户的错误输入问题、学生数据是否重复输入问题等，因此，我们编写的函数还必须能够处理异常情况。例如在系统的流程控制模块程序中，需要添加异常出来模块，解决用户的错误输入问题，并给出友好的提示信息，提醒用户如何输入正确的信息进行交互，避免程序在运行时因用户输入不恰当产生运行错误，示例代码如下：

```python
def main():
    """ 控制程序流程函数 """
    # 调用 menu()，显示主菜单
    menu()
    while True:
        # 获取用户的输入序号
        order_code = input("请输入相应的操作序号（1~6）: ")
        try:                            # 异常处理
            choice = int(order_code)
            if choice == 1:
                add()                   # 调用添加学生信息的函数
            elif choice == 2:
                dele()                  # 调用删除学生信息的函数
            elif choice == 3:
                modify()                # 调用修改学生信息的函数
            elif choice == 4:
                search()                # 调用查找学生信息的函数
            elif choice == 5:
                print_all_students()    # 调用输出全部学生信息的函数
            elif choice == 6:
```

```
                        ch = input(" 您确定要退出系统吗?  (Y/N)")
                        # 确认退出系统吗?
                        if ch == "Y" or ch == "y":
                            break
                else:
                    print(" 输入不合法! 请输入合法数字序号（1~6）")
        except ValueError:                        # 捕获异常
            print(" 请输入数字选项! 请输入合法数字序号（1~6）")
        # 输出分隔线
        print("="*50)
```

  函数中，使用 try...except 异常处理结构来捕捉用户输入的非数字错误，利用 if 结构检查用户输入的数字范围是否合法，并在用户退出系统时进行确认，给出相应的信息提示，使函数的容错能力更强，交互界面更加友好。在程序开发过程中，通过不断地运行调试程序，发现排查问题，解决问题，在不断迭代优化中改进程序的功能。

  通过自定义函数，我们实现了系统从 1.0 版本到 2.0 版本的升级，但我们的项目还一定是不完美的，在程序的开发过程中必然会遇到更多的问题，但我们要始终相信，解决问题的过程就是技能提升和精进的过程。同学们需要秉承"规范、严谨、精益"的程序员精神，在迭代优化过程中，不放过任何一个问题，改善优化系统功能。学习过程不是一蹴而就的，伟大的事业更不是一蹴而就的，同学们要在个人事业发展的过程中，锤炼精益求精的工匠精神，不断提升自己干事创业的能力，在奋斗中成就出彩人生！

◎ 模 块 六 ◎

学生"画像"系统的文件存储模块

模块导读

　　为了学生"画像"系统中的学生信息能够长期保存、重复使用、修改与共享，需要把产生的学生数据以文件形式存储到磁盘或其他存储介质中。文件操作是各类应用软件开发中都必不可少的重要工作。为此，希望通过本模块的学习，使学生掌握文件的基本操作，实现文本文件、二进制文件的相关操作以及使用 pickle 与 json 模块实现序列化与反序列化操作，最终，通过文件操作，实现学生"画像"系统数据保存。

模块目标

知识目标	技能目标	职业素养
▶掌握文件的基本操作，如文件打开、关闭、读写等 ▶掌握文件操作技巧，实现不同类型、不同大小的文件操作方法 ▶利用 pickle 与 json 实现文件数据的序列化操作	▶熟练掌握 Python 中操作文件的基本方法 ▶熟练掌握利用 pickle 与 json 实现数据序列化	▶自主学习能力 ▶团队协作能力

课前学习工作页

（1）利用文件的基本操作实现把文件 1 复制给文件 2，且保存在不同目录下。

（2）利用 json 与 pickle 模块，实现学生信息 stu_info 的录入和读取。

模块任务

◇任务一：实现文件的基本操作

◇任务二：实现文件的读写操作

◇任务三：实现文件数据序列化存储

◇任务四：实现学生"画像"系统数据存储

任务一：实现文件的基本操作

任务描述

在前面的学习中，虽然实现了学生信息的录入，但学生信息录入后并没有进行相关保存，所以，系统重启后，需要重新录入相关学生信息，为此产生了额外工作，增加了工作量。为了不再每次系统重启后都进行数据重新录入，本系统需要把学生数据以文件形式保存在磁盘或其他存储介质中（如硬盘、U 盘、云盘等），通过文件让系统在下一次执行时，可直接调用，不必重复录入，从而提高系统运行效率。

本任务通过讲解文件的相关知识及如何通过 Python 实现文件的基本操作，从而通过文件操作完成学生"画像"系统中学生信息文件的保存。

任务实施

小李同学：师傅，目前我做的学生"画像"系统中，每次程序运行都要重新输入数据信息，费时费力，有什么办法可以解决吗？

师傅：你这个问题问得很好。这是因为录入的信息没有保存在存储介质中，所以，每次程序运行都要重新录入。这个问题是可以解决的。在程序系统中，数据保存主要通过文件的形式进行，文件是数据的抽象和集合。你可以把学生相关信息保存在文件"学生信息 .txt"中，这样，程序运行时，就可以通过调用该文件载入相关数据。

小李同学：文件这么重要啊，那关于文件我具体需要了解哪些知识点？

师傅：是啊，在各类应用软件的开发中，文件的操作均十分重要，比如我们目前做的学生"画像"系统的数据存储，再如复杂程序的配置信息，图像、音频、视频、可执行文件都是以文件形式存在。

关于文件，我们需要了解一些相关的常识。小李，如果需要给客户展示学生"画像"系统，是不是我们需要制作一个 PPT，给客户进行相关内容的讲解？那么制作一个介绍产品的 PPT，需要什么样的流程呢？

小李同学：师傅，这个我知道，讲解产品的 PPT 制作一共需要 4 步：

（1）打开 PPT 软件，在指定位置新建一个 PPT 文件。

（2）写入关于学生"画像系统"的相关文字和图片信息。

（3）把该 PPT 保存到指定位置。

（4）关闭 PPT 软件。

师傅，我说的对吗？

师傅：说的很清楚。其实，利用 Python 进行文件操作和制作一个介绍产品的 PPT 是极其类似的。主要步骤如下：

（1）在指定位置打开文件，或者新建立一个文件并打开（得到文件句柄并赋值给一个变量，用来获得文件的使用权）。

（2）读写数据（操作，通过句柄对文件进行读写操作）。

（3）关闭文件（关闭，释放对相应文件的控制权）。

对于文件操作，需要掌握几个知识点，

第一，你要明白在系统中如何指定文件的名称（文件包含名字与扩展名），具体如图 2-6-1 所示。

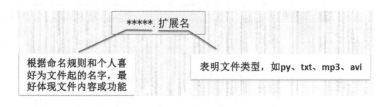

图 2-6-1　文件名称

第二，你要知道如何查找文件和指定文件的位置。

这涉及文件的存储路径，如图 2-6-2 所示，查找 generator.py 文件的位置，这里体现的是绝对路径。

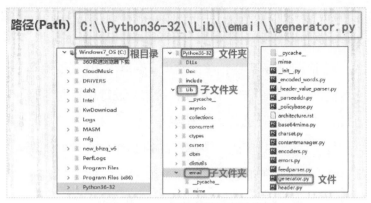

图 2-6-2　文件存储路径实例

文件路径主要有绝对路径和相对路径两个概念。

（1）绝对路径，就是从根目录开始这个路径上的所有文件夹名真正的路径。使用该路径一定能找到相应文件，比如我们执行读取文件"学生信息 .txt"的 test1.py，而"学生信息 .txt"文件又和这个 test1.py 不在同一个目录下，其两个文件位置分别如图 2-6-3 和图 2-6-4 所示。

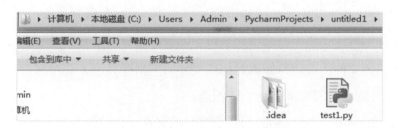

图 2-6-3　test1.py 所在目录

图 2-6-4　"学生信息 .txt"所在目录

此时，需要利用"学生信息 .txt"所在绝对路径"C:\Users\Admin\PycharmProjects\ 学生信息 .txt"进行访问，程序代码如下：

```
# 学生信息 .txt 与 test1.py 文件不在同一目录下，需要绝对路径访问
f = open('C:\\Users\\Admin\\PycharmProjects\\ 学生信息 .txt')
```

在 Windows 环境下，Python 程序中使用"\\"进行层级表示，其中，第一个"\"

是转义符。如果访问路径错误或文件不存在，比如：

```
# 绝对路径书写错误
f = open('C:\\Users\\Admin \\ 学生信息 .txt')
```

则系统会提示如下异常信息，open( ) 函数就会抛出一个 FileNotFoundError 错误，并且给出错误码和详细信息告知文件不存在：

```
Traceback (most recent call last):
File "C:/Users/Admin/PycharmProjects/untitled1/test1.py", line 3,
in <module>
    f = open('C:\\Users\\Admin \\ 学生信息 .txt')
FileNotFoundError: [Errno 2] No such file or directory: 'C:\\
Users\\Admin \\ 学生信息 .txt'
```

（2）相对路径。顾名思义，相对路径就是相对于当前文件的路径。比如，我们执行读取文件"学生信息 .txt"的 test2.py，而"学生信息 .txt"文件恰好和 test2.py 在同一个目录下，如图 2-6-5 所示。

图 2-6-5　test2.py 与"学生信息 .txt"在同一目录

那么，程序对《学生信息 .txt》文件进行读取时，可以利用相对路径直接调用，代码如下：

```
# 学生信息 .txt 与程序文件在同一目录下
f = open(" 学生信息 .txt")
```

小李同学：明白了，原来文件的访问在 Python 中是这样进行查找和访问的。那如果我要在 Python 中实现文件操作，具体需要怎么实现呢？

师傅：在了解文件的具体实现前，我们还需要了解一下文件的展现形态，这关系到文件打开后文件所呈现的内容形态。文件的展现形态通常有两种：一种是二进制文件；另一种是文本文件。通过前面的学习，我们可以理解，本质上所有的文件都是二进制形式存储。

什么是二进制文件呢？二进制文件直接由 0 和 1 组成，没有统一字符编码，该类文件一般存在二进制 0 和 1 的组织结构，如图像（.png）和视频（.avi）

文件等。

什么是文本文件呢？文本文件就是由单一特定编码组成的文件，如我们经常遇到的 UTF-8 编码，如 .py 文件和 .txt 文件等。

后续的学习中，我们会通过程序展现两种文件形式，展现不同内容。

了解完文件展现形态的基本概念后，我们再来了解一下在 Python 中如何实现文件的具体操作。在 Python 程序设计中，主要是使用 Python 提供的相关方法实现你所说的相关应用，具体是在 Python 中实现打开、操作、关闭个步骤，它们都对应了相关的操作方法。其过程如图 2-6-6 所示。

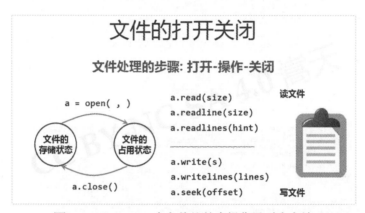

图 2-6-6　Python 中文件的基本操作及对应方法

实现对文件的打开，采用的是 Python 中的 open（）方法。如打开目录 C:\Users\Admin\PycharmProjects 下的"学生信息 .txt"文件，如图 2-6-7 所示。

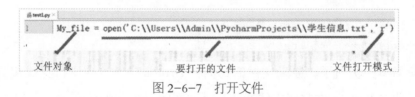

图 2-6-7　打开文件

open( ) 函数语法格式如下：

```
open(name[, mode[, buffering]])
```

参数：

- name：一个包含了要访问的文件名称的字符串值。

- mode：决定了打开文件的模式：只读、写入、追加等。所有可取值如表 2-6-1 所示。这个参数的值设为大于 1 的整数，表明了这就是的寄存区的缓冲大小。如果取负值，则寄存区的缓冲大小为系统默认。

◎ 表 2-6-1　Python 中文件常用的打开模式

序号	模式	功　能　描　述
1	r	以只读方式打开文件。文件的指针将会放在文件的开头。这是默认模式
2	rb	以二进制格式打开一个文件，用于只读。文件指针将会放在文件的开头。这是默认模式
3	r+	打开一个文件用于读写。文件指针将会放在文件的开头
4	rb+	以二进制格式打开一个文件，用于读写。文件指针将会放在文件的开头
5	w	打开一个文件，只用于写入。如果该文件已存在则打开文件，并从头开始编辑，即原有内容会被删除。如果该文件不存在，则创建新文件
6	wb	以二进制格式打开一个文件，只用于写入。如果该文件已存在则打开文件，并从头开始编辑，即原有内容会被删除。如果该文件不存在，则创建新文件
7	w+	打开一个文件，用于读写。如果该文件已存在则打开文件，并从头开始编辑，即原有内容会被删除。如果该文件不存在，则创建新文件
8	wb+	以二进制格式打开一个文件，用于读写。如果该文件已存在则打开文件，并从头开始编辑，即原有内容会被删除。如果该文件不存在，则创建新文件
9	a	打开一个文件，用于追加。如果该文件已存在，文件指针将会放在文件的结尾。也就是说，新的内容将会被写入已有内容之后。如果该文件不存在，创建新文件进行写入
10	ab	以二进制格式打开一个文件，用于追加。如果该文件已存在，文件指针将会放在文件的结尾。也就是说，新的内容将会被写入已有内容之后。如果该文件不存在，则创建新文件进行写入
11	a+	打开一个文件，用于读写。如果该文件已存在，文件指针将会放在文件的结尾。文件打开时会是追加模式。如果该文件不存在，则创建新文件用于读写
12	ab+	以二进制格式打开一个文件，用于追加。如果该文件已存在，则文件指针将会放在文件的结尾。如果该文件不存在，则创建新文件用于读写

图 2-6-8 和表 2-6-2 很好地总结了这几种模式。

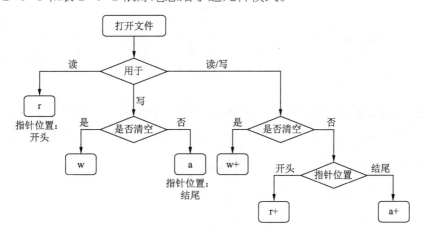

图 2-6-8　文件打开模式

◎ 表 2-6-2 文件打开模式表

模式	r	r+	w	w+	a	a+
读	+	+		+		+
写		+	+	+	+	+
创建		+	+	+	+	+
覆盖			+	+		
指针在开始	+	+	+	+		
指针在结尾					+	+

需要指出的是，如果程序使用 r 或 r+ 模式打开文件，则要求被打开的文件本身是存在的。也就是说，使用 r 或 r+ 模式都不能创建文件。但如果使用 w、w+、a、a+ 模式打开文件，则该文件可以是不存在的，open( ) 函数会自动创建新文件。

b 模式可添加到其他模式上，用于代表以二进制的方式来读写文件内容。对于计算机中的文件来说，文本文件只有很少的一部分，大部分文件都是二进制文件，包括图片文件、音频文件、视频文件等。如果使用文本方式来操作二进制文件，往往无法得到正确的文件内容。因此，如果程序需要读写文本文件以外的其他文件，则都应该添加 b 模式。

我们首先利用相关方法和参数，实现一个文本文件的打开，其主要步骤是按照打开→读取→关闭进行的。假设"学生信息 .txt"文件保存了一个字符串 " 欢迎大家进入学生"画像"系统 "，我们编写相关代码，进行文本文件形式的打开，并在屏幕上进行展示。代码如下：

```
# 文件以文本形式打开文件
    f = open(" 学生信息 .txt","rt")
    # 逐行读取文件内容，并展示在屏幕上
print(f.readline())
    # 关闭文件
    f.close()
```

显示的内容是：

欢迎大家进入学生"画像"系统

第 2 行：以文本形式打开"学生信息 .txt"文件，打开方式为 rt。

第 4 行：利用 readline( ) 方法逐行读取文本，并显示在屏幕上。

第 6 行：利用 close( ) 函数关闭文件。文件操作完毕后，必须进行关闭操作，从而释放文件的控制权，在 Python 中主要采用 close( ) 方法关闭。

文件读取时，默认的打开方式就是文本形式。

文件如果以二进制形式打开，会呈现什么内容呢？编写测试代码，把刚才的文件以二进制文本形式的打开，并在屏幕上进行展示，代码如下：

```
# 文件以二进制形式打开文件
f = open("学生信息.txt","rb")
print(f.readline())
f.close()
```

第 2 行：以二进制形式打开"学生信息.txt"文件，打开方式为 rb。

显示的内容是：

```
b'\xa1\xb0\xbb\xb6\xd3\xad\xb4\xf3\xbc\xd2\xbd\xf8\xc8\xeb\xd1\
xa7\xc9\xfa\xa1\xb0\xbb\xad\xcf\xf1\xa1\xb1\xcf\xb5\xcd\xb3\xa1\xb1'
```

小李同学：师傅，我明白了，文件有两种展现形态，在文件打开时，可以通过两种方式进行文件打开，而且文件必须进行关闭操作，但什么时候关闭文件是合适的时机呢？

师傅：小李，你竟然注意到了关闭文件的时机这个大家往往容易忽略的问题，看来通过学习，你确实提高了不少。其实，我们发现即使你书写了关闭文件的代码，也无法保证文件一定能够正常关闭。这是因为，如果在打开文件之后和关闭文件之前发生了错误导致程序崩溃，这时文件就无法正常关闭。这问题看似微小，但若不能妥善，则可能会导致数据丢失或受损。另外，程序中如果过早调用 close( ) 关闭文件，你就会发现需要使用文件时它已关闭，这会导致更多的错误。

那么如何恰当关闭文件，避免此类问题呢？最好的解决办法是在管理文件对象时推荐使用 with 关键字，引入上下文管理器进行相关操作。利用 with 关键字打开文件，执行完 with 语句内容之后，自动关闭文件对象，让 Python 去确定关闭的时机。你只需打开文件，并在需要时使用它，Python 会在恰当的时候自动将其关闭。

编写测试代码，具体代码如下：

```
# 利用 with 关键字引入上下文管理器进行相关文件操作
with open("学生信息.txt","rt") as f:
    print(f.readline())
```

with 关键字后面的 open( ) 方法的返回值赋值给变量 f，当离开 with 代码块时，系统会自动调用 f.close( ) 方法，with 的作用类似 try/finally 语句，但 with 语句更简洁、更安全。

◀) 小贴士

① 本任务主要讲解了文件打开与关闭两个基本操作，一定要注意文件路径的表示。

② Python 中文件打开函数 open( )，文件关闭函数 close( ) 以及相关参数，了解文件的两种展现形态。

③ 针对关闭文件，利用 with 关键字，由 Python 自动进行相关文件的关闭，能很好地掌握文件关闭的时机，避免程序读取发生错误。

任务二：实现文件的读写操作

任务描述

在前面的学习中，完成了文件打开、关闭的基本操作，也利用 with 关键字很好地解决了文件关闭的节点问题。当文件打开后，如何对文件进行读写操作，是文件操作的核心。正如如何完善产品介绍的 PPT 一样，为了实现学生信息录入时写入相关文件，使用时调用相关文件并读取内容。本任务通过讲解文件读写的相关函数，通过编程实现文件的读写操作，从而通过文件操作完成学生"画像"系统中学生信息文件的写入和读取。

任务实施

小李同学：师傅，您说过通过文件可以实现数据存储，那么，在项目中，是如何利用文件实现数据接收和数据提供呢？

师傅：要想利用文件进行数据接收和提供，需要在 Python 中利用读写方法实现将数据写入文件和从文件读取数据。

文件写入主要有 3 种方法，如表 2-6-3 所示。

◎ 表 2-6-3　文件内容的写入

操 作 方 法	功 能 描 述
write(str)	将字符串或字节流写入文件，返回的是写入的字符长度
writelines(sequence)	向文件写入一个序列字符串列表，如果需要换行，则要自己加入每行的换行符
seek(offset[,whence])	把文件指针移动到新的字节位置，offset 表示相对于 whence 的位置。whence 为 0 表示从文件头开始计算，1 表示从当前位置开始计算，2 表示从文件尾开始计算，默认为 0。如果操作成功，返回新的文件位置，操作失败，返回 -1
tell( )	返回一个整数，表示当前文件指针的位置，即到文件起始位置的比特数

文件书写的步骤主要按照打开→写入→（保存）关闭进行。在进行写入时一定要注明文件的打开方式，因为文件的默认打开方式是 'r' 只读模式。比如以下测试代码：

```
with open('学生信息.txt') as f:
    print(f)
    f.write('欢迎大家进入学生"画像"系统')
```

第 1 行：利用 with 关键字打开文件，这时候文件默认打开方式是只读模式，

第 2 行：利用屏幕显示文件相关信息。

第 3 行：直接利用 write( ) 函数写入数据，因为文件是只读形式打开，所以利用 write( ) 无法实现数据写入。

测试代码运行结果如下：

```
Traceback (most recent call last):
<_io.TextIOWrapper name = '学生信息.txt' mode = 'r' encoding = 'cp936'>
    File "C:/Users/Admin/PycharmProjects/untitled1/test17.py",
line 3, in <module>
        f.write('欢迎大家进入学生"画像"系统')
io.UnsupportedOperation: not writable
```

第 2 行显示文件默认打开方式是 'r'，因为没有指明文件以 'w' 的方式进行打开，所以无法利用 write( ) 进行写入。此代码进行如下修改：

```
with open('学生信息.txt','w') as f:
    print(f)
    f.write('欢迎大家进入学生"画像"系统')
```

则文件实现写入字符串 " 欢迎大家进入学生"画像"系统 "，如图 2-6-9 所示。

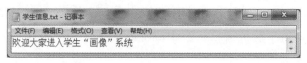

图 2-6-9　文件实现写入字符串

小李同学：师傅，文件写操作还需要注意什么呢?

师傅：文件进行写操作时，还要防止文件原有内容被覆盖。比如"学生信息.txt"写入字符串 " 欢迎大家进入学生"画像"系统 " 后继续写入新的字符串 " 开始展示相关信息 "，代码如下：

```
with open('学生信息.txt','w') as f:
    f.write('欢迎大家进入学生"画像"系统'+'\n')
with open('学生信息.txt','w') as f:
    f.write('开始展示相关信息')
```

程序运行结果如图 2-6-10 所示。

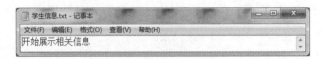

图 2-6-10　写入数据被覆盖

可以看到，文件写入关闭后，再次写入会发现新的书写内容对原有内容进行了覆盖。那么如何实现后面写入内容不出现内容覆盖呢？可以使用 'a' 模式。具体实现如下：

```
with open('学生信息.txt','w') as f:
    f.write('欢迎大家进入学生"画像"系统'+'\n')
with open('学生信息.txt','a') as f:
    f.write('开始展示相关信息')
```

第 3 行：open( ) 打开方式中，模式采用 'a' 方式，则打开文件时，文件指针将会放在文件末尾，写入数据就不会出现覆盖，程序运行结果如图 2-6-11 所示。

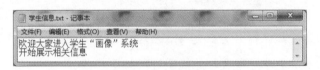

图 2-6-11　写入数据未被覆盖

小李同学：师傅，能不能解释一下什么是文件指针？

师傅：好的。文件指针主要是用于标明文件读写的位置。形象地说，就是如果把文件看成一个水流，文件中每个数据（以 b 模式打开，每个数据就是一个字节；以普通模式打开，每个数据就是一个字符）就相当于一个水滴，而文件指针就标明了文件将要读写哪个位置。

文件对象提供了两个方法来操作文件指针，分别是 seek( ) 和 tell( )。

```
seek(offset[, whence])
```

参数说明：

- offset：开始的偏移量，也就是代表需要移动偏移的字节数。
- whence：可选，默认值为 0。给 offset 参数一个定义，表示要从哪个位置开始偏移：0 代表从文件开头开始算起，1 代表从当前位置开始算起，2 代表从文件末尾算起。

当 whence 为 0 时（这是默认值），比如将 offset 设为 6，就是将文件指针移动到第 6 处；当 whence 为 1 时，表明从指针当前位置开始计算，比如文件指针当前在第 3 处，将 offset 设为 6，就是将文件指针移动到第 9 处；当 whence 为 2 时，表明从文件结尾开始计算，比如将 offset 设为 6，表明将文件指针移动到文件结尾倒数第 6 处。

```
tell()
```

tell( ) 此方法返回该文件中读出的文件 / 写指针的当前位置。

读取"学生信息 .txt"文件，利用 seek( ) 方法移动文件指针，包括从文件开头、指针当前位置、文件结尾处开始计算。读出结果，并观察移动效果。具体实现如下：

```
with open('学生信息 .txt', 'rb') as f:
# 判断文件指针的位置
    print(f.tell())
# 将文件指针移动到 5 处
    f.seek(5)
    print(f.tell())
# 读取一个字节，文件指针自动后移 5 个数据
    print(f.read(5))
    print(f.tell())
# 将文件指针移动到 3 处
    f.seek(3)
    print(f.tell())
# 将文件指针从当前位置，向后移动 5 个数据
    f.seek(5, 1)
    print(f.tell())
# 将文件指针移动到倒数第 1 处
    f.seek(-1, 2)
    print(f.tell())
    print(f.read(1))
```

具体运行结果如下：

```
0
5
b'\xf3\xbc\xd2\xbd\xf8'
10
3
8
45
b'\xa2'
```

上面的程序示范了使用 seek( ) 方法来移动文件指针，展示了从文件开头、指针当前位置、文件结尾处开始计算的相应结果。可以看到，文件指针位于哪里，程序就会读取哪个位置的数据；当程序读取多少个数据时，文件指针就会自动向后移

动多少个位置。

程序在读写时，有时候需要指定位置，然后进行相关读写。下面我们举个例子来说明指定位置的重要性。如果我们想在屏幕上展示写入文件的内容，观察以下程序的运行结果。

```
with open('学生信息.txt','w+') as f:
    # 通过文件对象 f 读写文件内容的语句，写入一个序列字符串列表
    stu_info = ["'sno': '201809121', 'name': ' 李勇 '\n", "'sno':
'201809122', 'name': ' 刘晨 '"]
    f.writelines(stu_info)
    for line in f:
        print(line)
```

写入字符串，但没有在屏幕上展示任何结果，这是为什么呢？怎么做修改，才能在屏幕上展示文档相应结果？

小李同学：我也不明白，明明通过循环把文件内容展示了。

师傅：其实很好理解。当我们把相关列表内容写入文件完成时，指针是指向文件末尾的，如果想把文件内容展示出来，我们需要做一个额外工作，就是通过 seek( ) 函数把指针定位到文件开始位置。也就是在程序 for 循环前添加一个定位代码。编写测试代码，具体实现如下：

```
with open('学生信息.txt','w+',encoding='utf-8') as f:
    # 通过文件对象 f 读写文件内容的语句，写入一个序列字符串列表
    stu_info = ["'sno': '201809121', 'name': ' 李勇 '\n", "'sno':
'201809122', 'name': ' 刘晨 '"]
    f.writelines(stu_info)
    f.seek(0)
    for line in f:
        print(line)
```

这时观察可以发现，由于利用指针把程序定位到文件的开始位置，实例运行结果如下：

```
'sno': '201809121', 'name': ' 李勇 '

'sno': '201809122', 'name': ' 刘晨 '
```

明白了文件指针的重要性，我们继续介绍文件的写入操作。针对文本对象，利用 write( ) 函数实现学生信息的录入，如把第一个学生 stu_1 的信息内容写到"学生信息 .txt"文件中，编写测试代码，具体代码示例如下：

```
stu_1 = {'sno':'201809121',
         'name':' 李勇 ',
         'pinyin':'liyong',
         'sex':'Y',
         'tel':'13513551256',
         'email':'13513551256@186.com',
         'score':{'math':'64','english':'68','python':'67'}}
with open(' 学生信息 .txt','w') as f:
    f.write('stu_1 = {'+'\n')
    for k,v in stu_1.items():
        f.write('   '+str(k)+':'+str(v)+'\n')
    f.write('}')
```

第 1 ~ 7 行：第一个学生 stu_1 的相关字典信息。

第 8 行：利用 with 关键字以写方式打开文件。

第 9 行：写入 'stu_1=' 字符串并换行。

第 10、11 行：利用 for...in.. 形式读取字典相关内容，将每项元素的 key 和 value 分拆组成字符串，注意添加分隔符和换行符。

第 12 行：写入字符串 '}'。

以上实例执行后，完成 stu_1 相关信息以字典格式把相关内容写到"学生信息 .txt"文件中。具体形式如图 2-6-12 所示。

图 2-6-12　一个学生信息

我们要录入的是众多学生的信息。从前面的学习我们知道，众多学生信息可以用一个列表进行存储，然后通过读取列表，把相关学生信息，依次写入"学生信息 .txt"文件中。以含有 3 个学生信息的列表 stu_info 为例编写测试代码，具体代码如下：

```
# 分别书写 3 个学生的字典信息
stu_1 = {'sno':'201809121',
         'name':' 李勇 ',
```

```
        'pinyin':'liyong',
        'sex':'Y',
        'tel':'13513551256',
        'email':'13513551256@186.com',
        'score':{'math':'64','english':'68','python':'67'}}
stu_2 = {'sno':' 201809122',
        'name':' 刘晨 ',
        'pinyin':'liuchen',
        'sex':'Y',
        'tel':' 15036548562',
        'email':' liuchen@gmail.com',
        'score': {'math':'59','english':'77','python':'67'}}
stu_3 = {'sno':'201809123',
        'name':' 王敏 ',
        'pinyin':'wangmin',
        'sex':'N',
        'tel':' 13658459652',
        'email':' w17184713@qq.com',
        'score': {'math':'85','english':'88','python':'91'}}
# 把 3 个学生字典以列表形式存储在 stu_info 中
stu_info = [stu_1,stu_2,stu_3]
with open(' 学生信息 .txt','w') as f:
# 循环访问列表 stu_info
    for i in range(len(stu_info)):
        f.write('stu_'+str(i+1)+'={'+'\n')
# 读取每一个列表项内容 ( 字典形式的学生信息 )
        for k,v in stu_info[i].items():
            f.writelines('   '+str(k)+':'+str(v)+'\n')
        f.write('}'+'\n')
```

第 1 ～ 22 行：分别书写三个字典，存放三名学生的相关信息。

第 23、24 行：利用列表 stu_info 以列表形式依次存放 3 个学生信息。

第 25 行：利用 with 关键字以写方式打开文件。

第 26、27 行：利用循环访问列表，其中 len(stu_info) 是列表长度。

第 28、29 行：利用 write 按照相关格式书写。

第 30、31 行：利用 for...in.. 形式访问列表中元素（每个学生信息的字典），读取字典相关内容，将每项元素的 key 和 value 分拆组成字符串，注意添加分隔符和换行符。

第 32 行：写入字符串 '}' 并换行。

以上实例执行后，完成了一组学生信息 stu_info 相关信息以字典格式把相关内容写到"学生信息 .txt"文件中，如图 2-6-13 所示。

图 2-6-13　一组学生信息

如果想逐行读取列表变量 stu_info 存储一组学生信息，则可以利用 writelines( ) 函数，我们前面在讲文件指针定位时，就用到了该函数。修改测试代码：

```python
# 分别书写 3 个学生的字典信息
stu_1 = {'sno':'201809121',
        'name':' 李勇 ',
        'pinyin':'liyong',
        'sex':'Y',
        'tel':'13513551256',
        'email':'13513551256@186.com',
        'score':{'math':'64','english':'68','python':'67'}}
stu_2 = {'sno':' 201809122',
        'name':' 刘晨 ',
        'pinyin':'liuchen',
        'sex':'Y',
        'tel':' 15036548562',
        'email':' liuchen@gmail.com',
        'score': {'math':'59','english':'77','python':'67'}}
stu_3 = {'sno':'201809123',
        'name':' 王敏 ',
        'pinyin':'wangmin',
        'sex':'N',
        'tel':' 13658459652',
```

```
                  'email':' w17184713@qq.com',
                  'score': {'math':'85','english':'88','python':'91'}}
       # 把 3 个学生字典以列表形式存储在 stu_info 中
       stu_info = [stu_1,stu_2,stu_3]
       with open(' 学生信息 .txt','w') as f:
       # 循环访问列表
           for i in range(len(stu_info)):
       # 逐行读取列表相关内容
               f.writelines(str(stu_info[i].items())+'\n')
```

通过 writelines( ) 对列表内容逐行读取，因为 stu_info[i].items( ) 返回的是个元组，利用 str( ) 转换成字符串，列表内容需要换行，则要自己加入换行符 '\n'，相关数据写入到文件，结果如图 2-6-14 所示。

图 2-6-14　读取列表变量

师傅：小李，以上是文件的写入操作，这些内容掌握了么？

小李同学：嗯，初步搞明白了，还需要反复练习一下。

师傅：是的，关于文件写入，需要我们反复练习。我们先介绍相关知识点，课下你一定多做练习，下面我们介绍与写操作对应的文件读取操作。文件对象提供了3 个 "读" 方法：read( )、readline( ) 和 readlines( )，具体表示如表 2-6-4 所示。

表 2-6-4　文件内容的读取

操 作 方 法	功 能 描 述
read([size])	从文本文件中读取 size 个字符的内容作为结果返回，或从二进制文件中读取指定数量的字节并返回，如果省略 size 则表示读取所有内容
readline( )	从文本文件中读取一行内容作为结果返回
readlines( )	把文本文件中的每行文本作为一个字符串存入列表中，返回该列表，对于大文件会占用较多内存，不建议使用

read( ) 从文件当前位置起读取 size 个字节，若无参数 size，则表示读取至文件结束为止，它的范围为字符串对象，它通常用于将文件内容放到一个字符串变量中。对于连续的面向行的处理，不必要使用该函数，而且如果文件大于可用内存，

则 read( ) 方法也不可能实现这种处理。利用 read( ) 方法从"学生信息 .txt"文件读取指定字节，编写测试代码，观察 read( ) 函数的运行结果。

```
with open('学生信息.txt','r') as f:
    s = f.read(6)
    print(s)
```

第 1 行：利用 with 关键字以读文本文件方式打开文件。

第 2 行：调用 read( ) 函数读取个字符的内容作为返回结果给 s。

第 3 行：显示 s 的内容。

以上实例运行结果如下：

```
dict_i
```

利用 readline( ) 方法读取时，占用内存小，比较适合大文件。该方法返回一个字符串对象。编写测试代码，读取"学生信息 .txt"文件，观察 readline( ) 函数运行结果：

```
with open('学生信息.txt','r') as f:
    s = f.readline()
    print(s)
```

第 1 行：利用 with 关键字以读文本文件方式打开文件。

第 2 行：调用 readline( ) 函数读取一行字符的内容作为返回结果给 s。

第 3 行：显示 s 的内容。

以上实例运行结果如下：

```
 dict_items([('sno', '201809121'), ('name', ' 李 勇 '),('pinyin',
'liyong'), ('sex', 'Y'), ('tel', '13513551256'), ('email',
'13513551256@186.com'), ('score', {'math': '64', 'english': '68',
'python': '67'})])
```

由结果可以看出，读取了"学生信息 .txt"文件的一行内容。

师傅：小李，思考一下，那么如果想读取整个文档内容，如何利用 readline( ) 实现呢？

小李同学：师傅，可以利用循环，逐行读取文件，这是代码实现：

```
with open('学生信息.txt','r') as f:
    s = f.readline()
    print(type(s))
    while s != "":
        print(s)
        s = f.readline()
```

第 1 行：利用 with 关键字以读文本文件方式打开文件。

第 2 行：调用 readline( ) 函数读取一行字符的内容作为返回结果给 s。

第 3 行：显示 s 的类型。

第 4 ~ 6 行：利用 while 语句循环遍历文本，并把每行内容打印出来，readline( ) 读取到为空时，意味着读到了文件的结束。

程序运行结果：

```
<class 'str'>
dict_items([('sno', '201809121'), ('name', ' 李 勇 '), ('pinyin',
'liyong'), ('sex', 'Y'), ('tel', '13513551256'), ('email',
'13513551256@186.com'), ('score', {'math': '64', 'english': '68',
'python': '67'})])

dict_items([('sno', ' 201809122'), ('name', ' 刘 晨 '),('pinyin',
'liuchen'), ('sex', 'Y'), ('tel', ' 15036548562'), ('email', ' liuchen@
gmail.com'), ('score', {'math': '59', 'english': '77', 'python':
'67'})])

dict_items([('sno', '201809123'), ('name', ' 王 敏 '), ('pinyin',
'wangmin'), ('sex', 'N'), ('tel', ' 13658459652'), ('email', '
w17184713@qq.com'), ('score', {'math': '85', 'english': '88',
'python': '91'})])
```

第 3 行代码的结果是 readline 的返回类型，结果显示是一个字符串类型，通过循环，逐行读取了"学生信息 .txt"文件的全部 3 行内容。

readlines( ) 函数是读取整个文件所有行，保存在一个列表变量中，每行作为一个元素。该函数与 readline( ) 的不同是该函数一次读取整个文件，和 read( ) 函数一样。readlines( ) 是自动将文件所有内容分析成一个行的列表，该列表可以由 Python 的 for…in…结构进行处理。编写测试代码，观察 readlines( ) 函数的运行结果：

```
with open(' 学生信息 .txt','r') as f:
    s = f.readlines()
    print(type(s))
    print(s)
```

第 1 行：利用 with 关键字以读文本文件方式打开文件。

第 2 行：调用 readlines( ) 函数读取文本文件，每行文本作为一个字符串存入列表中，返回该列表赋给变量 s。

第 3 行：显示 s 的类型。

第 4 行：显示 s 的内容。

以上实例运行结果：

```
<class 'list'>
 ["dict_items([('sno', '201809121'), ('name', '李 勇'), ('pinyin',
'liyong'), ('sex', 'Y'), ('tel', '13513551256'), ('email',
'13513551256@186.com'), ('score', {'math': '64', 'english': '68',
'python': '67'})])\n",
  "dict_items([('sno', ' 201809122'), ('name', '刘 晨'), ('pinyin',
'liuchen'), ('sex', 'Y'), ('tel', ' 15036548562'), ('email', ' liuchen@
gmail.com'), ('score', {'math': '59', 'english': '77', 'python':
'67'})])\n",
   "dict_items([('sno', '201809123'), ('name', '王 敏'), ('pinyin',
'wangmin'), ('sex', 'N'), ('tel', ' 13658459652'), ('email', ' w17184713@
qq.com'), ('score', {'math':'85','english': '88', 'python':
'91'})])\n"]
```

可以看出，readlines( ) 函数的返回类型是一个列表，其相应结果把文本的每行内容作为列表的一个元素。

readline( ) 每次只读取一行，其运行速度比 readlines( ) 慢很多。如果没有足够内存可以完成一次性读取整个文件，才使用 readline( )。

师傅：以上这就是常规的文件读写操作。小李，你掌握了吗？

小李同学：师傅，您讲的我都明白了，主要是掌握 Python 中相应的读写函数，理解相关参数的含义和返回值类型。

师傅：回答得不错。目前，我们做的学生“画像”系统数据规模还比较小，如果遇到需要读写较大文件，结合我讲的内容，你觉得我们应该如何做呢？

小李同学：师傅，我明白您的意思。因为程序在操作文件时，涉及把数据先读取到内存进行使用，如果文件比较大，显然不能使用 read( ) 和 readlines( ) 方法。原因有两点：

（1）这样操作就算内存足够大，把一个文件都读取到内存里显然不是一个好办法，太浪费了内存了。

（2）从磁盘加载到内存页需要时间。

所以，我利用 for line in f 方式，对可迭代对象 f 进行迭代，这样会自动的使用缓冲 IO 以及内存管理，就不必担心大文件问题了。师傅，您看这样操作可以吗？

师傅：哈哈，孺子可教。代码怎么实现呢？

小李同学：稍等片刻。假设读入的文件"学生信息 .txt"文件足够大，师傅，您来看，编写测试代码，具体实现如下：

```
with open(' 学生信息 .txt','r') as f:
    for line in f:
        print(line)
```

程序运行结果如下：

```
dict_items([('sno', '201809121'), ('name', ' 李 勇 '), ('pinyin',
'liyong'), ('sex', 'Y'), ('tel', '13513551256'), ('email',
'13513551256@186.com'), ('score', {'math': '64', 'english': '68',
'python': '67'})])

dict_items([('sno', ' 201809122'), ('name', ' 刘 晨 '),('pinyin',
'liuchen'), ('sex', 'Y'), ('tel', ' 15036548562'), ('email', ' liuchen@
gmail.com'), ('score', {'math': '59', 'english': '77', 'python':
'67'})])

dict_items([('sno', '201809123'), ('name', ' 王 敏 '), ('pinyin',
'wangmin'), ('sex', 'N'), ('tel', ' 13658459652'), ('email', '
w17184713@qq.com'), ('score', {'math': '85', 'english': '88',
'python': '91'})])
```

师傅：干得漂亮，这样的操作不会一次性读取全部文件，而是采用逐行读取，类似于 buffer 机制。看来你已经掌握了如何利用 Python 语句实现利用文件存储和调用数据了，我们可以进行下面的学习了。

 小贴士

① 当读取文件很小时，调用 read( )、readlines( ) 一次性读取。

② 无法确定文件大小时，一种方法是可以反复调用 read(size) 进行文件读取，一种是利用 for..in.. 迭代器处理。

③ 如果读取的文件是配置文件，调用 readlines( ) 逐行读取最方便。

任务三：实现文件数据序列化存储

任务描述

通过前面的学习，掌握了基本的数据写入和读取，但我们发现学生"画像"系统往往把学生信息存储在列表和字典等数据结构中。用户关闭程序时，总是要从内存中保存他们提供的信息。把变量从内存中变成可存储或传输的过程称为序列化。

序列化后，就可以把该内容写入磁盘，或通过网络进行传输。反之，把变量内容从序列化的对象重新读到内存称为反序列化。通俗的例子就是我们打开硬盘上一个 txt 文件，这个 txt 文件就被读到系统内存里，这是我们修改 txt 文件，修改后的文件又从内存存储到硬盘上

Python 中实现序列化的模块是 pickle 模块，通过该模块相应方法可以用于对 Python 对象结构进行序列化和反序列的二进制格式之间的转换。

另外，Python 允许使用称为 JSON（JavaScript Object Notation）的数据交换格式，而不是让用户不断地编写和调试代码以将复杂的数据类型保存到文件中。模块 json 能够将简单的 Python 数据结构转储到文件中，并在程序再次运行时加载该文件中的数据。还可以使用 json 在 Python 程序之间分享数据。

本任务主要通过 pickle 模块与 json 模块的学习，实现文件数据序列化存储。

任务实施

小李同学：师傅，这次的任务是实现文件序列化存储。我不太明白，序列化是什么？

师傅：我先给你解释一下序列化以及相对应的反序列化概念。把变量从内存中变成可存储或传输的过程称为序列化，Python 中称之为 pickling。笼统的理解就是按照某种规则，我们把内存中的数据保存到文件中，而文件是一个个字节序列。所以，必须把内存数据转换为字节序列，输出到文件，这就是序列化。序列化之后就可以把内容写入磁盘或者通过网络传输出去。反之，把变量从序列化的对象重新读取到内存中称为反序列化，Python 中称之为 un-pickling。也就是从文件的字节序列恢复到内存中。

通过序列化可以实现持久化保持状态，也可以实现跨平台的数据交互。

小李同学：师傅，那如何实现文件的序列化存储呢？

师傅：实现序列化存储最常用的主要有两种，分别是 pickle 模块与 json 模块。首先我们讲解一下 pickle 模块。

pickle 提供了一个简单的持久化功能。可以将对象以文件的形式存放在磁盘上。pickle 模块只能在 Python 中使用，不能跨语言使用。Python 中几乎所有的数据类型（列表、字典、集合、类等）都可以用 pickle 来序列化。pickle 模块常用函数如表 2-6-5 所示。

◎ 表 2-6-5　pickle 模块常用函数

操 作 方 法	功 能 描 述
pickle.dump(obj,file,[,protocol])	序列化对象，并将结果对象 obj 以二进制形式写入文件 file 中
pickle.load(file)	将序列化的对象从文件 file 中读取出来
pickle.dumps(obj[, protocol])	将 obj 对象序列化为 string 形式，而不是存入文件中
pickle.loads(string)	从 string 中读出序列化前的 obj 对象

序列化 pickle 语法格式如下：

```
pickle.dumps(obj,file,[,protocol])
```

参数说明：

- obj：序列化对象，将对象 obj 保存到文件 file 中去。

- file：表示保存到的类文件对象，file 必须有 write( ) 接口，file 可以是一个以 'wb' 打开的文件或者是一个 StringIO 对象，也可以是任何可以实现 write( ) 接口的对象。

- protocol：序列化模式，默认是 0（ASCII 协议，表示以文本的形式进行序列化），protocol 的值还可以是 1 和 2（1 和 2 表示以二进制的形式进行序列化。其中，1 是老式的二进制协议；2 是新二进制协议）。

编写测试代码，具体实现如下：

```
# 把一个对象序列化并写入文件，首先利用 import 导入 pickle 包
import pickle
# 列表变量 stu_info 存储学生信息
stu_1 = {'sno':'201809121',
        'name':' 李勇 ',
        'pinyin':'liyong',
        'sex':'Y',
        'tel':'13513551256',
        'email':'13513551256@186.com',
        'score':{'math':'64','english':'68','python':'67'}}
stu_2 = {'sno':' 201809122',
        'name':' 刘晨 ',
        'pinyin':'liuchen',
        'sex':'Y',
        'tel':' 15036548562',
        'email':' liuchen@gmail.com',
        'score': {'math':'59','english':'77','python':'67'}}
stu_3 = {'sno':'201809123',
```

```
            'name':'王敏',
            'pinyin':'wangmin',
            'sex':'N',
            'tel':' 13658459652',
            'email':' w17184713@qq.com',
            'score': {'math':'85','english':'88','python':'91'}}
# 把 3 个学生字典以列表形式存储在 stu_info 中
stu_info = [stu_1,stu_2,stu_3]
# 利用 pickle.dump() 函数直接把 stu_info 序列化后写入文件 f
with open('学生信息.txt', 'wb') as f:
    pickle.dump(stu_info,f)
```

第 28 行：利用 with 关键字以'wb'方式打开文件。

第 29 行：调用 dump(stu_info,f) 函数把 stu_info 以二进制形式写入文件 file 中。

运行结果如图 2-6-15 所示。

图 2-6-15　序列化运行结果

反序列化 pickle 语法格式如下：

```
pickle.load(file)
```

实现反序列化，将文件中的数据解析为一个 python 对象。关于参数 file，需要注意必须是以二进制的形式进行操作（读取），读取时参数 protocol 是自动选择的，load( ) 方法中没有这个参数。

相对应的，上个程序序列化后，利用相应函数 pickle.load(file) 进行反序列化进行展示，具体代码是在上述程序后面添加两行代码，具体代码如下所示：

```
# 利用 pickle.load() 函数直接反序列化，并打印出来
with open('学生信息.txt', 'rb') as f:
    print(pickle.load(f))
```

第 31 行：利用 with 关键字以写方式打开文件，由于 pickle 写入的是二进制数据，所以打开方式需 'rb' 模式。

第 32 行：调用 pickle.load( ) 方法直接将 file-like Object 中直接反序列化出对象，并把相应结果展示出来。

以上实例运行结果：

```
[{'sno': '201808121', 'name': ' 李 勇 ', 'pinyin':'liyong','sex':
'Y', 'tel': '13513551256', 'email': '13513551256@186.com', 'score':
{'math': '64', 'english': '68', 'python': '67'}},
    {'sno': ' 201809122', 'name': ' 刘 晨 ','pinyin':'liuchen','sex':
'Y', 'tel': ' 15036548562', 'email': ' liuchen@gmail.com','score':
{'math': '59', 'english': '77', 'python': '67'}},
    {'sno': '201809123', 'name': ' 王 敏 ', 'pinyin':'wangmin','sex':
'N', 'tel': ' 13658459652', 'email': ' w17184713@qq.com', 'score':
{'math': '85', 'english': '88', 'python': '91'}}]
```

pickle 模块中的 dumps( ) 函数与 loads( ) 函数分别也是序列化和反序列化函数。其中：

```
pickle.dumps(obj,[,protocol])
```

参数说明：

- obj：想要序列化的 obj 对象。

- protocal：如果该项省略，则默认为 0。如果为负值或 HIGHEST_PROTOCOL，则使用最高的协议版本。

编写测试代码，具体实现如下：

```
# 把一个对象序列化并写入文件，首先利用 import 导入 pickle 包
import pickle
# 列表变量 stu_info 存储学生信息
stu_1 = {'sno':'201809121',
        'name':' 李勇 ',
        'pinyin':'liyong',
        'sex':'Y',
        'tel':'13513551256',
        'email':'13513551256@186.com',
        'score':{'math':'64','english':'68','python':'67'}}
stu_2 = {'sno':' 201809122',
        'name':' 刘晨 ',
        'pinyin':'liuchen',
        'sex':'Y',
        'tel':' 15036548562',
        'email':' liuchen@gmail.com',
        'score': {'math':'59','english':'77','python':'67'}}
stu_3 = {'sno':'201809123',
        'name':' 王敏 ',
        'pinyin':'wangmin',
```

```
            'sex':'N',
            'tel':' 13658459652',
            'email':' w17184713@qq.com',
            'score': {'math':'85','english':'88','python':'91'}}
# 把三个学生字典以列表形式存储在 stu_info 中
stu_info=[stu_1,stu_2,stu_3]
# 利用 pickle.dumps() 函数直接把 stu_info 序列化, 并显示出来
data1=pickle.dumps(stu_info)
print("序列化: %r"%data1)
```

第 28、29 行：利用 dumps( ) 方法把列表对象直接序列化，并把序列化结果进行展示，具体结果如下：

```
序列化: b'\x80\x03]q\x00(}q\x01(X\x03\x00\x00\x00snoq\x02X\t\x00\
x00\x00201809121q\x03X\x04\x00\x00\x00nameq\x04X\x06\x00\x00\x00\
xe6\x9d\x8e\xe5\x8b\x87q\x05X\x06\x00\x00\x00pinyinq\x06X\x06\
x00\x00\x00liyongq\x07X\x03\x00\x00\x00sexq\x08X\x01\x00\x00\x00\
x00Yq\tX\x03\x00\x00\x00telq\nX\x0b\x00\x00\x0013513551256q\
x0bX\x05\x00\x00\x00emailq\x0cX\x13\x00\x00\x0013513551256@186.
comq\rX\x05\x00\x00\x00scoreq\x0e}q\x0f(X\x04\x00\x00\x00mathq\x10X\
x02\x00\x00\x0064q\x11X\x07\x00\x00\x00englishq\x12X\x02\x00\x00\
x0068q\x13X\x06\x00\x00\x00pythonq\x14X\x02\x00\x00\x0067q\x15uu}
q\x16(h\x02X\n\x00\x00\x00201809122q\x17h\x04X\x06\x00\x00\x00\xe5\
x88\x98\xe6\x99\xa8q\x18h\x06X\x07\x00\x00\x00liucheng\x19h\x08h\
th\nX\x0c\x00\x00\x0015036548562q\x1ah\x0cX\x12\x00\x00\x00liuchen@
gmail.comq\x1bh\x0e}q\x1c(h\x10X\x02\x00\x00\x0059q\x1dh\x12X\
x02\x00\x00\x0077q\x1eh\x14h\x15uu}q\x1f(h\x02X\t\x00\x00\
x00201809123qh\x04X\x06\x00\x00\x00\xe7\x8e\x8b\xe6\x95\x8fq!\
x06X\x07\x00\x00\x00wangminq"h\x08X\x01\x00\x00\x00Nq#h\nX\x0c\x00\
x00\x0013658459652q$h\x0cX\x11\x00\x00\x00w17184713@qq.comq%h\x0e}
q&(h\x10X\x02\x00\x00\x0085q\'h\x12X\x02\x00\x00\x0088q(h\x14X\x02\
x00\x00\x0091q)uue.'
```

实现反序列化，将文件中的数据解析为一个 Python 对象采用 loads( ) 函数。语法格式如下：

```
pickle.loads(string)
```

用 pickle.loads( ) 方法从 string 读出序列化前的对象。

相对应的，上个程序序列化后，利用相应函数 pickle.loads(string) 进行反序列化进行展示，具体代码是在上述程序后面添加两行代码，具体代码如下所示：

```
# 利用 pickle.loads() 函数直接反序列化, 并显示出来
data2=pickle.loads(data1)
print("反序列化: %r"%data2)
```

第 31、32 行：调用 pickle.loads( ) 方法直接将序列化数据 data1 直接反序列化出
对象，并把相应结果展示出来。

程序运行结果如下：

反序列化: [{'sno': '201809121', 'name': ' 李勇 ', 'pinyin': 'liyong',
'sex': 'Y', 'tel': '13513551256', 'email': '13513551256@186.com',
'score': {'math': '64', 'english': '68', 'python': '67'}}, {'sno': '
201809122', 'name': ' 刘晨 ', 'pinyin': 'liuchen', 'sex': 'Y', 'tel': '
15036548562', 'email': ' liuchen@gmail.com', 'score': {'math': '59',
'english': '77', 'python': '67'}}, {'sno': '201809123', 'name': ' 王敏 ',
'pinyin': 'wangmin', 'sex': 'N', 'tel': ' 13658459652', 'email': '
w17184713@qq.com', 'score': {'math': '85', 'english': '88', 'python':
'91'}}]

师傅：如果我们要在不同的编程语言之间传递对象，就必须把对象序列化为标
准格式，以具有更好的可读性（pickle 是二进制数据）和跨平台性。json 是一种轻
量级的数据交换格式，它是 JavaScript 的子集，易于人阅读和编写。json 表示出来就
是一个字符串，可以被所有语言读取，也可以方便地存储到磁盘或者通过网络传输。
json 不仅是标准格式，并且比 XML 更快，而且可以直接在 Web 页面中读取，非常
方便。前端和后端进行数据交互，其实就是 JavaScript 和 Python 进行数据交互，如
图 2-6-16 所示。

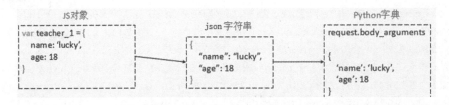

图 2-6-16　交互实例展示

json 表示的对象就是标准的 JavaScript 的对象，json 常用数据类型如表 2-6-6
所示。

◎ 表 2-6-6　json 常用数据类型

json 类型	Python 类型
{}	dict
[]	list
"string"	'str' 或 u'unicode'
1234.56	int 或 float
True/false	True/False
null	None

Python 内置的 json 模块提供了非常完善的 Python 对象到 json 格式的转换。json 常用方法如表 2-6-7 所示。

◎ 表 2-6-7　json 常用方法

操 作 方 法	功 能 描 述
json.dump(obj,file)	将 Python 内置类型序列化为 json 对象后写入文件
json.load(file)	读取文件中 json 形式的字符串元素转化为 Python 类型
json.dumps(obj)	将 Python 对象编码成 json 字符串
json.loads(string)	将已编码的 json 字符串解码为 Python 对象

dumps( ) 和 loads( ) 都是直接将 Python 对象和 json 字符串相互转换的方法，结果可以用一个变量接收，而 dump( ) 和 load( ) 会把结果放到文件或者从文件中读取结果，因此需要传一个文件句柄。编写列表变量 stu_info 存储一组学生信息，利用相应函数实现序列化和反序列化，具体代码如下所示：

```
# 把一个对象序列化并写入文件，首先利用 import 导入 json 包
import json    # 列表变量 stu_info 存储学生信息
stu_1 = {'sno':'201809121',
        'name':' 李勇 ',
        'pinyin':'liyong',
        'sex':'Y',
        'tel':'13513551256',
        'email':'13513551256@186.com',
        'score':{'math':'64','english':'68','python':'67'}}
stu_2 = {'sno':' 201809122',
        'name':' 刘晨 ',
        'pinyin':'liuchen',
        'sex':'Y',
        'tel':' 15036548562',
        'email':' liuchen@gmail.com',
        'score': {'math':'59','english':'77','python':'67'}}
stu_3 = {'sno':'201809123',
        'name':' 王敏 ',
        'pinyin':'wangmin',
        'sex':'N',
        'tel':' 13658459652',
# 利用 json.dump() 函数直接把 stu_info 序列化后写入文件 f
with open(' 学生信息 .txt', 'w') as f:
    json.dump(stu_info,f)
# 利用 json.load() 函数直接反序列化，并打印出来
with open(' 学生信息 .txt', 'r') as f:
    print(json.load(f))
```

第 23 行：利用 with 关键字以写方式打开文件。

第 24 行：调用 json.dump( ) 方法可以直接把 json 写入一个文件。显示结果如图 2-6-17 所示。

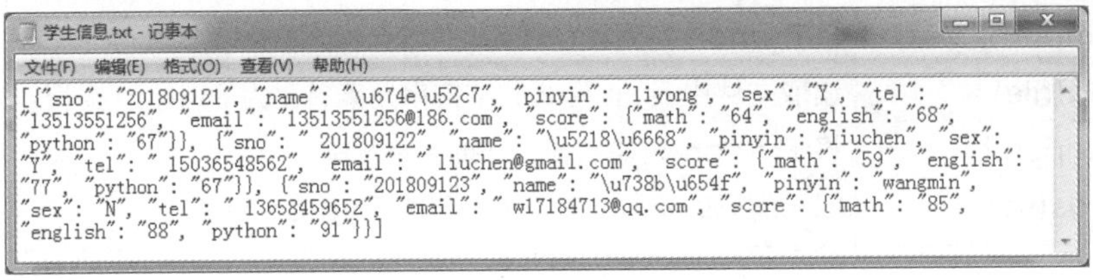

图 2-6-17　把 json 写入一个文件

第 26 行：利用 with 关键字以读方式打开文件。

第 27 行：调用 json.load( ) 方法直接将 file-like Object 中直接反序列化出对象，并把相应结果展示出来。

```
[{'sno': '201809121', 'name': '李勇', 'pinyin': 'liyong', 'sex':
'Y', 'tel': '13513551256', 'email': '13513551256@186.com', 'score':
{'math': '64', 'english': '68', 'python': '67'}}, {'sno': '
201809122', 'name': '刘晨', 'pinyin':'liuchen','sex': 'Y','tel': '
15036548562', 'email': ' liuchen@gmail.com', 'score': {'math': '59',
'english': '77', 'python': '67'}}, {'sno': '201809123', 'name': '
王 敏', 'pinyin': 'wangmin', 'sex': 'N', 'tel': ' 13658459652',
'email':' w17184713@qq.com','score': {'math': '85', 'english': '88',
'python': '91'}}]
```

师傅：这就是利用 json 模块函数 dump( ) 与 load( ) 进行的相关序列化和反序列化操作。类似的有不写入文件的函数 dumps( ) 与 loads( )。这两个函数的具体用法留作思考。小李，你试着课下通过代码实现一下，并观察一下运行结果。

小李同学：好的，师傅，我下课后编程好好体会一下。

🔊 **小贴士**

① json：用于字符串和 python 数据类型间进行转换；pickle：用于 Python 特有的类型和 Python 的数据类型间进行转换

② json 模块提供了 4 个功能：dumps、dump、loads、load；pickle 模块提供了 4 个功能：dumps、dump、loads、load。

任务四：实现学生"画像"系统数据存储

任务描述

在前 3 个任务完成的基础上，实现学生"画像"系统的数据存储。

任务实施

师傅：我们已经学习了文件的相关操作，结合我们前期对学生"画像"系统的相关工作，小李，你能不能在现有学习的基础上，书写学生"画像"系统中关于文件的相关操作？

小李同学：好的，师傅，那我尝试一下。结合系统已经编写的工作，我进行相关文件函数的书写，首先定义 write( ) 函数，用来完成文件书写功能。

```python
# 定义文件写函数
def write(self):
# 利用 pickle 模块中的 dump() 函数直接把 student.notes 序列化后写入文件 f
    with open('学生信息.txt','wb') as f:
        pickle.dump(student.notes,f)
```

第 2 行：定义 write( ) 函数，实现文件的写入。

第 4 行：用 with 关键字以写方式打开文件，由于 pickle 写入的是二进制数据，所以打开方式需要 'wb' 模式。

第 5 行：调用 pickle.dump( ) 方法直接将 stu_info 序列化，并写入文件 f。

然后，书写 read( ) 函数。由于文件读写时都有可能产生 IOError，一旦出错，后面的 f.close() 就不会调用。所以，为了保证无论是否出错都能正确地关闭文件，我们可以使用 try … except 来实现：

```python
# 定义文件的 " 读 " 函数
def read(self):
# 定义文件
        f = '学生信息.txt'
        try:
# 文件的打开
        f = open(f,'rb+')
# 将 txt 文件中的对象序列化读出
    student.notes = pickle.load(f)
# 文件的关闭
        f.close()
    except:
        f = open(f,'w')
        f.close
```

第 2 行：定义 read( ) 函数，实现文件的读取。

第 5 ~ 14 行：用使用 try ... except 实现文件内容的读取。

第 7 行：由于 pickle 写入的是二进制数据，所以打开方式需要 'rb' 模式。

第 9 行：调用 pickle.load( ) 方法直接将 file-like Object 中直接反序列化出对象，并把相应结果展示出来。

第 11 行：利用 close( ) 关闭文件。

最后，定义 show( ) 函数，利用 print 打印相关内容。

```
def show(self):
    print(student.notes)
```

师傅，这样可以吗？

师傅：嗯，基本上差不多。看来文件的相关知识你已经掌握得差不多了。我们再小结一下这个模块的学习内容。

 小结

本模块介绍了 Python 文件操作的基本操作，描述了文件的相关概念；介绍了相对和绝对路径；在此基础上，介绍了文件操作的基本函数 open( )、close( )；然后介绍了文件的读写操作，进行文件的写入和读取。

本模块还介绍了文件的序列化，介绍了 pickle 与 json 模块，以及相关的序列化和反序列化方法，并通过实例进行了相应的展示。

最后，在以上知识学习的基础上，完成了学生"画像"系统相关函数的书写。

【教事喻德】

从数据安全角度论文件操作

2022 年 9 月 5 日，国家计算机病毒应急处理中心和 360 公司分别发布了关于西北工业大学遭受境外网络攻击的调查报告。调查发现，美国国家安全局（National Security Agency，NSA）下属的特定入侵行动办公室（Office of Tailored Access Operation，TAO）使用了 40 余种不同的专属网络攻击武器，持续对西北工业大学开展攻击窃密，秘密窃取网络设备运维配置文件和日志文件，从而获得该校关键网络设备配置、网管数据、运维数据等核心技术数据。

构建"全方位内容级文件安全管控体系"与"全流程文件防护体系"显得尤为

重要，如何将安全意识贯穿项目开发流程中，从源头减少安全问题的产生，一直是一个合格编程者应该具备的素质。针对文件操作，大体应从严格文件类型准入机制、储存加密等角度规避数据丢失全方位保障用户数据安全。

1. 文件操作之类型限制

文件操作时，必须对文件类型进行限制，往往通过白名单对上传或者下载的文件类型、大小进行严格校验，同时，仅允许业务所需文件类型上传，避免上传木马、WebShell 等文件。

```python
import os
ALLOWED_EXTENSIONS = ['txt','jpg','png']
def allowed_file(filename):
        if ('.' in filename and '..' not in filename and os.path.
splitext(filename)[1].lower() in ALLOWED_EXTENSIONS):
        return filename
    return None
```

2. 文件操作之存储目录

文件操作时，Linux 中对于外部文件，通常禁止存在于 Web 容器的可执行目录（appBase），通常采用 tempfile 库处理临时文件和临时目录。同时，避免路径穿越，保存本地文件系统时，必须对路径合法校验，避免目录穿越漏洞。

3. 文件操作之路径操作

文件操作中，往往存在文件路径和文件名操作，其中，文件路径操作应避免外部参数拼接，保存文件路径建议后台写死并对文件名进行校验（字符类型、长度），同时，最好文件保存时，文件名替换为随机字符串，可以利用 hash 化处理。

```python
import uuid
def random_filename(filename):
    ext = os.path.splitext(filename)[1]
    new_filename = uuid.uuid4().hex + ext
    return new_filename
```

4. 文件操作之 lock 应用

文件操作中，对文件的写入却又往往不是原子性的，如果此时有多个文件同时操作同一个文件则是十分危险的，在一个线程读取时，可能另一个线程正在写入。而我们写入的方式却又是 w，也就是覆盖写入，那么此时文件是空的。如何解决这种文件写入不安全的情况呢？其实也非常简单，在写的时候加把锁，其他线程不进去读就可以。

```
import threading
lock = threading.Lock()
def run(self) -> None:
    with lock:
        with open(self.path, "r") as work1_r:
            num = work1_r.read()
        with open(self.path, "w") as work1_f:
            num = int(num) + self.num
        work1_f.write(str(num))
```

学生"画像"系统集成模块

模块导读

在模块五中我们介绍了项目中函数的用法，在本模块中我们重点介绍面向对象的三大特征封装性、继承性和多态性，并在项目中使用这三大特征。

模块目标

知识目标	技能目标	职业素养
▶ 理解并掌握类的用法	▶ 面向对象三大特点能掌握	▶ 自主学习能力
▶ 熟悉继承的使用	封装性	▶ 团队协作能力
▶ 熟悉多态的使用	▶ 能够在项目中了解继承和	
▶ 了解类方法和类属性	多态的用法	

课前学习工作页

选择题

（1）下列选项中，与 class Student 等价的是（　　　）。

A. class Student(object)　　　　　　　B. class Student(Object)

C. class Student(A)　　　　　　　　　D. class Student:object

（2）下列选项中，不属于面向对象程序设计的三大特征的是（　　　）。

A. 封装　　　　　B. 继承　　　　　C. 抽象　　　　　D. 多态

（3）下列选项中，A 类继承 B 类表示正确的是（　　　）。

A．class A:B　　　B．class B:A　　　　C．class A(B)　　　　D．class B(A)

模块任务

◇任务一：套用类的妙处

◇任务二：封装学生"画像"系统共用功能

◇任务三：联系学生"画像"系统的内在

任务一：套用类的妙处

任务描述

小李同学在学习了模块五的函数之后，思考着能不能将功能进一步合并，以使代码看起来更简洁。他遨游在网络的海洋中，发现可以面向对象的三大特征来实现，他不觉一阵欣喜。但是这三大特征如何更好地体现在项目中呢？

任务实施

1．面向对象程序设计

小李同学： 什么是面向对象程序设计？

师傅： 面向对象程序设计这种软件开发思想是将软件设计得更加灵活，这种思想也正是模拟了人对客观世界的认识，比如我们眼中的一张课桌、一台计算机以及一个人等都是对象，每一个对象都有自己的名字，这也是区别其他对象的一种形式。当然，Python 语言也是一门面向对象的编程语言。

2．类的定义

在 Python 中我们使用关键字 class 来定义一个类：

```
class  类名:
    类的内容
```

上面我们就简单地定义了一个类。class 关键字后是一个空格，然后接着一个类名。这里要注意的是，在实际的项目开发中，类名一般采用的是首字母大写。当然，也可以按照自己的习惯来定义类名，但是推荐类名首字母大写这种惯例，因为在整个项目开发过程中，代码命名统一性也是需要注意的。

3．使用类

类定义与函数定义（def 语句）一样必须被执行才会起作用。（可以尝试将类定义放在 if 语句的一个分支或是函数的内部。)

　　现在我们定义个 Student 类，在 Student 类中我们定义类的方法 add( )、dele( )、modify( )、search( )、show( )、read( )、write( )。在实践中，类定义内的语句通常都是函数定义，但也允许有其他语句。

```
import pickle as p
class Student:
    notes = {}                                    # 字典的定义
    def add(self):
        name = input('请输入要添加的学生姓名 :')
        if name in student.notes:                 # 列表和字典的知识点
            print('该学生已经存在 ')
        else:
          sno = (input('请输入学生的学号 :'))
          sex = (input('请输入学生的性别 :'))
          tel = (input('请输入学生的手机号 :'))
          email = (input('请输入学生的邮箱 :'))
          math = (input('请输入学生的高等数学成绩 :'))
          english = (input('请输入学生的大学英语成绩 :'))
          python = (input('请输入学生的 Python 成绩 :'))
          courses = ['math','english','python']
          scores = dict(zip(courses,[math,english,python]))
          label = {'学号':sno,'性别':sex,'手机号':tel,'邮箱':email,
'成绩 ':scores}                                   # 封装字典的格式
          student.notes[name] = label             # 字典中键值配对

    def dele(self):
      name = (input('请输入要删除的学生姓名 :'))

      # 模块四
      if name in student.notes:
        del student.notes[name]
        print ("%s" %  student.notes.items())
      else:
        print('学生 %s 不存在 '%name)
    def modify(self):
      name = (input('请输入要编辑的学生姓名 :'))
      if name in student.notes:

        sno = (input('请输入学生的学号 :'))
        sex = (input('请输入学生的性别 '))
        tel = (input('请输入学生的手机号 :'))
```

```
        email = (input('请输入学生的邮箱:'))
        math = (input('请输入学生的高等数学成绩:'))
        english = (input('请输入学生的大学英语成绩:'))
        python = (input('请输入学生的Python成绩:'))
        courses = ['math', 'english', 'python']
        scores = dict(zip(courses, [math, english, python]))
        student.notes[name]['学号'] = sno
        student.notes[name]['性别'] = sex
        student.notes[name]['手机号'] = tel
        student.notes[name]['邮箱'] = email
        student.notes[name]['成绩'] = scores
    else:
        print('学生 %s 不存在,若要编辑请选择添加选项'%name)

def search(self):
    name = (input('请输入要搜索的学生姓名:'))
    if name in student.notes:
        print('学生 %s 的学号是 %s ,' ' 性别是 %s,''手机号是 %s,''
邮箱是 %s,成绩为 %s'
                    %(name,student.notes[name]['学 号'],student.
notes[name]['性别'],student.notes[name] ['手机号'],
                student.notes[name]['邮箱'],student.notes[name]
['成绩']))
    else:
        print('学生 %s 不存在'%name)


def write(self):                        # 文件的"写"函数
    f = open('学生画像.txt','wb+')       # 文件的打开
    p.dump(student.notes,f)
    f.close()                           # 文件的关闭
def read(self):                         # 文件的"读"函数
    file = '学生.txt'                    # 定义文件
    try:
        f = open(file ,'rb+')           # 文件的打开
        student.notes = p.load(f)       # 将txt文件中的对象序列化读出
        f.close()                       # 文件的关闭
    except:
        f = open(file ,'w')
        f.close()
def show(self):
    print(student.notes)
```

在上面定义的类中，Student 类中的 add( ) 方法称为成员方法，对于成员方法的定义是对象的行为，在这里我们可以理解成是 Student 类的行为就是添加学生信息。

需要注意的是，类的成员方法中的第一个常常被命名为 self。这是一个约定：self 这一名称在 Python 中绝对没有特殊含义。但是要注意，不遵循此约定会使得你编写的代码对其他 Python 程序员来说缺乏可读性。

4. 类的对象

现在我们有了类，如何让程序完成类的某一功能呢？通俗地讲，我们必须让类能够运行起来，那么可以通过创建类的实例对象，类相当于抽象的，比如人类，但是类的实例对象是具体的。我们通过具体和抽象的交互，最终实现类程序的运行。

如下实例是通过对象将程序运行起来：

```
def menu():
    print('''|--- 欢迎进入校园大数据学生"画像"系统 ---|
|---1. 添加学生"画像"数据 ---|
|---2. 删除学生"画像"数据 ---|
|---3. 修改学生"画像"数据 ---|
|---4. 搜索学生"画像"数据 ---|
|---5. 退出校园大数据学生"画像"系统 ---|
|---6. 显示全部学生"画像"数据信息 ---|
    ''')
student = Student()                      # 根据类创建对象
student.read()                           # 通过对象调用方法

# 模块二  学生"画像"系统的流程控制模块
while True:                              #while 循环语句
  try:                                   #try…except 异常处理
    menu()                               # 函数的调用

    # 模块三
    order_code = input('请输入相应数字操作 :\n')
                                         # input() 函数接收控制台输入的字符串
    str_lstrip = order_code.lstrip()
                                         #lstrip() 函数删除字符串左边的空字符
    str_rstrip = order_code.rstrip()
                                         # rstrip() 函数删除字符串右边的空字符
    choice = int(str_rstrip)             # 强制类型转换

    # 模块二
```

```
    if choice == 1:                        #if 的用法
        student.add()                      # 增加函数
    elif choice == 2:                      #elif 的用法
        student.dele()                     # 删除函数
    elif choice == 3:
        student.modify()                   # 修改函数
    elif choice == 4:
        student.search()                   # 搜索函数
    elif choice == 5:
        student.write()
        break
    elif choice == 6:
        student.show()
    else:#else 的用法
        print(' 输入不合法，请输入合法数字 ')
except ValueError:
    print(' 请输入数字选项 ')
```

以上实例运行结果：

```
|--- 欢迎进入校园大数据学生 "画像" 系统 ---|
    |---1. 添加学生 "画像" 数据 ---|
    |---2. 删除学生 "画像" 数据 ---|
    |---3. 修改学生 "画像" 数据 ---|
    |---4. 搜索学生 "画像" 数据 ---|
    |---5. 退出校园大数据学生 "画像" 系统 ---|
    |---6. 显示全部学生 "画像" 数据信息 ---|


请输入相应数字操作：
1
请输入要添加的学生姓名：李一
请输入学生的学号:201809125
请输入学生的性别:Y
请输入学生的手机号:18125478645
请输入学生的邮箱:14785236@qq.com
请输入学生的高等数学成绩:81
请输入学生的大学英语成绩:83.5
请输入学生的 Python 成绩:87
|--- 欢迎进入校园大数据学生 "画像" 系统 ---|
    |---1. 添加学生 "画像" 数据 ---|
    |---2. 删除学生 "画像" 数据 ---|
    |---3. 修改学生 "画像" 数据 ---|
    |---4. 搜索学生 "画像" 数据 ---|
    |---5. 退出校园大数据学生 "画像" 系统 ---|
```

　　　　|---6. 显示全部学生"画像"数据信息 ---|

　请输入相应数字操作：
　4
　请输入要搜索的学生姓名：李一
　学生 李一 的学号是 201809125 ，性别是 Y, 手机号是 18125478645, 邮箱是
14785236@qq.com, 成绩为{'math': '81', 'english': '83.5', 'python': '87'}
　　|--- 欢迎进入校园大数据学生"画像"系统 ---|
　　　　|---1. 添加学生"画像"数据 ---|
　　　　|---2. 删除学生"画像"数据 ---|
　　　　|---3. 修改学生"画像"数据 ---|
　　　　|---4. 搜索学生"画像"数据 ---|
　　　　|---5. 退出校园大数据学生"画像"系统 ---|
　　　　|---6. 显示全部学生"画像"数据信息 ---|

　请输入相应数字操作：
　1
　请输入要添加的学生姓名：王芳
　请输入学生的学号：201809127
　请输入学生的性别：N
　请输入学生的手机号：13645896254
　请输入学生的邮箱：wflove!@163.com
　请输入学生的高等数学成绩：55
　请输入学生的大学英语成绩：67
　请输入学生的Python成绩：52
　　|--- 欢迎进入校园大数据学生"画像"系统 ---|
　　　　|---1. 添加学生"画像"数据 ---|
　　　　|---2. 删除学生"画像"数据 ---|
　　　　|---3. 修改学生"画像"数据 ---|
　　　　|---4. 搜索学生"画像"数据 ---|
　　　　|---5. 退出校园大数据学生"画像"系统 ---|
　　　　|---6. 显示全部学生"画像"数据信息 ---|

　请输入相应数字操作：
　6
　{'李一': {'学号': '201809125', '性别': 'Y', '手机号': '18125478645',
'邮箱': '14785236@qq.com', '成绩': {'math': '81', 'english': '83.5',
'python': '87'}}, '王芳': {'学号': '201809127', '性别': 'N', '手机
号': '13645896254', '邮箱': 'wflove!@163.com', '成绩': {'math': '55',
'english': '67', 'python': '52'}}}
　　|--- 欢迎进入校园大数据学生"画像"系统 ---|
　　　　|---1. 添加学生"画像"数据 ---|
　　　　|---2. 删除学生"画像"数据 ---|

```
        |---3. 修改学生 "画像" 数据 ---|
        |---4. 搜索学生 "画像" 数据 ---|
        |---5. 退出校园大数据学生 "画像" 系统 ---|
        |---6. 显示全部学生 "画像" 数据信息 ---|


请输入相应数字操作：
1
请输入要添加的学生姓名：孔圣
请输入学生的学号：201709130
请输入学生的性别：Y
请输入学生的手机号：17036365252
请输入学生的邮箱：kongshenghn@baidu.com
请输入学生的高等数学成绩：0
请输入学生的大学英语成绩：55
请输入学生的Python成绩：59
|--- 欢迎进入校园大数据学生 "画像" 系统 ---|
        |---1. 添加学生 "画像" 数据 ---|
        |---2. 删除学生 "画像" 数据 ---|
        |---3. 修改学生 "画像" 数据 ---|
        |---4. 搜索学生 "画像" 数据 ---|
        |---5. 退出校园大数据学生 "画像" 系统 ---|
        |---6. 显示全部学生 "画像" 数据信息 ---|


请输入相应数字操作：
6
{'李一': {'学号': '201809125', '性别': 'Y', '手机号': '18125478645',
'邮箱': '14785236@qq.com', '成绩': {'math': '81', 'english': '83.5',
'python': '87'}}, '王芳': {'学号': '201809127', '性别': 'N', '手机
号': '13645896254', '邮箱': 'wflove!@163.com', '成绩': {'math': '55',
'english': '67', 'python': '52'}}, '孔圣': {'学号': '201709130', '性
别': 'Y', '手机号': '17036365252', '邮箱': 'kongshenghn@baidu.com',
'成绩': {'math': '0', 'english': '55', 'python': '59'}}}
|--- 欢迎进入校园大数据学生 "画像" 系统 ---|
        |---1. 添加学生 "画像" 数据 ---|
        |---2. 删除学生 "画像" 数据 ---|
        |---3. 修改学生 "画像" 数据 ---|
        |---4. 搜索学生 "画像" 数据 ---|
        |---5. 退出校园大数据学生 "画像" 系统 ---|
        |---6. 显示全部学生 "画像" 数据信息 ---|


请输入相应数字操作：
3
请输入要编辑的学生姓名：孔圣
```

请输入学生的学号：201709130

请输入学生的性别：Y

请输入学生的手机号：17036365252

请输入学生的邮箱：kongshenghn@baidu.com

请输入学生的高等数学成绩：60

请输入学生的大学英语成绩：55

请输入学生的 Python 成绩：59

|--- 欢迎进入校园大数据学生"画像"系统 ---|

　　|---1. 添加学生"画像"数据 ---|

　　|---2. 删除学生"画像"数据 ---|

　　|---3. 修改学生"画像"数据 ---|

　　|---4. 搜索学生"画像"数据 ---|

　　|---5. 退出校园大数据学生"画像"系统 ---|

　　|---6. 显示全部学生"画像"数据信息 ---|

请输入相应数字操作：

6

{'李一': {'学号': '201809125', '性别': 'Y', '手机号': '18125478645', '邮箱': '14785236@qq.com', '成绩': {'math': '81', 'english': '83.5', 'python': '87'}}, '王芳': {'学号': '201809127', '性别': 'N', '手机号': '13645896254', '邮箱': 'wflove!@163.com', '成绩': {'math': '55', 'english': '67', 'python': '52'}}, '孔圣': {'学号': '201709130', '性别': 'Y', '手机号': '17036365252', '邮箱': 'kongshenghn@baidu.com', '成绩': {'math': '60', 'english': '55', 'python': '59'}}}

|--- 欢迎进入校园大数据学生"画像"系统 ---|

　　|---1. 添加学生"画像"数据 ---|

　　|---2. 删除学生"画像"数据 ---|

　　|---3. 修改学生"画像"数据 ---|

　　|---4. 搜索学生"画像"数据 ---|

　　|---5. 退出校园大数据学生"画像"系统 ---|

　　|---6. 显示全部学生"画像"数据信息 ---|

请输入相应数字操作：

2

请输入要删除的学生姓名：孔圣

dict_items([('李一', {'学号': '201809125', '性别': 'Y', '手机号': '18125478645', '邮箱': '14785236@qq.com', '成绩': {'math': '81', 'english': '83.5', 'python': '87'}}), ('王芳', {'学号': '201809127', '性别': 'N', '手机号': '13645896254', '邮箱': 'wflove!@163.com', '成绩': {'math': '55', 'english': '67', 'python': '52'}})])

|--- 欢迎进入校园大数据学生"画像"系统 ---|

　　|---1. 添加学生"画像"数据 ---|

　　|---2. 删除学生"画像"数据 ---|

```
        |---3. 修改学生 "画像" 数据 ---|
        |---4. 搜索学生 "画像" 数据 ---|
        |---5. 退出校园大数据学生 "画像" 系统 ---|
        |---6. 显示全部学生 "画像" 数据信息 ---|

请输入相应数字 |--- 欢迎进入校园大数据学生 "画像" 系统 ---|
        |---1. 添加学生 "画像" 数据 ---|
        |---2. 删除学生 "画像" 数据 ---|
        |---3. 修改学生 "画像" 数据 ---|
        |---4. 搜索学生 "画像" 数据 ---|
        |---5. 退出校园大数据学生 "画像" 系统 ---|
        |---6. 显示全部学生 "画像" 数据信息 ---|

请输入相应数字操作：
1
请输入要添加的学生姓名：李一
请输入学生的学号：201809125
请输入学生的性别：Y
请输入学生的手机号：18125478645
请输入学生的邮箱：14785236@qq.com
请输入学生的高等数学成绩：81
请输入学生的大学英语成绩：83.5
请输入学生的 Python 成绩：87
|--- 欢迎进入校园大数据学生 "画像" 系统 ---|
        |---1. 添加学生 "画像" 数据 ---|
        |---2. 删除学生 "画像" 数据 ---|
        |---3. 修改学生 "画像" 数据 ---|
        |---4. 搜索学生 "画像" 数据 ---|
        |---5. 退出校园大数据学生 "画像" 系统 ---|
        |---6. 显示全部学生 "画像" 数据信息 ---|

请输入相应数字操作：
4
请输入要搜索的学生姓名：李一
学生 李一 的学号是 201809125 , 性别是 Y,手机号是 18125478645, 邮箱是
14785236@qq.com,成绩为{'math': '81', 'english': '83.5', 'python': '87'}
|--- 欢迎进入校园大数据学生 "画像" 系统 ---|
        |---1. 添加学生 "画像" 数据 ---|
        |---2. 删除学生 "画像" 数据 ---|
        |---3. 修改学生 "画像" 数据 ---|
        |---4. 搜索学生 "画像" 数据 ---|
        |---5. 退出校园大数据学生 "画像" 系统 ---|
        |---6. 显示全部学生 "画像" 数据信息 ---|
```

请输入相应数字操作：

1

请输入要添加的学生姓名：王芳

请输入学生的学号：201809127

请输入学生的性别：N

请输入学生的手机号：13645896254

请输入学生的邮箱：wflove!@163.com

请输入学生的高等数学成绩：55

请输入学生的大学英语成绩：67

请输入学生的Python成绩：52

|--- 欢迎进入校园大数据学生"画像"系统 ---|

　　　|---1. 添加学生"画像"数据 ---|

　　　|---2. 删除学生"画像"数据 ---|

　　　|---3. 修改学生"画像"数据 ---|

　　　|---4. 搜索学生"画像"数据 ---|

　　　|---5. 退出校园大数据学生"画像"系统 ---|

　　　|---6. 显示全部学生"画像"数据信息 ---|

请输入相应数字操作：

6

{'李一': {'学号': '201809125', '性别': 'Y', '手机号': '18125478645', '邮箱': '14785236@qq.com', '成绩': {'math': '81', 'english': '83.5', 'python': '87'}}, '王芳': {'学号': '201809127', '性别': 'N', '手机号': '13645896254', '邮箱': 'wflove!@163.com', '成绩': {'math': '55', 'english': '67', 'python': '52'}}}

|--- 欢迎进入校园大数据学生"画像"系统 ---|

　　　|---1. 添加学生"画像"数据 ---|

　　　|---2. 删除学生"画像"数据 ---|

　　　|---3. 修改学生"画像"数据 ---|

　　　|---4. 搜索学生"画像"数据 ---|

　　　|---5. 退出校园大数据学生"画像"系统 ---|

　　　|---6. 显示全部学生"画像"数据信息 ---|

请输入相应数字操作：

1

请输入要添加的学生姓名：孔圣

请输入学生的学号：201709130

请输入学生的性别：Y

请输入学生的手机号：17036365252

请输入学生的邮箱：kongshenghn@baidu.com

请输入学生的高等数学成绩：0

请输入学生的大学英语成绩：55

请输入学生的 Python 成绩 :59

|--- 欢迎进入校园大数据学生"画像"系统 ---|

   |---1. 添加学生"画像"数据 ---|

   |---2. 删除学生"画像"数据 ---|

   |---3. 修改学生"画像"数据 ---|

   |---4. 搜索学生"画像"数据 ---|

   |---5. 退出校园大数据学生"画像"系统 ---|

   |---6. 显示全部学生"画像"数据信息 ---|

请输入相应数字操作 :

6

{'李一': {'学号': '201809125', '性别': 'Y', '手机号': '18125478645', '邮箱': '14785236@qq.com', '成绩': {'math': '81', 'english': '83.5', 'python': '87'}}, '王芳': {'学号': '201809127', '性别': 'N', '手机号': '13645896254', '邮箱': 'wflove!@163.com', '成绩': {'math': '55', 'english': '67', 'python': '52'}}, '孔圣': {'学号': '201709130', '性别': 'Y', '手机号': '17036365252', '邮箱': 'kongshenghn@baidu.com', '成绩': {'math': '0', 'english': '55', 'python': '59'}}}

|--- 欢迎进入校园大数据学生"画像"系统 ---|

   |---1. 添加学生"画像"数据 ---|

   |---2. 删除学生"画像"数据 ---|

   |---3. 修改学生"画像"数据 ---|

   |---4. 搜索学生"画像"数据 ---|

   |---5. 退出校园大数据学生"画像"系统 ---|

   |---6. 显示全部学生"画像"数据信息 ---|

请输入相应数字操作 :

3

请输入要编辑的学生姓名 :孔圣

请输入学生的学号 :201709130

请输入学生的性别 :Y

请输入学生的手机号 :17036365252

请输入学生的邮箱 :kongshenghn@baidu.com

请输入学生的高等数学成绩 :60

请输入学生的大学英语成绩 :55

请输入学生的 Python 成绩 :59

|--- 欢迎进入校园大数据学生"画像"系统 ---|

   |---1. 添加学生"画像"数据 ---|

   |---2. 删除学生"画像"数据 ---|

   |---3. 修改学生"画像"数据 ---|

   |---4. 搜索学生"画像"数据 ---|

   |---5. 退出校园大数据学生"画像"系统 ---|

   |---6. 显示全部学生"画像"数据信息 ---|

请输入相应数字操作:

6

{'李一': {'学号': '201809125', '性别': 'Y', '手机号': '18125478645', '邮箱': '14785236@qq.com', '成绩': {'math': '81', 'english': '83.5', 'python': '87'}}, '王芳': {'学号': '201809127', '性别': 'N', '手机号': '13645896254', '邮箱': 'wflove!@163.com', '成绩': {'math': '55', 'english': '67', 'python': '52'}}, '孔圣': {'学号': '201709130', '性别': 'Y', '手机号': '17036365252', '邮箱': 'kongshenghn@baidu.com', '成绩': {'math': '60', 'english': '55', 'python': '59'}}}

|--- 欢迎进入校园大数据学生"画像"系统 ---|

|---1. 添加学生"画像"数据 ---|

|---2. 删除学生"画像"数据 ---|

|---3. 修改学生"画像"数据 ---|

|---4. 搜索学生"画像"数据 ---|

|---5. 退出校园大数据学生"画像"系统 ---|

|---6. 显示全部学生"画像"数据信息 ---|

请输入相应数字操作:

2

请输入要删除的学生姓名孔圣

dict_items([('李一', {'学号': '201809125', '性别': 'Y', '手机号': '18125478645', '邮箱': '14785236@qq.com', '成绩': {'math': '81', 'english': '83.5', 'python': '87'}}), ('王芳', {'学号': '201809127', '性别': 'N', '手机号': '13645896254', '邮箱': 'wflove!@163.com', '成绩': {'math': '55', 'english': '67', 'python': '52'}})])

|--- 欢迎进入校园大数据学生"画像"系统 ---|

|---1. 添加学生"画像"数据 ---|

|---2. 删除学生"画像"数据 ---|

|---3. 修改学生"画像"数据 ---|

|---4. 搜索学生"画像"数据 ---|

|---5. 退出校园大数据学生"画像"系统 ---|

|---6. 显示全部学生"画像"数据信/。息 ---|

请输入相应数字操作:

6

{'李一': {'学号': '201809125', '性别': 'Y', '手机号': '18125478645', '邮箱': '14785236@qq.com', '成绩': {'math': '81', 'english': '83.5', 'python': '87'}}, '王芳': {'学号': '201809127', '性别': 'N', '手机号': '13645896254', '邮箱': 'wflove!@163.com', '成绩': {'math': '55', 'english': '67', 'python': '52'}}}

|--- 欢迎进入校园大数据学生"画像"系统 ---|

```
       |---1. 添加学生"画像"数据---|
       |---2. 删除学生"画像"数据---|
       |---3. 修改学生"画像"数据---|
       |---4. 搜索学生"画像"数据---|
       |---5. 退出校园大数据学生"画像"系统---|
       |---6. 显示全部学生"画像"数据信息---|

  请输入相应数字操作：
  5 操作：
  6
  {'李一': {'学号': '201809125', '性别': 'Y', '手机号': '18125478645',
'邮箱': '14785236@qq.com', '成绩': {'math': '81', 'english': '83.5',
'python': '87'}}, '王芳': {'学号': '201809127', '性别': 'N', '手机
号': '13645896254', '邮箱': 'wflove!@163.com', '成绩': {'math': '55',
'english': '67', 'python': '52'}}}
       |--- 欢迎进入校园大数据学生"画像"系统---|
       |---1. 添加学生"画像"数据---|
       |---2. 删除学生"画像"数据---|
       |---3. 修改学生"画像"数据---|
       |---4. 搜索学生"画像"数据---|
       |---5. 退出校园大数据学生"画像"系统---|
       |---6. 显示全部学生"画像"数据信息---|

  请输入相应数字操作：
  5
```

上述实例首先定义了 Student 类，在 menu( ) 方法中定义了菜单选项，我们进行了以下几个操作步骤：

（1）用 add( ) 方法添加一个李一学生的信息。

（2）用 search( ) 方法查看添加是否成功。

（3）用 add( ) 方法添加另一个学生王芳的信息。

（4）用 show( ) 方法将刚才添加的两位学生的信息显示出来。

（5）用 add( ) 方法再添加同学孔圣的信息。

（6）用 show( ) 方法将添加的三位学生的信息显示出来。

（7）用 modify( ) 方法修改孔圣学生的信息。

（8）再用 show( ) 方法查看修改是否成功。

（9）用 dele( ) 方法删除孔圣学生的信息。

（10）最后用 show( ) 方法查看删除成功了。

最后通过创建类对象，调用类中方法实现了功能，我们来具体看一下创建类对象的过程。

创建一个对象：

```
对象名 = 类名 ( )
```

如上面的实例中我们创建了 Student 类的一个对象 s：

```
s=Student()
```

那么调用类中的方法是：

```
s.add()
```

下面我们将之前的代码以调用类对象的方式展示出来。

```
while True:                           #while 循环语句
try:                                  #try…except 异常处理
  menu()                              # 函数的调用

  # 模块三
  order_code = input('请输入相应数字操作 :\n')
                                      #input() 函数接收控制台输入的字符串
  str_lstrip = order_code.lstrip()
                                      #lstrip() 函数删除字符串左边的空字符
  str_rstrip = order_code.rstrip()
                                      #rstrip() 函数删除字符串右边的空字符
  choice = int(str_rstrip)            # 强制类型转换

  # 模块二
  if choice == 1:                     #if 的用法
      student.add()                   # 增加函数
  elif choice == 2:                   #elif 的用法
      student.dele()                  # 删除函数
  elif choice == 3:
      student.modify()               #修改函数
  elif choice == 4:
      student.search()               # 搜索函数
  elif choice == 5:
      student.write()
      break
  elif choice == 6:
      student.show()
  else:#else 的用法
      print('输入不合法，请输入合法数字')
except ValueError:
  print('请输入数字选项')
```

以上是主函数区域，我们通过 if 判断的方式来让类的对象调用。比如，s 是 Student 类的对象，现在通过 s 对象调用增加、删除、修改、搜索以及写入和展示函数。

5. 构造函数

像上面实例化操作（"调用"类对象）会创建一个空对象。许多类喜欢创建带有特定初始状态的自定义实例。为此，类定义可能包含一个名为 __init__() 的特殊方法，就像如下实例：

```
def __init__(self):
    self.name = ''
```

当我们类实例化时系统会自动生成一个类实例调用方法 __init__()，在这里我们常称为构造方法。构造方法的主要目的是完成对属性字段进行初始化，当然 __init__() 方法还可以有额外参数以实现更高灵活性。在这种情况下，提供给类实例化运算符的参数将被传递给 __init__()。请看如下实例：

```
class Student:
    def __init__(self,name,sno,sex,tel,email,scores):
        self.name = name
        self.sno = sno
        self.sex = sex
        self.tel = tel
        self.email = email
        self.scores = scores
if __name__ == '__main__':
    student=Student('李勇','201809121','Y','13513551256',
'13513551256@186.com','{math:64, english:68, python:67}')
    print('姓名：%s,学号：%s,性别：%s,手机号码：%s,邮箱：%s,成绩：%s'
            %(student.name,student.sno,student.sex,student.
tel,student.email,student.scores))
```

程序运行结果如下：

```
姓名：李勇,学号：201809121,性别：Y,手机号码：13513551256,邮箱：
13513551256 @186.com,成绩：{math:64, english:68, python:67}
```

6. 封装性

小李同学：什么是封装性呢？

师傅：通俗地讲，我们课堂上用的计算机，从开机、浏览网页或者玩游戏直到关机，我们不需要知道机箱里面的具体细节，只需要在用的时候按下开机按钮就可以完成操作，这就是功能的封装。

再比如说，在用支付宝或微信进行付款时，仅仅把二维码给收款方或是扫一下收款方提供的二维码就可以完成支付，不需要知道支付宝和微信实现这一技术的内部原理，这就是方法的封装。

对于一般的学生"画像"信息，我们暂时假设有姓名和学号两个字段，这两个字段用 name 和 sno 来定义，如果我们想打印出一个学生"画像"信息，代码如下：

```
name = input('请输入要添加的学生姓名 :')
sno = (input('请输入学生的学号 :'))
sex = (input('请输入学生的性别 :'))
tel = (input('请输入学生的手机号 :'))
email = (input('请输入学生的邮箱 :'))
math = (input('请输入学生的高等数学成绩 :'))
english = (input('请输入学生的大学英语成绩 :'))
python = (input('请输入学生的 Python 成绩 :'))
courses = ['math','english','python']
scores = dict(zip(courses,[math,english,python]))
print('姓名: %s, 学号: %s, 性别: %s, 手机号码: %s, 邮箱: %s, 成绩: %s'
        %(name,sno,sex,tel,email,scores))
```

程序运行结果如下：

```
请输入要添加的学生姓名 : 李勇
请输入学生的学号 :201809121
请输入学生的性别 :Y
请输入学生的手机号 :13513551256
请输入学生的邮箱 :13513551256@186.com
请输入学生的高等数学成绩 :64
请输入学生的大学英语成绩 :68
请输入学生的 Python 成绩 :67
姓名: 李勇 , 学号: 201809121, 性别: Y, 手机号码: 13513551256, 邮箱: 13513551256@
186.com, 成绩: {'math': '64', 'english': '68', 'python': '67'}
```

上面的实例是最简单的方式，我们并没有对 name 和 sno 字段进行任何的保护。但是，如果我们不想把 name 和 age 字段暴露在外，应该怎么处理呢？

```
class Student:
    def __init__(self,name,age):
        self.name = name
        self.age = age
if __name__ == '__main__':
    student=Student('李勇 ','18')
    student.age = 350
    print('%s:%s 岁 '%(student.name,student.age))
```

程序运行结果如下：

李勇 : 350 *岁*

上述实例中，我们定义了一个学生类 Student，在此类中有 name(姓名) 和 age(年龄) 两个字段，我们使用构造方法创建了一个 Student 类的对象，并且给这个对象赋值名字和年龄，当我们第二次动态的设置 age 字段时，该学生李勇的年龄就变成了 350 岁，这显然是不符合常理的。下面我们继续采用封装的方式，对上述的代码进行修改。如下实例：

```python
class Student:
    def __init__(self,name,age):
        self.name = name
        self.age = age
    # 给私有属性赋值
    def set_age(self,new_age):
        # 判断传入的年龄是否再合理的区间内
        if new_age > 0 and new_age < 120:
            self._age = new_age
        # 得到私有属性值
    def get_age(self):
        return self._age
student=Student(' 李勇 ',18)
print(student._age)
```

程序运行结果如下：

```
Traceback (most recent call last):
  File "F:/pycharm_project37/教材代码/7_5.py", line 14, in <module>
    print(student._age)
AttributeError: 'Student' object has no attribute '_age'
```

从上面的错误信息可以看出，在 Student 类中没有找到 _age 属性，原因是 _age 属性为私有属性，所以在 Student 类的外面是无法知道类里面的属性的，更没有办法访问到类的私有属性。那么我们怎么操作才可以呢？继续更改上面的实例：

```python
class Student:
    def __init__(self,name,age):
        self.name = name
        self.age = age
    # 给私有属性赋值
    def set_age(self,new_age):
        # 判断传入的年龄是否再合理的区间内
        if new_age > 0 and new_age < 120:
```

```
        self._age = new_age
        #得到私有属性值
    def get_age(self):
        return self._age
student = Student('李勇',18)
student.set_age(19)
print(student.get_age())
```

程序运行结果如下：

```
19
```

上面代码将第 15 行代码调整为：

```
s.set_age(19)
print(s.get_age())
```

这里通过 set_age( ) 和 get_age( ) 方法分别设置和获取了私有属性值。

任务二：封装学生"画像"系统共用功能

小李同学：什么是继承性呢？

师傅：程序中继承是为了代码的复用而设计的，更确切地说，继承是在一个或多个已有类的基础上经过扩充或者适当的修改构造出来的新类。我们称已有的类为基类或者父类，构造出的新类称为派生类或者子类，子类在继承父类中所有可访问的方法和属性，并且可以增加新的属性和方法。

在我们之前的学生类 Student 中，其实包含了多个子类，比如 junior college student（专科生类）和 undergraduate student（本科生类）。

现在我们定义一个父类的 Student 类，在学生类中有 add( ) 这个方法：

```
class Student:
    def add(self):
        notes = {}                          #字典的定义
        name = input('请输入要添加的学生姓名:')
        if name in notes:                   #列表和字典的知识点
            print('该学生已经存在')
        else:
            sno = (input('请输入学生的学号:'))
            sex = (input('请输入学生的性别:'))
            tel = (input('请输入学生的手机号:'))
            email = (input('请输入学生的邮箱:'))
            math = (input('请输入学生的高等数学成绩:'))
```

```
        english = (input('请输入学生的大学英语成绩:'))
        python = (input('请输入学生的 Python 成绩:'))
        courses = ['math', 'english', 'python']
        scores = dict(zip(courses, [math, english, python]))
        label = {'学号': sno, '性别': sex, '手机号': tel, '邮
箱': email, '成绩': scores}
                                        # 封装字典的格式
        notes[name] = label            # 字典中键值配对
```

我们再定义 Student 类的两个子类 JuniorCollegeStudent（专科生类）和 UnderGraduateStudent（本科生类）：

```
class Student:
    def add(self):
        notes = {}   # 字典的定义
        name = input('请输入要添加的学生姓名:')
        if name in notes:  # 列表和字典的知识点
            print('该学生已经存在')
        else:
            sno = (input('请输入学生学号:'))
            sex = (input('请输入学生的性别:'))
            tel = (input('请输入学生的手机号:'))
            email = (input('请输入学生的邮箱:'))
            math = (input('请输入学生的高等数学成绩:'))
            english = (input('请输入学生的大学英语成绩:'))
            python = (input('请输入学生的 Python 成绩:'))
            courses = ['math', 'english', 'python']
            scores = dict(zip(courses, [math, english, python]))
            label = {'学号': sno, '性别': sex, '手机号': tel, '邮
箱': email, '成绩': scores}                      # 封装字典的格式
            notes[name] = label               # 字典中键值配对
class JuniorCollegeStudent():
    def add(self):
        notes = {}                            # 字典的定义
        name = input('请输入要添加的专科学生姓名:')
        if name in notes:                     # 列表和字典的知识点
            print('该学生已经存在')
        else:
            sno = (input('请输入专科学生学号:'))
            sex = (input('请输入专科学生的性别:'))
            tel = (input('请输入专科学生的手机号:'))
            email = (input('请输入专科学生的邮箱:'))
            math = (input('请输入专科学生的高等数学成绩:'))
```

```
                english = (input('请输入专科学生的大学英语成绩:'))
                python = (input('请输入专科学生的 Python 成绩:'))
                courses = ['math', 'english', 'python']
                scores = dict(zip(courses, [math, english, python]))
                label = {'学号': sno, '性别': sex, '手机号': tel, '邮
箱': email, '成绩': scores}                    # 封装字典的格式
                notes[name] = label              # 字典中键值配对
    class UnderGraduateStudent():
        def add(self):
            notes = {}                           # 字典的定义
            name = input('请输入要添加的本科学生姓名:')
            if name in notes:                    # 列表和字典的知识点
                print('该学生已经存在')
            else:
                sno = (input('请输入本科学生学号:'))
                sex = (input('请输入本科学生的性别:'))
                tel = (input('请输入本科学生的手机号:'))
                email = (input('请输入本科学生的邮箱:'))
                math = (input('请输入本科学生的高等数学成绩:'))
                english = (input('请输入本科学生的大学英语成绩:'))
                python = (input('请输入本科学生的 Python 成绩:'))
                courses = ['math', 'english', 'python']
                scores = dict(zip(courses, [math, english, python]))
                label = {'学号': sno, '性别': sex, '手机号': tel, '邮
箱': email, '成绩': scores}                    # 封装字典的格式
                notes[name] = label              # 字典中键值配对


    if __name__ == '__main__':
        student=Student()
        student.add()
        j=JuniorCollegeStudent()
        j.add()
        u=UnderGraduateStudent()
        u.add()
```

程序运行结果如下：

```
请输入要添加的学生姓名：李勇
请输入学生的学号:201809121
请输入学生的性别:Y
请输入学生的手机号:13513551256
请输入学生的邮箱:13513551256@186.com
请输入学生的高等数学成绩:64
请输入学生的大学英语成绩:68
```

```
请输入学生的 Python 成绩 :67
请输入要添加的专科学生姓名 : 刘晨
请输入专科学生的学号 :201809122
请输入专科学生的性别 :Y
请输入专科学生的手机号 :15036548562
请输入专科学生的邮箱 :liuchen@gmail.com
请输入专科学生的高等数学成绩 :59
请输入专科学生的大学英语成绩 :77
请输入专科学生的 Python 成绩 :67
请输入要添加的本科学生姓名 : 王敏
请输入本科学生的学号 :201809123
请输入本科学生的性别 :N
请输入本科学生的手机号 :13658459652
请输入本科学生的邮箱 :w17184713@qq.com
请输入本科学生的高等数学成绩 :85
请输入本科学生的大学英语成绩 :88
请输入本科学生的 Python 成绩 :91
```

在上面的实例中，定义了 Student 类，该类中有 add( ) 方法，但后定义了 JuniorCollegeStudent 类和 UnderGraduateStudent 类，在这里我们可以认为在 JuniorCollegeStudent 和 UnderGraduateStudent 中 add( ) 方法是一致的，那么如果这么重复写，是不是造成了代码的冗余呢，我们可以通过继承的关系来实现缩减代码的目的，比如可以进行如下更改：

```python
class Student:
    def add(self):
        notes = {}                                  #字典的定义
        name = input('请输入要添加的学生姓名:')
        if name in notes:                           #列表和字典的知识点
            print('该学生已经存在')
        else:
            sno = (input('请输入学生的学号:'))
            sex = (input('请输入学生的性别:'))
            tel = (input('请输入学生的手机号:'))
            email = (input('请输入学生的邮箱:'))
            math = (input('请输入学生的高等数学成绩:'))
            english = (input('请输入学生的大学英语成绩:'))
            python = (input('请输入学生的 Python 成绩:'))
            courses = ['math', 'english', 'python']
            scores = dict(zip(courses, [math, english, python]))
            label = {'学号': sno, '性别': sex, '手机号': tel, '邮
箱': email, '成绩': scores}
```

```
            notes[name] = label          # 封装字典的格式
                                         # 字典中键值配对
class JuniorCollegeStudent(Student):
    pass
class UnderGraduateStudent(Student):
    pass

if __name__ == '__main__':
    student = Student()
    student.add()
    j = JuniorCollegeStudent()
    j.add()
    u = UnderGraduateStudent()
    u.add()
```

所以在 Python 程序中，继承的语法格式如下：

```
class 子类名 ( 父类名 )
```

如果有一个类为 A，类 B 为类 A 的子类，那么：

```
class A(object):
class B(A):
```

我们在 class A（object）可以看到有一个 object，意思是所有类的默认父类继承自 object 的，但是好多时候我们不去写，比如 class Student 等价于 class Student(object)。

任务三：联系学生"画像"系统的内在

小李同学：什么是多态性呢？

师傅：当同一个变量在调用同一个方法时，完全可能呈现出多种行为（具体呈现出哪种行为由该变量所引用的对象来决定），这就是所谓的多态（Polymorphism）。

多态性是本书的难点，在这里我们仅要求了解即可，不要求掌握。

下面是看一个简单的实例：

```
class JuniorCollegeStudent:
    def add(self,field):
        print(' 添加本科生 %s 的同学的信息 '%field)
class UnderGraduateStuden:
    def add(self,field):
        print(' 添加专科生 %s 的同学的信息 '%field)
#x 变量被赋值为 JuniorCollegeStudent 对象
```

```
x = JuniorCollegeStudent()
# 调用 x 变量的 add() 方法
x.add(' 李勇 ')
#x 变量被赋值为 UnderGraduateStuden 对象
x = UnderGraduateStuden()
# 调用 x 变量的 add() 方法
x.add(' 孔圣 ')
```

 小结

　　本模块主要介绍了面向对象的编程知识，对面向对象的三大特征（封装、继承、多态）依次进行了介绍，并通过学生"画像"系统能把知识点融入系统中。

第三部分　项目综合实现

模块导读

在第二部分中，我们学习了学生"画像"系统中对于各个模块的相关知识点，以及通过这些知识点实现各个模块的功能，在我们看来可能各个模块都是相互独立的，我们没能够从更加宏观的方式看各个模块，在本部分中，我们将各个模块的知识点和功能汇总起来，展示一个全面的学生"画像"系统。

模块目标

知识目标	技能目标	职业素养
➤ 模块封装	➤ 将个模块封装一块	➤ 自主学习能力
➤ 掌握面向过程的系统	➤ 面向过程的程序代码	➤ 团队协作能力
➤ 掌握面向对象的系统	➤ 面向对象的程序代码	
➤ 增删改查学生"画像"数据	➤ 掌握增删改查语法	
➤ 存储学生"画像"数据文件	➤ 使用文本文件存储数据	

课前学习工作页

选择题

（1）下列选项中，在对象的封装中我们用到的技术是（　　）。

A. 变量　　　　　B. 类　　　　　　C. 赋值　　　　　D. 字典

（2）下列选项中，不属于面向对象程序设计特点的是（　　）。

A. 将数据与函数绑定到一起　　　　　B. 根据业务逻辑从上到下写代码

C. 减少重复代码的重写过程　　　　　D. 进行封装

模块任务

◇任务一：区分面向过程和面向对象

◇任务二：增删改查学生"画像"数据

◇任务三：存取学生"画像"数据文件

任务一：区分面向过程和面向对象

任务描述

小李同学在学习了第二部分的内容之后，对每个模块所实现的功能都有了一定的掌握，但是，他不知道如何将整个系统整合到一块，如何将每个模块封装成一个大的系统，在本部分，我们将解决小李同学的困惑。在解决这个困惑之前，我们首先要明白面向过程程序设计和面向对象程序设计的区别。

任务实施

1. 面向过程

（1）面向过程，核心是过程二字。过程是指解决问题的步骤，好比如设计一条流水线，是一种机械式的思维方式。就是程序从上到下一步步执行，一步步从上到下、从头到尾地解决问题。基本设计思路就是：程序一开始是要着手解决一个大的问题，然后把一个大问题分解成很多个小问题或子过程，这些子过程在执行的过程再继续分解，直到小问题足够简单到可以在一个小步骤范围内解决。

（2）优缺点：

优点：将复杂的问题流程化，进而简单化。

缺点：扩展性差。

（3）实例：面向过程式的学生"画像"系统实例如下所示：

```python
import pickle as p
notes={}
def add():
    name = input('请输入要添加的学生姓名:')
    if name in notes:                        # 列表和字典的知识点
        print('该学生已经存在')
    else:
        sno = (input('请输入学生的学号:'))
        sex = (input('请输入学生的性别:'))
        tel = (input('请输入学生的手机号:'))
```

```
            email = (input('请输入学生的邮箱:'))
            math = (input('请输入学生的高等数学成绩:'))
            english = (input('请输入学生的大学英语成绩:'))
            python = (input('请输入学生的Python成绩:'))
            courses = ['math', 'english', 'python']
            scores = dict(zip(courses, [math, english, python]))
            label = {'学号': sno, '性别': sex, '手机号': tel, '邮箱':
email, '成绩': scores}
                                        # 封装字典的格式
            notes[name] = label         # 字典中键值配对
    def dele():
        name = (input('请输入要删除的学生姓名'))
        if name in notes:
            del notes[name]
            print ("%s" % notes.items())
        else:
            print('学生 %s 不存在 '%name)
    def modify():
        name = (input('请输入要编辑的学生姓名'))
        if name in notes:
            sno = (input('请输入学生的学号:'))
            sex = (input('请输入学生的性别:'))
            tel = (input('请输入学生的手机号:'))
            email = (input('请输入学生的邮箱:'))
            math = (input('请输入学生的高等数学成绩:'))
            english = (input('请输入学生的大学英语成绩:'))
            python = (input('请输入学生的Python成绩:'))
            courses = ['math', 'english', 'python']
            scores = dict(zip(courses, [math, english, python]))
            label = {'学号': sno, '性别': sex, '手机号': tel, '邮箱':
email, '成绩': scores}
                                        # 封装字典的格式
            notes[name] = label         # 字典中键值配对
        else:
            print('学生 %s 不存在,若要编辑请选择添加选项'%name)
    def search():
        name = (input('请输入要搜索的学生姓名'))
        if name in notes:
            print('学生 %s 的学号是 %s ,' ' 性别是 %s,''手机号是 %s,'' 邮箱
是 %s,成绩为 %s'
                    % (name, notes[name]['学号'], notes[name]['性别'],
notes[name]['手机号'],
```

```
                notes[name]['邮箱'], notes[name]['成绩']))
    else:
        print('学生 %s 不存在 '%name)
def write():                              # 文件的"写"函数
    f = open('学生画像 .txt','wb+')       # 文件的打开
    p.dump(notes,f)
    f.close()                             # 文件的关闭
def read():                               # 文件的"读"函数
    file = '学生 .txt'                    # 定义文件
    try:
        f = open(file ,'rb+')            # 文件的打开
        notes = p.load(f)                # 将 txt 文件中的对象序列化读出
        f.close()                        # 文件的关闭
    except:
        f = open(file ,'w')
        f.close()
def show():
    print(notes)
def menu():
    print('''|--- 欢迎进入校园大数据学生"画像"系统 ---|
    |---1. 添加学生"画像"数据 ---|
    |---2. 删除学生"画像"数据 ---|
    |---3. 修改学生"画像"数据 ---|
    |---4. 搜索学生"画像"数据 ---|
    |---5. 退出校园大数据学生"画像"系统 ---|
    |---6. 显示全部学生"画像"数据信息 ---|
    ''')
while True:                               #while 循环语句
    try:                                  #try-except 异常处理
        menu()                            # 函数的调用
        order_code = input('请输入相应数字操作 :\n')
        str_lstrip = order_code.lstrip()  #lstrip() 函数删除字符串左边
                                          的空字符
        str_rstrip = order_code.rstrip()  # rstrip() 函数删除字符串右
                                          边的空字符
        choice = int(str_rstrip)          # 强制类型转换
        if choice == 1:
            add()                         # 增加函数
        elif choice == 2:                 #elif 的用法
            dele()                        # 删除函数
        elif choice == 3:
            modify()                      # 修改函数
        elif choice == 4:
```

```
        search()                              #搜索函数
    elif choice == 5:
        write()
        break
    elif choice == 6:
        show()
    else:                                     #else 的用法
        print('输入不合法，请输入合法数字')
except ValueError:
    print('请输入数字选项')
```

实例运行结果如下：

```
|--- 欢迎进入校园大数据学生"画像"系统 ---|
    |---1. 添加学生"画像"数据 ---|
    |---2. 删除学生"画像"数据 ---|
    |---3. 修改学生"画像"数据 ---|
    |---4. 搜索学生"画像"数据 ---|
    |---5. 退出校园大数据学生"画像"系统 ---|
    |---6. 显示全部学生"画像"数据信息 ---|


请输入相应数字操作：
1
请输入要添加的学生姓名：李勇
请输入学生的学号：201809121
请输入学生的性别：Y
请输入学生的手机号：13513551256
请输入学生的邮箱：13513551256@186.com
请输入学生的高等数学成绩：64
请输入学生的大学英语成绩：68
请输入学生的 Python 成绩：67
|--- 欢迎进入校园大数据学生"画像"系统 ---|
    |---1. 添加学生"画像"数据 ---|
    |---2. 删除学生"画像"数据 ---|
    |---3. 修改学生"画像"数据 ---|
    |---4. 搜索学生"画像"数据 ---|
    |---5. 退出校园大数据学生"画像"系统 ---|
    |---6. 显示全部学生"画像"数据信息 ---|


请输入相应数字操作：
4
请输入要搜索的学生姓名：李勇
学生 李勇 的学号是 201809121 ，性别是 Y,手机号是 13513551256, 邮箱是
13513551256@ 186.com,成绩为 {'math': '64', 'english': '68', 'python': '67'}
```

```
|--- 欢迎进入校园大数据学生 "画像" 系统 ---|
      |---1. 添加学生 "画像" 数据 ---|
      |---2. 删除学生 "画像" 数据 ---|
      |---3. 修改学生 "画像" 数据 ---|
      |---4. 搜索学生 "画像" 数据 ---|
      |---5. 退出校园大数据学生 "画像" 系统 ---|
      |---6. 显示全部学生 "画像" 数据信息 ---|

请输入相应数字操作:
6
{'李勇': {'学号': '201809121', '性别': 'Y', '手机号': '13513551256',
'邮箱': '13513551256@ 186.com', '成绩': {'math': '64', 'english':
'68', 'python': '67'}}}
|--- 欢迎进入校园大数据学生 "画像" 系统 ---|
      |---1. 添加学生 "画像" 数据 ---|
      |---2. 删除学生 "画像" 数据 ---|
      |---3. 修改学生 "画像" 数据 ---|
      |---4. 搜索学生 "画像" 数据 ---|
      |---5. 退出校园大数据学生 "画像" 系统 ---|
      |---6. 显示全部学生 "画像" 数据信息 ---|

请输入相应数字操作:
2
请输入要删除的学生姓名李勇
dict_items([])
|--- 欢迎进入校园大数据学生 "画像" 系统 ---|
      |---1. 添加学生 "画像" 数据 ---|
      |---2. 删除学生 "画像" 数据 ---|
      |---3. 修改学生 "画像" 数据 ---|
      |---4. 搜索学生 "画像" 数据 ---|
      |---5. 退出校园大数据学生 "画像" 系统 ---|
      |---6. 显示全部学生 "画像" 数据信息 ---|

请输入相应数字操作:
4
请输入要搜索的学生姓名李勇
学生 李勇 不存在
|--- 欢迎进入校园大数据学生 "画像" 系统 ---|
      |---1. 添加学生 "画像" 数据 ---|
      |---2. 删除学生 "画像" 数据 ---|
      |---3. 修改学生 "画像" 数据 ---|
      |---4. 搜索学生 "画像" 数据 ---|
      |---5. 退出校园大数据学生 "画像" 系统 ---|
```

```
        |---6. 显示全部学生"画像"数据信息 ---|

请输入相应数字操作：
6
{ }
|--- 欢迎进入校园大数据学生"画像"系统 ---|
        |---1. 添加学生"画像"数据 ---|
        |---2. 删除学生"画像"数据 ---|
        |---3. 修改学生"画像"数据 ---|
        |---4. 搜索学生"画像"数据 ---|
        |---5. 退出校园大数据学生"画像"系统 ---|
        |---6. 显示全部学生"画像"数据信息 ---|

请输入相应数字操作：
5
```

以上是整个学生"画像"系统的完整实例，通过上面我们可以窥探到一丝面向过程的端倪，就是顺序执行结构，通过函数将每个功能封装好，依次执行。

◀)) 小贴士

一般认为，如果只是写一些简单的脚本，去做一些一次性任务，用面向过程的方式是极好的，但如果你要处理的任务是复杂的，且需要不断迭代和维护，那还是用面向对象方便。

2. 面向对象

（1）面向对象，核心是对象二字。所谓对象，是特征和属性的结合体。

（2）优缺点：

优点：可扩展性高。

缺点：编程复杂度高。

（3）应用场景：用户需求经常变化，如互联网应用、游戏、企业内应用等。

（4）关于面向对象的几个名词解释。

类：一个类即是对一系列对象相似的特征和技能的结合体，如同一个模板。在类中定义了这些对象的都具备的属性和共同的方法。

属性：人类包含很多特征，把这些特征用程序来描述即为属性，比如年龄、身高、性别、姓名等都是属性。一个类中可以有多个属性。

方法：人类不只有身高、年龄、性别这些属性，还能做好多事情，如说话、走路、吃饭等，相比较于属性是名词，说话、走路是动词，这些动词用程序来描述即为方法。

实例（对象）：一个对象即是一个类的实例化后的实例，一个类必须经过实例化后方可在程序中调用，一个类可以实例化多个对象，每个对象亦可以有不同的属性。就像人类是指所有人，每个人是指具体的对象，人与人之前有共性，亦有不同。

实例化：把一个类转变为一个对象的过程称为实例化。

那么再把上面的实例改写成面向对象的程序设计：

```
import pickle as p
class Student:
    notes = {}                          # 字典的定义
    def add(self):
        name = input('请输入要添加的学生姓名:')
        if name in student.notes:       # 列表和字典的知识点
            print('该学生已经存在')
        else:
          sno = (input('请输入学生的学号:'))
          sex = (input('请输入学生的性别:'))
          tel = (input('请输入学生的手机号:'))
          email = (input('请输入学生的邮箱:'))
          math = (input('请输入学生的高等数学成绩:'))
          english = (input('请输入学生的大学英语成绩:'))
          python = (input('请输入学生的Python成绩:'))
          courses = ['math','english','python']
          scores = dict(zip(courses,[math,english,python]))
            label = {'学号':sno,'性别':sex,'手机号':tel,'邮
箱':email,'成绩':scores}                  # 封装字典的格式
          student.notes[name] = label    # 字典中键值配对

    def dele(self):
      name = (input('请输入要删除的学生姓名'))

      # 模块四
      if name in student.notes:
        del student.notes[name]
        print ("%s" %  student.notes.items())
      else:
        print('学生 %s 不存在 '%name)

    def search(self):
      name = (input('请输入要搜索的学生姓名'))
      if name in student.notes:
```

```
        print('学生 %s 的学号是 %s ,' ' 性别是 %s,''手机号是 %s,''
邮箱是 %s,成绩为 %s'
                    %(name,student.notes[name]['学 号'],student.
notes[name]['性别'],student.notes[name]['手机号'],
                student.notes[name]['邮箱'],student.notes[name]
['成绩']))
        else:
            print('学生 %s 不存在 '%name)

    def modify(self):
        name = (input('请输入要编辑的学生姓名'))
        if name in student.notes:

            sno = (input('请输入学生的学号:'))
            sex = (input('请输入学生的性别:'))
            tel = (input('请输入学生的手机号:'))
            email = (input('请输入学生的邮箱:'))
            math = (input('请输入学生的高等数学成绩:'))
            english = (input('请输入学生的大学英语成绩:'))
            python = (input('请输入学生的Python成绩:'))
            courses = ['math', 'english', 'python']
            scores = dict(zip(courses, [math, english, python]))
            student.notes[name]['学号'] = sno
            student.notes[name]['性别'] = sex
            student.notes[name]['手机号'] = tel
            student.notes[name]['邮箱'] = email
            student.notes[name]['成绩'] = scores
        else:
            print('学生 %s 不存在,若要编辑请选择添加选项 '%name)

    def write(self):                         # 文件的"写"函数
        f = open('学生画像.txt','wb+')        # 文件的打开
        p.dump(student.notes,f)
        f.close()                            # 文件的关闭
    def read(self):                          # 文件的"读"函数
        file = '学生.txt'                     # 定义文件
        try:
            f = open(file ,'rb+')            # 文件的打开
            student.notes = p.load(f)        # 将txt文件中的对象序列化读出
            f.close()                        # 文件的关闭
        except:
            f = open(file ,'w')
            f.close()
```

```
    def show(self):
        print(student.notes)

def menu():
    print('''|--- 欢迎进入校园大数据学生 "画像" 系统 ---|
    |---1. 添加学生 "画像" 数据 ---|
    |---2. 删除学生 "画像" 数据 ---|
    |---3. 修改学生 "画像" 数据 ---|
    |---4. 搜索学生 "画像" 数据 ---|
    |---5. 退出校园大数据学生 "画像" 系统 ---|
    |---6. 显示全部学生 "画像" 数据信息 ---|
    ''')
student = Student()                          # 根据类创建对象
student.read()                               # 通过对象调用方法

# 模块二 学生 "画像" 系统识别数据模块
while True:                                   #while 循环语句
    try:                                      #try…except 异常处理
        menu()                                # 函数的调用

        # 模块三
        order_code = input('请输入相应数字操作:\n')   #input() 函数接收控制
                                                        台输入的字符串
        str_lstrip = order_code.lstrip()      #lstrip() 函数删除字符串左边
                                                的空字符
        str_rstrip = order_code.rstrip()      #rstrip() 函数删除字符串右边
                                                的空字符
        choice = int(str_rstrip)              # 强制类型转换

        # 模块二
        if choice == 1:                       #if 的用法
            student.add()                     # 增加函数
        elif choice == 2:                     #elif 的用法
            student.dele()                    # 删除函数
        elif choice == 3:
            student.modify()                  # 修改函数
        elif choice == 4:
            student.search()                  # 搜索函数
        elif choice == 5:
            student.write()
            break
        elif choice == 6:
            student.show()
```

```
        else:                                    #else 的用法
            print('输入不合法，请输入合法数字')
    except ValueError:
        print('请输入数字选项')
```

实例运行结果如下：

```
|--- 欢迎进入校园大数据学生"画像"系统 ---|
    |---1. 添加学生"画像"数据 ---|
    |---2. 删除学生"画像"数据 ---|
    |---3. 修改学生"画像"数据 ---|
    |---4. 搜索学生"画像"数据 ---|
    |---5. 退出校园大数据学生"画像"系统 ---|
    |---6. 显示全部学生"画像"数据信息 ---|


请输入相应数字操作：
1
请输入要添加的学生姓名：刘晨
请输入学生的学号：201809122
请输入学生的性别：Y
请输入学生的手机号：15036548562
请输入学生的邮箱：liuchen@gmail.com
请输入学生的高等数学成绩：59
请输入学生的大学英语成绩：77
请输入学生的 Python 成绩：67
|--- 欢迎进入校园大数据学生"画像"系统 ---|
    |---1. 添加学生"画像"数据 ---|
    |---2. 删除学生"画像"数据 ---|
    |---3. 修改学生"画像"数据 ---|
    |---4. 搜索学生"画像"数据 ---|
    |---5. 退出校园大数据学生"画像"系统 ---|
    |---6. 显示全部学生"画像"数据信息 ---|


请输入相应数字操作：
4
请输入要搜索的学生姓名：刘晨
学生 刘晨 的学号是 201809122 ，性别是 Y,手机号是 15036548562, 邮箱是
liuchen@gmail.com,成绩为{'math': '59', 'english': '77', 'python': '67'}
|--- 欢迎进入校园大数据学生"画像"系统 ---|
    |---1. 添加学生"画像"数据 ---|
    |---2. 删除学生"画像"数据 ---|
    |---3. 修改学生"画像"数据 ---|
    |---4. 搜索学生"画像"数据 ---|
    |---5. 退出校园大数据学生"画像"系统 ---|
```

```
        |---6. 显示全部学生"画像"数据信息---|

  请输入相应数字操作：
  6
  {'刘晨': {'学号': '201809122', '性别': 'Y', '手机号': '15036548562',
'邮箱': 'liuchen@gmail.com', '成绩': {'math': '59', 'english': '77',
'python': '67'}}}
  |--- 欢迎进入校园大数据学生"画像"系统 ---|
        |---1. 添加学生"画像"数据---|
        |---2. 删除学生"画像"数据---|
        |---3. 修改学生"画像"数据---|
        |---4. 搜索学生"画像"数据---|
        |---5. 退出校园大数据学生"画像"系统---|
        |---6. 显示全部学生"画像"数据信息---|


  请输入相应数字操作：
  2
  请输入要删除的学生姓名：刘晨
dict_items([])
  |--- 欢迎进入校园大数据学生"画像"系统 ---|
        |---1. 添加学生"画像"数据---|
        |---2. 删除学生"画像"数据---|
        |---3. 修改学生"画像"数据---|
        |---4. 搜索学生"画像"数据---|
        |---5. 退出校园大数据学生"画像"系统---|
        |---6. 显示全部学生"画像"数据信息---|


  请输入相应数字操作：
  4
  请输入要搜索的学生姓名刘晨
  学生 刘晨 不存在
  |--- 欢迎进入校园大数据学生"画像"系统 ---|
        |---1. 添加学生"画像"数据---|
        |---2. 删除学生"画像"数据---|
        |---3. 修改学生"画像"数据---|
        |---4. 搜索学生"画像"数据---|
        |---5. 退出校园大数据学生"画像"系统---|
        |---6. 显示全部学生"画像"数据信息---|


  请输入相应数字操作：
  6
  {}
  |--- 欢迎进入校园大数据学生"画像"系统 ---|
```

```
        |---1. 添加学生 "画像" 数据 ---|
        |---2. 删除学生 "画像" 数据 ---|
        |---3. 修改学生 "画像" 数据 ---|
        |---4. 搜索学生 "画像" 数据 ---|
        |---5. 退出校园大数据学生 "画像" 系统 ---|
        |---6. 显示全部学生 "画像" 数据信息 ---|

请输入相应数字操作：
5
```

上面的实例将面向对象的学生"画像"系统改成了面向对象程序设计，这里的关键点是：

（1）创建类：class student:。

（2）创建实例对象：s = student( )。

（3）通过对象调用方法：s.read( )、s.add( )、s.dele( )、s.modify( )、s.search( )等。

任务二：增删改查学生"画像"数据

1. 面向过程的增删改查学生"画像"功能实现

面向过程的增删改查的方式就是将功能嵌在方法中，而不是写到类中，如下实例：

```python
import pickle as p
notes={}
def add():
    name = input('请输入要添加的学生姓名 :')
    if name in notes:                            # 列表和字典的知识点
        print('该学生已经存在 ')
    else:
        sno = (input('请输入学生的学号 :'))
        sex = (input('请输入学生的性别 :'))
        tel = (input('请输入学生的手机号 :'))
        email = (input('请输入学生的邮箱 :'))
        math = (input('请输入学生的高等数学成绩 :'))
        english = (input('请输入学生的大学英语成绩 :'))
        python = (input('请输入学生的 Python 成绩 :'))
        courses = ['math', 'english', 'python']
        scores = dict(zip(courses, [math, english, python]))
        label = {'学号': sno, '性别': sex, '手机号': tel, '邮箱':
email, '成绩': scores}
```

```
            notes[name] = label              # 封装字典的格式
                                             # 字典中键值配对
    def dele():
      name = (input('请输入要删除的学生姓名'))
      if name in notes:
        del notes[name]
        print ("%s" %  notes.items())
      else:
        print('学生 %s 不存在'%name)
    def modify():
      name = (input('请输入要编辑的学生姓名'))
      if name in notes:
        sno = (input('请输入学生的学号:'))
        sex = (input('请输入学生的性别:'))
        tel = (input('请输入学生的手机号:'))
        email = (input('请输入学生的邮箱:'))
        math = (input('请输入学生的高等数学成绩:'))
        english = (input('请输入学生的大学英语成绩:'))
        python = (input('请输入学生的Python成绩:'))
        courses = ['math', 'english', 'python']
        scores = dict(zip(courses, [math, english, python]))
        label = {'学号': sno, '性别': sex, '手机号': tel, '邮箱':
email, '成绩': scores}                        # 封装字典的格式
        notes[name] = label                  # 字典中键值配对
      else:
        print('学生 %s 不存在，若要编辑请选择添加选项'%name)
    def search():
      name = (input('请输入要搜索的学生姓名'))
      if name in notes:
        print('学生 %s 的学号是 %s ,'' 性别是 %s,''手机号是 %s,'' 邮箱
是 %s,成绩为 %s'
                % (name, notes[name]['学号'], notes[name]['性别'],
notes[name]['手机号'],
                notes[name]['邮箱'], notes[name]['成绩']))
      else:
        print('学生 %s 不存在'%name)
```

如果我们想将增删改查学生"画像"功能用面向对象方式实现呢？下面我们展示一下。

2. 面向对象的增删改查学生"画像"功能实现

我们将增删改的 add( )、dele( )、modify( ) 和 search( ) 函数放在 Student 类中，如下实例：

```
import pickle as p
class Student:
    notes = {}                          # 字典的定义
    def add(self):
        name = input('请输入要添加的学生姓名:')
        if name in student.notes:       # 列表和字典的知识点
            print('该学生已经存在')
        else:
            sno = (input('请输入学生的学号:'))
            sex = (input('请输入学生的性别:'))
            tel = (input('请输入学生的手机号:'))
            email = (input('请输入学生的邮箱:'))
            math = (input('请输入学生的高等数学成绩:'))
            english = (input('请输入学生的大学英语成绩:'))
            python = (input('请输入学生的Python成绩:'))
            courses = ['math','english','python']
            scores = dict(zip(courses,[math,english,python]))
            label = {'学号':sno,'性别':sex,'手机号':tel,'邮
箱':email,'成绩':scores}            # 封装字典的格式
            student.notes[name]=label   # 字典中键值配对

    def dele(self):
        name = (input('请输入要删除的学生姓名'))

        # 模块四
        if name in student.notes:
            del student.notes[name]
            print ("%s" %  student.notes.items())
        else:
            print('学生 %s 不存在'%name)
    def modify(self):
        name = (input('请输入要编辑的学生姓名'))
        if name in student.notes:

            sno = (input('请输入学生的学号:'))
            sex = (input('请输入学生的性别:'))
            tel = (input('请输入学生的手机号:'))
            email = (input('请输入学生的邮箱:'))
            math = (input('请输入学生的高等数学成绩:'))
            english = (input('请输入学生的大学英语成绩:'))
            python = (input('请输入学生的Python成绩:'))
            courses = ['math', 'english', 'python']
            scores = dict(zip(courses, [math, english, python]))
```

```
                student.notes[name]['学号'] = sno
                student.notes[name]['性别'] = sex
                student.notes[name]['手机号'] = tel
                student.notes[name]['邮箱'] = email
                student.notes[name]['成绩'] = scores
        else:
            print('学生 %s 不存在，若要编辑请选择添加选项 '%name)


    def search(self):
        name = (input('请输入要搜索的学生姓名'))
        if name in student.notes:
            print('学生 %s 的学号是 %s ,' ' 性别是 %s,''手机号是 %s,''
邮箱是 %s,成绩为 %s'
                    %(name,student.notes[name]['学 号'],student.
notes[name]['性别'],student.notes[name]['手机号'],
                    student.notes[name]['邮箱'],student.notes[name]
['成绩']))
        else:
            print('学生 %s 不存在 '%name)
```

这样通过实例化类：

```
student = Student()                        # 根据类创建对象
```

然后通过 student 来调用增删改查的方法：

```
if choice == 1:                            #if 的用法
    student.add()                          # 增加函数
  elif choice == 2:                        #elif 的用法
    student.dele()                         # 删除函数
  elif choice == 3:
    student.modify()                       # 修改函数
  elif choice == 4:
    student.search()                       # 搜索函数
  elif choice == 5:
    student.write()
    break
  elif choice == 6:
    student.show()
  else:                                    #else 的用法
    print(' 输入不合法，请输入合法数字 ')
except ValueError:
    print(' 请输入数字选项 ')
```

任务三：存取学生"画像"数据文件

面向过程的存取方式就是将功能嵌在方法中，而不是写到类中，如下实例：

```
def write(self):                         # 文件的"写"函数
  f = open('学生画像.txt','wb+')          # 文件的打开
  p.dump(student.notes,f)
  f.close()                              # 文件的关闭
def read(self):                          # 文件的"读"函数
  file = '学生.txt'                      # 定义文件
  try:
    f = open(file ,'rb+')                # 文件的打开
    student.notes = p.load(f)            # 将 txt 文件中的对象序列化读出
    f.close()                            # 文件的关闭
  except:
    f = open(file ,'w')
    f.close()
```

如果我们想将存取学生"画像"功能用面向对象方式实现呢？下面我们展示一下。

同样，我们将存取函数写到 Student 类中，如下实例：

```
import pickle as p
class Student:
    notes = {}                           # 字典的定义
    def write(self):                     # 文件的"写"函数
      f = open('学生画像.txt','wb+')      # 文件的打开
      p.dump(student.notes,f)
      f.close()                          # 文件的关闭
    def read(self):                      # 文件的"读"函数
      file = '学生.txt'                  # 定义文件
      try:
        f = open(file ,'rb+')            # 文件的打开
        student.notes = p.load(f)        # 将 txt 文件中的对象序列化读出
        f.close()                        # 文件的关闭
      except:
        f = open(file ,'w')
        f.close()
```

这样通过实例化类：

```
student = Student()                      # 根据类创建对象
```

然后通过 student 来调用存取的 write() 和 read() 方法：

```
student = Student()                      # 根据类创建对象
student.read()                           # 通过对象调用方法
```

```
# 模块二 学生"画像"系统识别数据模块
while True:                        #while 循环语句
    try:                          #try…except 异常处理
        menu()                    # 函数的调用

        # 模块三
        order_code = input('请输入相应数字操作:\n')
                                  #input() 函数接收控制台输入的字符串
        str_lstrip = order_code.lstrip()
                                  #lstrip() 函数删除字符串左边的空字符
        str_rstrip = order_code.rstrip()
                                  #rstrip() 函数删除字符串右边的空字符
        choice = int(str_rstrip)  # 强制类型转换

        # 模块二
        if choice == 1:           #if 的用法
            student.add()         # 增加函数
        elif choice == 2:         #elif 的用法
            student.dele()        # 删除函数
        elif choice == 3:
            student.modify()      # 修改函数
        elif choice == 4:
            student.search()      # 搜索函数
        elif choice == 5:
            student.write()
            break
        elif choice == 6:
            student.show()
        else:                     #else 的用法
            print('输入不合法,请输入合法数字')
    except ValueError:
        print('请输入数字选项')
```

 小结

　　我们从面向过程走向了面向对象,在代码不断丰富的过程中,我们使用更加贴合人类思维的方式——面向对象解决问题。学生"画像"系统在前面是使用面向过程的语言来进行实现的;后面我们学习了类,来对函数进一步封装,通过类的方式引出对象,进而调用函数。

　　我们在掌握了学生"画像"系统之后,要做到对系统管理有个清晰的条理,进而遇到类似的系统时能做到举一反三。

【增信力行】

Python 中五个有趣的彩蛋

在即将结束 Python 学习之际，你是否意犹未尽，这在我们将给同学们带来 Python 中五个有趣的彩蛋，来结束本教材。

1. Hello World

Hello World 的起源要追溯到 1972 年，贝尔实验室著名研究员 Brian Kernighan 在撰写《B 语言教程与指导》(Tutorial Introduction to the Language B) 时初次使用，Python 首次把 Hello World 引入到了内置模块中。示例代码如下：

```
>>> import __hello__
Hello world!
>>>
```

2. 经典的 Python 之禅

```
import this
```

运行上面的代码将显示由核心开发者 Tim Peters 编写的《Zen Of Python(Python 之禅)》，如下所示。据传这是 Python 中的"八荣八耻"，每个有追求的 Python 程序员都应该谨记于心。

```
>>> import this
The Zen of Python, by Tim Peters

Beautiful is better than ugly.
Explicit is better than implicit.
Simple is better than complex.
Complex is better than complicated.
Flat is better than nested.
Sparse is better than dense.
Readability counts.
Special cases aren't special enough to break the rules.
Although practicality beats purity.
Errors should never pass silently.
Unless explicitly silenced.
In the face of ambiguity, refuse the temptation to guess.
There should be one-- and preferably only one --obvious way to do it.
Although that way may not be obvious at first unless you're Dutch.
Now is better than never.
Although never is often better than *right* now.
If the implementation is hard to explain, it's a bad idea.
If the implementation is easy to explain, it may be a good idea.
Namespaces are one honking great idea -- let's do more of those!
>>>
```

3. "反重力"对话

```
import antigravity
```

输入上面这行代码，会直接跳转到漫画网页 https://xkcd.com/353/。漫画很有意思,一个人漂浮在天空中,他的一位朋友好奇地问他是怎么飞起来的,如下图所示。

4. C++ 程序员的福利

C++、Java 编程中使用花括号表示代码块，而 Python 社区却给 C++ 一类程序员开了一个玩笑，braces 翻译过来是"花括号"的意思，导入 braces 就可以使用花括号，然而，当你尝试使用它的时候，你将会看到社区对此的看法：使用这个库？没门儿！代码如下所示：

```
>>> import antigravity
>>> from __future__ import braces
  File "<stdin>", line 1
SyntaxError: not a chance
>>>
```

5. April Fool

下面的 April fool 玩笑是由著名的 Python 开发者 Barry Warsaw 提出的，与他的退休有关。在他宣布正式退休的时候，就诞生了下面这个彩蛋：

barry 是指 Barry Warsaw，FLUFL 是 Barry 大叔的绰号，Python 之父的绰号是 BDFL。Barry 大叔认为不等式 != 两个字符在键盘的两端，因为两个键隔太远，敲键盘的时候引起手指疼痛，所以 Barry 希望能恢复 Python 2 中的 <> 符号来表示"不等于"。于是，导入 barry_as_FLUFL 就可以使用 <> 了，而 != 却失效了。代码如下所示：

```
>>> 1<>2
  File "<stdin>", line 1
    1<>2
      ^
SyntaxError: invalid syntax
>>> from __future__ import barry_as_FLUFL
>>> 1<>2
True
>>> 1!2
  File "<stdin>", line 1
    1!2
      ^
SyntaxError: invalid syntax
```

以上就是 Python 的五个彩蛋，同学们在学习过程中发现了几个呢？